Exkursionsbuch zum Bestimmen der Vögel in freier Natur

nach ihrem Lebensraum geordnet

Für Laien und Fachleute

von

Dr. Heinrich Frieling

München

Zweite Auflage

Mit 18 Abbildungen

Berlin
Verlag von Julius Springer
1936

ISBN-13: 978-3-642-89715-3 e-ISBN-13: 978-3-642-91572-7
DOI: 10.1007/978-3-642-91572-7

Softcover reprint of the hardcover 2nd edition 1936

Aus dem Vorwort zur ersten Auflage.

Ein Buch, welches in knappster Fassung eine *Bestimmung der Vögel in freier Natur* (nicht im Museum!) ermöglicht, hat bisher in der ganzen ornithologischen Literatur noch keine restlose Verwirklichung erfahren. An Ansätzen fehlte es wohl nicht, aber ein Buch, welches auf ökologischer Grundlage, zugleich systematisch ausführlich orientiert, eine Bestimmung nach *feldornithologischen Kennzeichen* durchführt, ist heute dringend notwendig.

Die Bestimmung erfolgt nach Kennzeichen, die für den Freilandbeobachter genau so entscheidend sind, wie die Balgkennzeichen (z. B. Flügellänge, Tarsusstruktur, Form des Nasenlochs usw.) für den Balgornithologen. Wenn nur einige wenige von den angegebenen Kennzeichen bei dem fraglichen Vogel vorgefunden werden, so kann mit höchster Wahrscheinlichkeit, meist sogar mit Sicherheit der Vogel der Art oder gar der Rasse nach bestimmt werden.

Das eigentliche Wesen vorliegenden Büchleins macht die Heranziehung der *Ökologie* in den Dienst der Bestimmung aus. Innerhalb eines bestimmten Biotops ist stets nur eine beschränkte Anzahl von Vögeln anzutreffen; es fallen also eine Reihe Arten für die Bestimmung von vornherein aus. Dieses *Ausleseprinzip* erleichtert außerordentlich die Übersicht und läßt ein Bestimmen innerhalb einer Vogelgemeinschaft in einem bestimmten Biotop wohl meistenteils erfolgreich werden. Zugleich aber stellt das Buch auch eine Materialsammlung dar zur Frage der ökologischen Valenz der Vögel, und die Verteilung der Vögel auf den Lebensraum läßt sich hier ohne weiteres ablesen. Auf soziologische Besonderheiten, wie Mischgeselligkeit, ist besonderer Wert gelegt, weil auch hierdurch die Bestimmung oft erleichtert wird. Als besonders wünschenswert wird man wohl die zahlreichen Gegenüberstellungen ähnlicher Arten und Kleider begrüßen, weil derartige Übersichten in der ornithologischen Literatur noch recht fehlten. Durch Berücksichtigung auch der sehr selten in Deutschland auftretenden Arten und durch Beachtung kleinster Unterschiede bei verschiedenen Kleidern und Rassen einer Art wird auch dem Fachmann zur feldornithologischen Weiterbildung verholfen. Der Anfänger wird durch leicht verständliche und möglichst übersichtliche Darstellung bei einigem guten Willen sich gut durchfinden durch den auf den ersten Blick so hoffnungslos groß erscheinenden Wirrwarr. Selbstverständlich ist es bei einzelnen Gruppen (besonders bei den Waldvögeln) schwerer, ökologisch abzugrenzen, als bei Wasservögeln; trotzdem ist nach Möglichkeit jede Art berücksichtigt, die sich irgendwie im betreffenden Gebiet zeigen könnte.

Wenn das vorliegende Buch wirklich eine Lücke in der ornithologischen Literatur ausfüllt und etwas Neues und Fortschrittliches bringt, und wenn sich Anfänger wie schon kenntnisreichere Feldornithologen dieses Buches zum Kennenlernen der Vögel oder zum Auseinanderhalten schwieriger Arten oder Kleider bedienen, so wäre dies dem Verfasser eine große Freude.

Göttingen, Herbst 1933.

Heinrich Frieling.

Vorwort zur zweiten Auflage.

Die Neuauflage des Exkursionsbuches mußte verschiedene größere und kleinere Änderungen erfahren, damit das Büchlein auf dem heutigen Wissensstand bleibe und eine noch größere Sicherheit für das Bestimmen und Auseinanderhalten der Vögel bieten möge, als es in der ersten Auflage möglich war. Viele Vogelgruppen, so die Singvögel, Möwen und Enten erfuhren eine Umgestaltung. Auf die Merkmale der verschiedenen Kleider einer Art wurde mehr Wert gelegt, und die Angaben über das Vorkommen mußten einer Durchsicht unterzogen werden. Einige sehr seltene Arten fanden eine — wenigstens kurze — Würdigung, nicht nur, weil durch die Behandlung der Irrgäste die Bestimmung der häufigeren Vögel erst völlig gesichert werden kann, sondern weil auch zur Beobachtung solcher Seltenheiten angeregt werden soll. Es wurden aufgenommen: mehrere asiatische Drosseln, Striemenschwirl, Kappenammer, Kragenente, Schwarzkopfmöwe, Weißflügel- und Weißbartseeschwalbe, Paradiesseeschwalbe, Terekwasserläufer, Brachschwalbe, Dünnschnabelbrachvogel, Stelzenläufer, Dickschnabellumme und Zwergscharbe. Gestrichen wurde die Blaumerle, die seit langem nicht mehr in Deutschland nachgewiesen ist und die Schneegans. Um den Umfang nicht anschwellen zu lassen, mußte der Text häufig wesentlich verkürzt werden. Vier Abbildungen fielen weg, um wichtigeren Erläuterungsfiguren Platz zu machen. Der oft ausgesprochene Wunsch, dem Buch mehr Bilder beizugeben, kann deshalb nicht berücksichtigt werden, weil absichtlich (um den Preis niedrig zu halten) nur das abgebildet werden soll, was sich schlecht beschreiben läßt (also Formtypen usw.) und weil ein Bilderwerk nur dann Sinn hätte, wenn alle Vögel in allen Kleidern (bunt!) dargestellt wären. Eine Auswahl von Ganzbildern verleitet den Anfänger nur zu leicht zum Bestimmen nach dem Bild, was aber weder den Blick schult, noch eine Fehlbestimmung ausschließt.

Der systematische Anhang wurde nach der neuesten Nomenklatur umgeändert. Alle Vögel, die wenigstens ein paarmal in Deutschland beobachtet werden konnten (von den Einzelfällen, auf Helgoland z. B. abgesehen), fanden

Aufnahme. Die Kennzeichnung der Stand-, Strich- und Zugvögel wurde durch viele, neuere Beringungsergebnisse insofern hinfällig, als sich ja auch sog. „Standvögel" weite Reisen leisten. Es wurden nunmehr bloß die ausgesprochenen Zugvögel kenntlich gemacht, also die Arten, die man während des Winters nicht bei uns trifft. — Im übrigen wird der Leser fast auf jeder Seite kleine Veränderungen — wie ich hoffe, Verbesserungen — finden können, die dazu beitragen mögen, das Ansprechen der Vögel in freier Natur, das doch die unumgängliche Grundlage jedes sich wissenschaftlich oder liebhaberisch mit der Vogelwelt beschäftigenden Menschen sein muß, weiterhin zu erleichtern.

Ohne die zahlreichen freundlichen Zuschriften und Winke vieler Ornithologen, wäre die Verbesserung nicht so weitgehend möglich gewesen. Wenn ich auch nicht alle Wünsche berücksichtigen konnte, so ließen sich doch die meisten in irgendeiner Form erfüllen. Mit ganz besonderem Dank gedenke ich der selbstlosen Hilfe meines Freundes Rudolf Berndt. Wertvolle Ratschläge konnten mir weiterhin vor allem zuteil werden lassen die Herren R. Kuhk, F. Murr, Dr. G. Niethammer, F. Tischler sowie mein Bruder Fritz Frieling. Ihnen allen meinen schönsten Dank! Großen Dank schulde ich der stets zuvorkommenden und hilfreichen Verlagsbuchhandlung Julius Springer.

Möge die neue Auflage zu den ersten noch weitere Freunde finden!

München, Herbst 1936.

Heinrich Frieling.

Inhaltsverzeichnis.

Verzeichnis der Abbildungen.

Abkürzungen und Zeichen.

♂ = Männchen ♀ = Weibchen.
ad. = adultus = alt. Ausgefärbter, geschlechtsreifer Vogel.
juv. = juvenis = im Jugendkleid; das auf das Nestkleid folgende erste Großgefiederkleid.
I. II. usw. JK = Jahreskleid; d. h. das auf das juv. folgende, noch unausgefärbte Kleid im I., II. usw. Jahr.
pull. = pullus = Daunenjunges bzw. Vogel im Nestkleid.
± = mehr oder weniger.
U-Seite, O-Seite und entsprechende Kürzungen = Unterseite, Oberseite usw.
subsp. = subspecies (Unterart) = Die geographisch bedingte Rasse einer Art (species). Hinter dem wissenschaftlichen Namen bedeutet es, daß die subspecies nicht auszumachen ist.

Die wissenschaftlichen Namen[1] (aus griechischen und lateinischen Stämmen bestehend) sind meist dreifach. Es bedeutet der erste die Gattung (genus), der zweite die Art (species) und der dritte die Rasse (subspecies). Nicht alle Vögel bilden Rassen[2], man benennt solche Formen binär (zweifach). — Lautet subspecies — und speciesname gleich („Nominatform!"), so wird (bei 3 Namen) vom Artnamen nur der Anfangsbuchstabe geschrieben, also z. B. Fringilla c. coelebs für Fringilla coelebs coelebs.

Die Abkürzungen hinter dem wissenschaftlichen Namen bezeichnen den Autor, der die Art bzw. Rasse zuerst beschrieb. Z. B. L. = Linné, Gm. = Gmelin, Vieill. = Vieillot, Kleinschm. = Kleinschmidt, Bechst. = Bechstein, Pont. = Pontoppidan usw. Wenn der Autorname eingeklammert ist, so weist das darauf hin, daß ursprünglich der Artname mit einem anderen Gattungsnamen verbunden war.

---

[1] Nach Hartert, dem Prioritätsgesetz folgend.

[2] Natürliche, geographische Rassen. Haustierrassen sind andere Dinge.

Wie soll das Exkursionsbuch benutzt werden?

Zugleich einige Winke für den Anfänger.

Wer ernstlich bestrebt ist, die heimische Vogelwelt kennenzulernen oder wer als Ornithologe beim Ansprechen irgendeiner Art Zweifel hat, der soll sich dieses Buches bedienen. Und zwar so: Der unbekannte Vogel muß, womöglich mit einem guten Feldstecher, bei guter Beleuchtung — und nicht zu kurze Zeit — beobachtet sein. Beachtet (evtl. notiert) werden müssen die ungefähre Größe, die Gestalt, besonders auffällige Farben, Bewegungen, Stimme u. dgl. Dann sucht man — an Ort und Stelle oder zu Haus — die passendste Gruppe auf und liest aufmerksam (von vorn bis hinten, nicht in der Mitte etwas scheinbar Gültiges herausgreifen!) die Überschriften bzw. Sammelmerkmale durch, bis man auf eine Charakteristik stößt, die zu passen scheint; man wird dann so zu einem bestimmten Vogel hingeleitet. Die Seitenzahl hinter dem Vogelnamen zeigt, wo wir Näheres nachlesen und uns über die Unterschiede zu ähnlichen Formen orientieren können. — Der Anfänger kann sich auch vor der Exkursion darüber unterrichten, was innerhalb seines Beobachtungsgebietes für die verschiedenen Arten für Merkmale zum Bestimmen herangezogen sind, auf die er dann im Freien zu achten hätte. Denn wenn er sich zum Bestimmen unwesentliche Merkmale aufschreibt, wird er schwerer zum Ziele kommen. — Wenn man wissen möchte, ob diese oder jene Art Stand- oder Zugvogel[1] ist, bediene man sich im Anhang 2 der systematischen Übersicht.

[1] Im Text heißt es oft: häufiger Zugvogel o. ä. Das soll heißen, daß der Vogel häufig brütet, uns aber im Herbst verläßt, nicht etwa, daß er nur Durchzügler ist.

Noch einige Regeln für den Anfänger.

1. Lieber an einem Tage bloß 1—3 verschiedene Vögel bestimmen — und dafür in allen Stellungen um so gründlicher beobachten — als alle Vögel auf einmal kennenlernen wollen!

2. Vor dem Studium der Meeresvögel empfiehlt sich erst ein Aufenthalt an einem Teich, der womöglich im Herbst abgelassen wird. Hier können die Vögel in Ruhe bestimmt werden; die Massen des Meeres verwirren sonst leicht.

3. Geduld! Vögel nicht aus zu großen Entfernungen und bei schlechter Beleuchtung ansprechen wollen.

4. Gehörte Stimmäußerungen sofort in Worte zu kleiden versuchen, ehe man den Eindruck nicht mehr im Ohr hat.

5. Sehr erwünscht und für Wasserbeobachtungen unentbehrlich ist ein lichtstarkes Prismenglas, am besten mit 6—8facher Vergrößerung. Will man die Größe eines Vogels bestimmen, so sehe man ihn mit bloßem Auge an.

6. Wer Vogelstimmen nach Büchern kennenlernen will, muß erst den Vogel selbst kennenlernen.

7. Hat man sich schon eine gewisse Kenntnis erworben, dann richte man sich ein ornithologisches Tagebuch ein. Notiert werden: Wetter, Zeit und Ort und die gesehenen Arten, evtl. mit kurzer Erläuterung und mit ökologischen Angaben.

8. Mit dem Studium der Vögel in freier Natur fange man am besten im Winter an, weil dann die Formenfülle noch nicht so groß ist.

I. Abteilung.

Vögel in Ortschaften, Gärten, Parks und Wäldern.

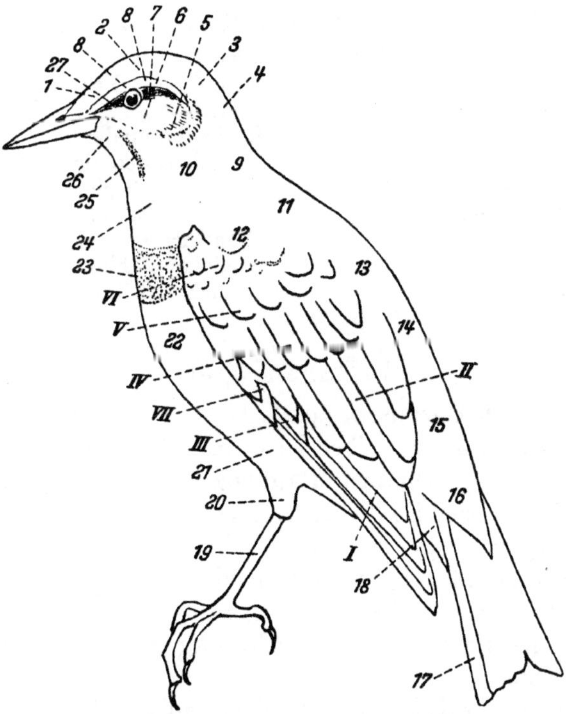

Abb. 1. Topographie eines Vogels.

1. Stirn. 2. Scheitel. 3. Hinterkopf. 4. Genick. 5. Ohrgegend. 6. Wange. 7. Augenstreif. 8. Überaugenstreif. 9. Nacken. 10. Halsseite. 11. Vorderrücken. 12. Schulter. 13. Mittelrücken. 14. Unterrücken. 15. Bürzel. 16. Oberschwanzdecken. 17. Schwanzaußenfedern. 18. Unterschwanzdecken. 19. Lauf. 20. Unterschenkel. 21. Bauch. 22. Brust. 23. Kropfband. 24. Kehle. 25. Bartstreif. 26. Kinn. 27. Zügel. I. Handschwingen. II. Armschwingen. III. Handdecken. IV. Gr. Flügeldecken. V. Mittl. Flügeldecken. VI. Kl. Flügeldecken. VII. Daumenflügel (Alula).

Die Vögel, die die Baumregion bewohnen und die sich in der Nähe menschlicher Siedlungen seßhaft[1] gemacht haben, treten uns in einer fast unübersehbaren Artenfülle entgegen. Hauptsächlich stellen folgende Ordnungen für diesen Lebensraum ihre Vertreter: *Singvögel*, *Rakenvögel*, *Spechte*, *Eulen*, *Raubvögel*, *Tauben* und *Hühner*.

A. Singvögel und Rakenartige.

I. Rabenvögel.

Kolkrabe, Corvus c. corax L.

Kennzeichen: Über Bussardgröße; schwarz glänzend, klobiger Schnabel, Raubvogelflug, stark abgerundetes Schwanzende. — Ähnliche: Krähen sind kleiner und fliegen nicht so raubvogelartig, kürzere Flügel, Schwanz gerade abgeschnitten oder sanft gerundet. — Stimme: krlong, krrr, rab u. a. — Bemerkungen: selten; häufiger noch in Schleswig-Holstein und im Alpengebiet.

Die drei *Krähen* sind unter sich und von der kleineren *Dohle* folgendermaßen zu unterscheiden, s. Tab. S. 5.

Im Flug unterscheidet sich die Dohle von den Krähen dadurch, daß sie hastiger, taubenartiger fliegt.

[1] Hier handelt es sich entweder um ursprüngliche Busch-Steppenbewohner (Spatz) oder Felsbrüter (Rotschwanz, Segler, Turmfalk), die dem Menschen gefolgt sind.

Den schwarzen Rabenvögeln stehen die bunten gegenüber. Unverkennbar ist die **Elster,** Pica p. pica (L.).

Kennzeichen: Rumpfgröße einer Taube, metallisch schwarz und weiß; sehr langer Schwanz; schleppender

Art	Färbung	Schnabelwurzel	Nistweise	Vorkommen und Bemerkungen
Nebelkrähe[1], Corvus corone cornix L.	grau; Flügel, Kopf und Schwanz schwarz		einzeln	Als Brutvogel etwa östl. d. Elbe; im Winter auch in Westdeutschland.
Rabenkrähe[1], Corvus c. corone L.	schwarz, schwach glänzend		einzeln	etwa westl. der Elbe.
Saatkrähe, Corvus f. frugilegus L.	schwarz; metallisch glänzend	bei ad. weißgrindig	kolonieweise	besonders i. Nordost-Deutschland zahlreich brütend, aber auch sonst, bes. auf dem Durchzug u. im Winter recht häufig.
Dohle, Coloeus monedula spermologus (Vieill.)	schwarz mit grauem Nacken[2]		in Gebäuden, Türmen und dgl., oft kolonieweise, auch Baumhöhlenbrüter	meist recht zahlreich; bes. im Winter u. zur Durchzugszeit mit Saatkrähenschwärmen gemischt. — Stimme: ack, jack, jak u. ä.

[1] Mischlinge dieser beiden Rassen sind im Elbgebiet und in Österreich häufig. Meist sind diese Tiere dann nur etwas grau am Bauch.

[2] Bei der östlichen Rasse soemmeringii (Fisch.) mit deutlichen rahmweißen Halsseiten vor dem Flügelbug.

Flatterflug. — Stimme: rauhes, schnelles schackschäckschack. — Bemerkungen: baut ein meist überdachtes Knüppelnest. — Stellenweise seltener, meist aber recht häufig.

Ebenfalls nur knapp taubengroß sind die Häher. Ihr Ruderflug ist flatteriger als der der Krähen, die Flügel sind breiter und runder, aber kurz.

	Eichelhäher Garrulus g. glandarius L.	**Tannenhäher** Nucifraga caryocatactes subsp.
Kennzeichen:	weißer Bürzel, Federhaube; rötlich-grauer Rumpf. Im schwarzen Flügel weißer Spiegel und blau erscheinende Decken.	von fern dunkelgraubraun mit dunklen Flügeln. Schwarz. Schwanz mit breiter weißer Endbinde. (In der Nähe sieht man auf dem dunkelbraunen Rumpfgefieder viele weiße Tropfenflecke).
Stimme:	rätschend u. krächzend. Ahmt fremde Stimmen nach. Kennzeichnend: Bussardschrei.	Das Rätschen ist hölzerner u. schnärrender als beim Eichelhäher, nicht so breit.
Bemerkung:	überall häufig.	Die Rasse N. c. caryocatactes (L.) besitzt klobigeren Schnabel; Brutvogel in Mittelgebirgen u. in den Alpen, auch in Ostpreußen. — Auf dem Durchzug erscheint der schlankschnäbelige, sibirische Tannenhäher, N. c. macrorhynchus Brehm.

II. Star und Pirol.

Star, Sturnus v. vulgaris L. (Abb. 2, 2).

Kennzeichen: relativ kurzer Schwanz; spitze Flügel. Von fern schwarz erscheinend; prächtiger Metallglanz nur in der Nähe sichtbar. Im Herbst stark weiß getropft. Juv. düster rußbraungrau mit weißlicher Kehle, glanzlos. — Stare in Scharen am reißenden, gleichmäßigen Flug (Flügelbrausen!) zu erkennen. Der Trupp „exerziert" geschickt. Zum Insektenfang sieht man Stare oft schwalbenartig segeln. — Ähnliche[1]: Amsel, mit längerem, gern hochgeschlagenen Schwanz, „unsicherem" Flug und nie metallisch glänzendem Gefieder, hüpft in weiten Sätzen, schreitet oder „watschelt" nie wie Star. — Stimme: Gesang schwatzend, quietschend und knarrend; viele Imitationen. Beim Abfliegen: schprrēh. — Bemerkungen: Nistkasten- und Baumhöhlenbrüter.

Pirol, Oriolus o. oriolus (L.).

Kennzeichen: ♂ gelb mit schwarzen Flügeln und z. T. schwarzem Schwanz; kurzbeinig und meist im Blätterwerk. ♀ und juv. gelblichgrün mit dunkleren Flügeln; am gespreizten Schwanz eine gelbe Endbinde deutlich. Spechtartiger Flug. — Stimme: Flötenruf: „Vogel Bülow", diwýdlio u. ä. Gesang grasmückenartig schwatzend, nur an schwülen Sommertagen zu hören. Ein zweisilbiges Rätschen (rrēá); ferner hihäg, higigi usw. (ausgeflogene Junge!) — Bemerkungen: meist häufiger Sommervogel, jedoch versteckt. Das Wiegennest hängt in einer Astgabel.

III. Finkenvögel.

Schnabel kegelförmig. Schwanz schwach gablig oder gerade abgeschnitten.

1. Sperlingsähnliche (gedrungen; rel. starkschnäblig. Ohne rote Färbung und ohne auffällige weiße Binden. Hüpfender Gang).

[1] Dem jungen Star ähnelt der junge *Rosenstar,* Pastor roseus (L.), der aber heller ist und einen nicht so spitzigen, mehr amselartigen Schnabel besitzt. Der ad. Rosenstar ist rosa mit schwarzglänzender Hauben-, Kopf-, Flügel- und Schwanzfärbung. Seltener Irrgast aus SO.

Haussperling, Passer d. domesticus (L.).

Unterschied von ♂ und ♀: ♂: Scheitel aschgrau, vom braunen Kopfseitenfeld abgesetzt, Kehle schwarz. — ♀: Oberkopf einfarbig graubraun, kein Kehlfleck. — Ähnliche: Feldspatz (s. u.); Kernbeißer mit klobigem Schnabel, weißen Flügelbinden, weißem Schwanzendband; zicks-Rufe; Grünling (♀) mit weißlich gelbem Flügel- und Schwanzmal. Steinsperling trippelt; weiße Tropfen am Schwanzende.

Unterschiede der zwei Spatzenarten:

	Hausspatz Passer d. domesticus (L.)	**Feldspatz** Passer m. montanus (L.)
O-Kopf:	Scheitel (nicht Kopfseiten!) aschgrau (♂) oder graubraun (♀)	O-Kopf kupferbraun
Wange:	weißlichgrau (♂) oder schmutziggrau (♀)	weiß mit schwarzem Fleck
Halsband:	keins	ein weißes
Bemerkungen:	an Gebäuden und in unförmigen Baumnestern brütend	in Baumhöhlen und Nistkästen brütend (♂ u. ♀ gleich gefärbt).

Grünfink oder **Grünling,** Chloris c. chloris (L.).

Kennzeichen: Flügel- und Schwanzrand hellgelb (bei Herbstvögeln, Weibchen und in schlechter Beleuchtung fast weißlich erscheinend!). — ♂ ad. sonst schön gelblich olivgrün mit grauen Decken. — ♂ I. Jk. mit weniger grau an den Decken und weniger gelb am Schwanz. — ♀: Gesamtfarbe mehr braungrau — oliv. ad. Herbst-♂♂ ähneln etwas den ♀♀. Juv. gefleckt. — Ähnliche: vom Sperling stets durch das Gelb im Flügel und Schwanz unterschieden; Goldammer mit längerem Schwanz und braunem Bürzel. — Stimme: klingelnde gǔgǔgü-Rufe (gesangsbildend), gjüb; rasselndes ti tschrräh („Schwunschen"). — Bemerkungen: In Efeu, Fichten, Obstbäumen brütend. Der Grünling besitzt einen fledermausartig gaukelnden Balzflug wie der Girlitz.

2. Der Kernbeißer (fast starengroß, sehr klobiger Schnabel).

Kernbeißer, Coccothraustes c. coccothraustes (L.).

Kennzeichen: Schnabel! Verschieden getöntes Braun und Grau; weiße Flügelbinde. Der kurze Schwanz ist am Ende weiß. Schwarzer Kehllatz. — ♀ nicht so rein gefärbt (besonders das Grau im Nacken und das rötliche Ockerbraun des Bürzels). — Juv. fleckig. — Ähnliche: vom Sperling durch Riesenschnabel und große Flügelbinde, vom Buchfink durch Kehllatz, braunen

	Buchfink oder **Edelfink** Fringilla c. coelebs L.	**Bergfink** Fringilla montifringilla L.
Gemeinsame Kennzeichen:	im schwarzen Flügel zwei weiße Binden, deren eine (breite) nahe der Schulter ist.	
Bürzel:	olivgrünlich.	weiß (wie Bauch).
Kopf u. Rumpf	♂ ad.: aschblauer, ♀ u. juv. bräunlichgrauer O-Kopf. — U-Seite beim ♂ ad. rotbraun bei ♀ u. juv. zart graubraun.	♂ im Frühlingskleid: ±schwarzer Kopf u. O-Rücken. ♀, Herbstkleid u. juv.: gelblichbrauner, dunkel geschuppter Kopf u. O-Rücken. — U-Seite orange bis graugelb u. weiß.
Stimme:	im Flug gübgüb. Ferner pink und fuit. Gesang: Perlschlag mit abänderndem Schluß. (... tía, tiatíx, ditídiu usw.)	meist leises gjäg oder queg, auch gedehntes quäik.
Bemerkungen:	häufigster Brutvogel.	nur im Herbst, Winter u. Frühling in Deutschland. Oft mit Buchfink gemischt. Regelmäßig auftretend.

(nicht grünlichen) Bürzel und kurzen Schwanz unterschieden. — Stimme: scharfes zicks und zieh. — Bemerkungen: unregelmäßig auftretend.

3. Echte Finken (schlanker; sperlingsgroß; meist trippelnder Gang).

4. Kleinere Finkenvögel.

Stieglitz oder Distelfink, Carduelis c. carduelis (L.).

Kennzeichen: breites gelbes Band auf schwarzem Flügel. ad. mit rot-weiß-schwarzen Kopffarben. — Stimme: didelit, zitwit u. ä. Gesang: zwitschernd. — Bemerkungen: Obstgartenbrüter, im Herbst gern an Disteln, in Trupps. Nirgends selten.

Die *Zeisige* sind lebhafte, meist in Scharen erscheinende, recht kleine Finkenvögel, die gut turnen können. Unterschiede der zwei Arten (s. Tab. S. 11).

Der **Zitronenzeisig** (s. S. 225) ist weniger streifig und hat keinen schwarzen O-Kopf. Nacken grau. — Im Schwarzwald und in den Alpen.

Girlitz, Serinus canaria serinus (L.).

Kennzeichen: zeisiggroß; meist ruhiger auf Erhöhung (Telegraphendraht, Baum) sitzend und dabei singend. Balzflug fledermausartig gaukelnd (lange Flügel), Bürzel zitronengelb; sehr kurzer Schnabel. Gelbe U-Seite beim ♂ wenig, beim ♀ stark gestrichelt. — Ähnliche: Zeisig, bei dem sich die gelbe Flügelbinde deutlicher heraushebt und der zum Teil gelben Schwanz hat. Der Girlitz hat nach dem zitronengelben Bürzel einen ziemlich einfarbigen, dunklen Schwanz. — Stimme: Gesang sirrend wie schlecht geöltes Rad, ununterbrochen. — Bemerkungen: besonders in West-, Süd- und Mitteldeutschland recht häufiger Sommervogel; im Nordosten seltener, dort erst später eingewandert.

Die *Hänflinge* sind stets ohne Gelb im Gefieder und haben keine auffälligen Flügelbinden; sie sind kleiner als ein Sperling, aber doch größer als die Zeisige. Schwanzende ausgeschnitten. Sie lassen sich, wenn sie in Scharen fliegen, oft steil abwärts sausen. Sonst ruhige Vögel; im Geäst oder am Boden (s. Tabelle S. 12 und Abb. 2, 3).

	Erlenzeisig Carduelis spinus (L.)	**Birkenzeisig** Carduelis f. flammea (L.)
Schnabel:	spitz ausgezogen, horngrau.	kurz kegelförmig, gelb
Kopf:	♂ mit schwarzer Kappe, ♀ ohne diese.	♂ mit roter Stirn, ♀ mit schwächerem Rot.
Gesamteindruck:	grünlichgelb-streifig.	grünlichgrau(braun)-streifig, kein Gelb; dafür ♂ rosa an der Brust.
Bürzel:	gelblichgrün.	weißlichgrau bis rosa.
Stimme:	„lustiges" dieh, dieh, dīēĕ. Zwitschernder Gesang mit gepreßtem Endton.	hastiges tschüttschitt-schüttschätt u. ä. (von größeren Trupps).
Ähnliche:	evtl. Goldammer (größer, zimtbrauner Bürzel, ruhige Haltung, langschwänzig). Girlitz (kurzschnäblig, kein Turner, ohne Schwarz am Kopf. Sirrender Gesang).	Hänfling (nie grünlich, weiße Schwanzränder), Berghänfling (ohne Rot am Kopf, nußbraun).
Bemerkungen:	brütet in Nadelbäumen. Außerhalb der Brutzeit häufig in Erlen usw.; oft scharenweise.	im Winter unregelmäßiger, aber oft massenhaft erscheinender Gast. — N. B. Unter den Scharen gibt es auch hellere nordische Formen (s. Anhang 2).

5. Der *Karmingimpel* (ein Übergangsglied zwischen Hänfling und Gimpel).

Karmingimpel, Erythrina e. erythrina (Pall.).

Kennzeichen: etwa sperlingsgroß; Hänflingsfigur mit kurzem, dicken Schnabel. ♂ ad.: Kopf und Brust karminrot, nach dem Bauch zu in weißlich übergehend.

O-Seite bräunlich. ♀ I. JK., juv. (grünlich)graubraun mit schwacher Brustfleckung. — Ähnliche: dem ♂: Hänflings♂, das aber keinen ganz roten Kopf und helle Schwung- und Schwanzfederränder hat. Dem ♀: Spatz, der oberseits stark streifig ist, ungestreifte Brust und eine weiße Flügelbinde hat. Grünlings♀ hat Gelb in

	(Blut)hänfling Carduelis c. cannabina (L.)	**Berghänfling** Carduelis f. flavirostris (L.)
Gesamtfärbung und Bürzel:	bräunlich mit weißen Schwung- u. Schwanzfederrändern. Bürzel hellgrau.	nußbraun; schwache Binden im Flügel. Bürzel hell purpurbraun (♂) oder rostgelblich (♀ u. juv.)
Kopf u. Brust:	Kopf aschgrau (♂) oder graubraun, Stirn u. Brust beim ♂ ad. im Sommer rot. ♀ u. juv. ohne Rot, unten, bes. juv., gefleckt.	Kopf nie grau, sondern ockerbraun. Brust und Seiten hellbraun, dunkelgefleckt. Kehle gelblichbraun (♂) oder hell rostgelblich (♀).
Schnabel:	grau.	gelb.
Stimme:	metallisch gickernder Lockruf, ähnlich Grünling. Gesang: metallisch flötend und rauh zwitschernd.	Birkenzeisigartiges tschätttschättättoi, auch jäck.
Bemerkungen:	häufiger Brut- u. Durchzugsvogel. Brütet in Gebüsch, Hecken, Lebensbäumen usw.	nordischer Durchzügler. Als Bodenbrüter liebt er den Aufenthalt auf Bäumen weniger.

Flügel und Schwanz. — Gesang: dünn pfeifend zidiswídsio oder ziwisiwío u. ä. (Pirolpfiff mit Meisenstimme vorgetragen!). — Bemerkungen: besonders im nördlichen Ostpreußen und in Nordostpommern Brutvogel; Nicht westlicher als Mecklenburg. Zarter Sommervogel.

6. Gimpel und *Kreuzschnäbel* (die ♂♂ mit viel Rot im Gefieder; gedrungene Arten).

Zunächst zwei Arten mit dickem, ± stark übergehakten, kurzen Schnabel:

Dompfaff oder **Gimpel,** Pyrrhula pyrrhula subsp. Kennzeichen: etwas größer als Spatz mit schwarzer Kappe, (blau) grauem Rücken und weißem Bürzel. ♂ mit ganz roter U-Seite, ♀ mit rötlichgrauer U-Seite. Die bräunlichen juv. haben noch keine schwarze Kappe. — Ähnliche: alle anderen rotbrüstigen Vögel nicht mit weißem Bürzel! — Stimme: sanfter Flötenpfiff wie dü, djü; Gesang sehr leise, „kratzig" und pfeifend unter Schwanzzucken vorgebracht. — Bemerkungen: Die kleinere Rasse P. p. coccinea (Gm.) brütet bei uns in Wäldern oder Gärten, die große nordöstliche P. p.

	Fichtenkreuzschnabel Loxia c. curvirostra L.	**Kiefernkreuzschnabel** Loxia pytyopsittacus Borkh.	**Bindenkreuzschnabel** Loxia leucoptera bifasciata (Brehm)
gemeinsame Kennzeichen	Die ♂♂ oben und unten rot, am leuchtendsten auf dem Bürzel. ♀♀ (u. juv. streifig) grünlichgrau mit gelblichem bzw. rötlichem Bürzel. Ältere rötlichgelb. Schwanz einfarbig dunkel.		
Besondere Kennzeichen:	Die dunklen Flügel bindenlos. Der kräftige Schnabel nicht auffällig hoch.	Die Flügel bindenlos. Schnabel kräftig u. hoch.	Mit buchfinkenartigen Binden auf dem Flügel.
Stimme:	kipp, kip, an das güb des Buchfinken erinnernd, aber viel härter.	voll köp oder küp	gätt gätt
Bemerkungen:	oft in Scharen zur Fichtenzapfenzeit. Versteckter Brutvogel der Nadelwälder.	mehr im Nordosten Deutschlands erscheinend. Nicht so häufig wie voriger.	seltener, im Mittelgebirge regelmäßigerer Gast.

pyrrhula (L.) ist in Deutschland hauptsächlich regelmäßiger Durchzügler und Wintergast.

Hakengimpel, Pinicola e. enucleator (L.).

Kennzeichen: starengroß, Gimpelfigur. Kräftiger Hakenschnabel. ♂ ad.: rot in verschiedener Tönung; im dunklen Flügel zwei weiße Binden. ♀ und juv. ockergelblich und grau gemischt. — Ähnliche: Kreuzschnäbel sind kurzschwänziger und lebhafter und haben bis auf den seltenen Bindenkreuzschnabel keine Flügelbinden; andere Stimme! — Stimme: ein- bis zweisilbiger Flötenpfiff. — Bemerkungen: fast nur in Ostpreußen als unregelmäßiger Wintergast an Ebereschen, Koniferen und Beerensträuchern.

Die stark sperlingsgroßen Kreuzschnäbel (s. Tabelle S. 13) sind außer am Schnabel, an dem kurzen Schwanz, dem lebhafteren Naturell und an den harten Lockrufen zu erkennen.

7. *Ammern* (vgl. Abb. 3, 5).

Finkenvögel mit meist relativ langem Schwanz, der beim Ausstoßen von Locktönen zuckt. Sitzen gern frei auf erhöhtem Punkt. Am häufigsten im Wald ist die (oder der) **Goldammer,** Emberiza c. citrinella L. mit ± gelber U-Seite und zimtbraunem Bürzel. Ammern-Vergleichsübersicht s. S. 96 unter Abteilung II.

IV. Lerchen, Pieper und Stelzen.

Für den Wald kommen hauptsächlich in Frage: Heidelerche und Baumpieper. Meist in der Nähe von Wasser halten sich die Stelzen auf. Alle sind schlanke, ± hochbeinige Bodenvögel von oft unauffälliger Färbung. Vergleichsübersicht dieser Gruppen s. S. 98, 124, 128 unter Abteilung II u. III.

V. Meisenartige.

Hierher rechnen wir 1. die Stammkletterer (Baumläufer und Spechtmeise), 2. die Goldhähnchen, 3. die echten Meisen und 4. die Schwanzmeisen.

1. Stammkletterer.

Es gibt zwei kleine, mausgraue, dünnschnäblige und spechtschwänzige Vögel, die man fast stets am Stamm spiralig hinaufklettern sieht; das sind die *Baumläufer*, und einen gedrungeneren, ziemlich langschnäbligen und sehr kurzschwänzigen Kletterer, die *Spechtmeise*, die sehr geschickt auch kopfabwärts (kurzer Schwanz ist dabei nicht hinderlich!) klettern kann.

	Haus- oder Gartenbaumläufer Certhia b. brachydactyla Brehm.	**Waldbaumläufer** Certhia familiaris subsp.
Bauch:	schmutzig grau.	fast rein weiß.
Schnabel:	meist fast kopflang u. abwärts gebogen, sehr dünn.	kurz u. weniger gebogen, sehr dünn.
Lockton:	ziemlich lautes tit, tititit u. ä.	leises sri, srit, amselähnliches sirr.
Gesang:	taktfest u. sehr dünn: $di^{di}leh^{li}lie^{hih}$; langsam (etwa zwei Sekunden dauernd).	ähnlich, aber abfallend und meist mit blaumeisenartigem Schlußtriller.
Farbton des Rückens:	mausgrau.	mehr tabakbraun.
Bemerkungen:	in ganz Deutschland außer im nördl. Ostpreußen, besonders an alten Laubbäumen gemein.	in ganz Deutschland; mehr im Nadelwald, oft selten. In Ostpreußen C. f. familiaris L.; sonst C. f. macrodactyla Brehm.
	Höhlenbrüter.	

Spechtmeise oder **Kleiber,** Sitta europaea caesia[1] Wolf (Abb. 3, 7).

Kennzeichen: Sperlingsgröße, gestreckter, fast kopflanger Schnabel; kurzer Schwanz. Wenn der Vogel quer zum Ast sitzt, so erscheint er ziemlich geduckt. — Oben aschblau, schwarzer Augenstreif. Flanken kastanienbraun, U-Seite gelbrötlich[1]. — Stimme: lautes twie twiht (wie Menschen pfeifen). Ferner ein wässeriges djwätjwätjwät ... (schnell!); auch tíë und leises sit. — Bemerkungen: verengert den Eingang zu weiter Nisthöhlen durch Einkleben von Erde.

2. Goldhähnchen.

	Wintergoldhähnchen Regulus r. regulus (L.)	**Sommer- oder Augenstreifgoldhähnchen** Regulus i. ignicapillus (Temm.)
Zeichnung der Augengegend:	unter dem schwarzen O-Kopfstreifen einfarbig hellgrau.	unter dem schwarzen O-Kopfstreifen noch ein schwarzer Strich durchs Auge.
Schulterfärbung:	wie Rücken grünlichgrau.	hell goldockerfarbig gemischt.
Stimme:	feines sisi, si oder ssiet u. ä. Gesang: dünn wisperndes, in der Tonhöhe auf- u. abgehendes, hastiges (bes. am Schluß) Liedchen.	scharf und dünn sit u. ä. Gesang: eine Reihe feiner wispernder Töne, die in ihrer Höhe ziemlich gleich bleiben und am Schluß in der Stärke zunehmen.
Bemerkungen:	sehr häufiger Jahresvogel.	im Westen und Süden Deutschlands häufigerer Brutvogel als in anderen Teilen, meist seltener als regulus. Meist Zugvogel.

[1] In Ostpreußen die unten fast weiße Sitta europaea homeyeri Hart.

Die grünlichgrauen Goldhähnchen sind bekanntlich die kleinsten deutschen Vögel. Sie haben einen sehr feinen, kurzen Schnabel, und ihre Art, im dichten Astwerk herumzukriechen und zu rütteln, erinnert an die Laubsänger, zu denen sie wohl die Verbindung mit den Meisen herstellen könnten. Den Scheitel der ad. schmückt ein schwarz gefaßter gelber (♀) oder rotgelber (♂) Streif.

3. Echte Meisen (Abb. 3, 2).

Mit dem relativ starken Pfriemenschnabel hämmern die Meisen gern Samen auf. Die Gestalt der Meisen ist „kürzer" als die der meisten Finkenvögel, sie erinnert noch am ersten an die ja auch turnenden Zeisige und Kreuzschnäbel. *Alle Meisen* haben eine von schwarzer oder blauer Kopfzeichnung umgebene *weiße Wange*. Wir trennen in „Meisen mit Gelb" und „Meisen ohne Gelb"

	Kohlmeise (ca. sperlingsgroß) Parus m. maior L.	**Blaumeise** (ca. zeisiggroß) Parus c. caeruleus L.
Gelbe U-Seite:[1]	Mit breitem schwarzen Längsstreif.	ohne oder mit nur angedeutetem Längsstreif.
Kopfzeichnung:	weiße Wange, bläulich schwarz eingerahmt. O-Kopf blauschwarz.	weiße Wange, schmal schwarzblau eingerahmt. Krönchen himmelblau.
Gesang:	sisidā́h, zīdā́h, sidísn u. ä.	glockenreiner, abwärts gerichteter Triller wie zizizirrrrr, auch kohlmeisenähnlich aber schwächer.
Besondere Rufe:	bink bink, wie Fink; Zetern (terretettettet).	sit sit (bes. im Winter), das Zetern aufwärts gerichtet.

[1] Junge haben gelblichweiße Wangen und U-Seite; bei der Kohlmeise ist dann auch der schwarze Längsstreif noch nicht deutlich!

auf der U-Seite. Die ersteren sind oben grünlich und bläulich, die letzteren grau oder bräunlich.

a) Meisen mit gelber U-Seite. S. Tab. S. 17.

b) Meisen ohne Gelb.

Zunächst zwei häufige Nadelwaldmeisen: die kohlmeisenähnliche, aber kleinere Tannenmeise und die geschopfte Haubenmeise. Darnach oberseits graubraune Meisen mit schwarzer Kopfplatte, aber keiner Einrahmung der weißen Wangen: die Sumpfmeisen.

Tannenmeise, Parus a. ater L.

Kennzeichen: weiße[1] Wange blauschwarz eingefaßt, im Nacken ein großer weißer Fleck. Oben aschbläulich. U-Seite weißlich mit rostgelblichem Anflug. — Ähnliche: von der Kohlmeise durch die Färbung der U-Seite und die Kleinheit, von den Sumpfmeisen durch die Wangeneinrahmung, den Nackenfleck und die Flügelbinden unterschieden. — Stimme: leises si si (ähnlich Goldhähnchen) bis sirr, sitüi, tüi; Gesang: eiliges sízi sízi sízi.

Haubenmeise, Parus cristatus mitratus Brehm und P. c. cristatus L. (in Ostpreußen).

Kennzeichen: geschupptes Spitzhäubchen; in der Ohrgegend doppelte Wangeneinrahmung. Oben bräunlich, unten weißlich. — Ähnliche: durch den nicht schwarzen O-Kopf von allen Meisen unterschieden. — Stimme: zizigürrrr, zjürrrr.

Die *Sumpfmeisen* sind oberseits graubraun, unten weißlich. Schwarze Kopfplatte und schwarzer Kinnfleck, s. Tab. S. 19.

4. *Schwanzmeisen* (sehr klein mit winzigem Schnabel und sehr langem Schwanz).

Schwanzmeise, Aegithalos caudatus subsp.

Kennzeichen: weiß mit z. T. rosigbrauner Tönung und z. T. schwarzem Rücken und Schwanz. — Stimme: meist zerr oder zit und tih. — Bemerkungen: in Nord-

[1] Vgl. Anm. 1, Seite 17.

ostdeutschland brütet die „langpelzige“, im Alter stets weißköpfige Aegithalos c. caudatus (L.). Im übrigen Deutschland brütet die Rasse Aegithalos caudatus europaeus (Herm.), die entweder weißen Kopf oder dunkle Kopfseitenstreifen hat; ganz im Westen scheint die letztere Modifikation häufiger zu sein. — Als Brutvogel meist nicht so häufig wie auf dem Durchzug und im Winter. Das Nest ist dicht filzig, fast kugelig mit seitlichem Eingang.

	Nonnenmeise Parus palustris communis[1] Baldenst.	**Weidenmeise** Parus atricapillus salicarius[2] Brehm
Kopfplatte:	glänzend schwarz.	schwach schwarz glänzend.
Kinnfleck:	einheitlich, nur am Kinn	unten aufgeteilt, erstreckt sich bis zur Kehle.
Flügel:	einfarbig, braungrau.	in der Mitte mit undeutlichem hellen Spiegel.
Schnabel:	relativ kräftig.	sehr dünn.
Stimme:	sitzjĕ, zjĕ; zidă, zjädädädä u. ä. Gesang klappernd, langsam: djetdjetjetjet... oder klirrendes und pfeifendes Kohlmeisenmotiv (sehr modulationsfähig!)	(zizi) (i)/deeh; breit gepreßt. mit dem „e“ klingt — besonders am Schluß — ein „i“ mit. An diesem breiten Lockton einzig u. allein einwandfrei im Freien zu erkennen! Den Gesang bilden helle Pfeiftonreihen.
Bemerkungen:	überall; bes. in Parks. Stellenweise seltener als Weidenmeise.	im Nadelwald und in Weiden- und Erlengebüsch stellenweise nicht selten.

[1] Im Westen braunere, im Osten grauere Rassen! (S. Anhang.)
[2] In der Hand sind Weidenmeisen am gestuften Schwanz zu erkennen.

Schlußbemerkung: Alle Meisenartigen sind sehr gesellig. Man findet außerhalb der Brutzeit oft fast alle Arten miteinander vermischt; gern schließen sich dem Meisentrupp auch Baumläufer, Kleiber und Spechte an.

VI. Würger, Seidenschwanz und Fliegenschnäpper.

1. Würger (Abb. 2, 4).

Sämtlich größer als Sperling. Mit dem relativ langen, schwarz-weißen Schwanz werden drehende und wippende Bewegungen ausgeführt. Die Würger sitzen gern ganz frei auf einer Erhöhung (Baumspitze, Telegraphendraht usw.). Schnabel kräftig, an der Spitze übergehakt. Als Nahrung dienen neben Insekten auch Frösche, Mäuse, kleine Vögel u. dgl., die oft vor dem Verspeisen auf Dornen gespießt werden. Mit Ausnahme des Raubwürgers sind alle Würger zarte Zugvögel.

Man kann trennen in: graurückige, schwarzrückige und rotrückige Würger. Außer dem letzten haben alle weiße Fleckenzeichnung im schwarzen Flügel.

a) Mit aschgrauem Rücken:

	Raubwürger Lanius e. excubitor L.	**Schwarzstirn-Kl.- oder Grauwürger** Lanius minor Gm.
Kopfzeichnung	Stirn grau, schwarzer Augenstreif.	Stirn (bei ad.) u. Augenstreif schwarz.
Flügel:	relativ kurz mit ein oder zwei weißen Spiegeln; weißes Schultermal.	relativ lang und spitz; nur ein weißer kleiner Spiegel. Kein weißes Schultermal.
Größe:	etwa wie Amsel.	etwa wie Drossel.
Bemerkungen:	Standvogel. Als Brutvogel vereinzelt, auf dem Durchzug häufig (auch Wintergast).	Zugvogel. Seltener Brutvogel in Obstgärten, Parks u. dgl. mit anstoßenden Wiesen.

b) mit schwarzem Rücken; etwa starengroß.

Rotkopfwürger, Lanius s. senator L.

Kennzeichen: Stirn und Augenstreif schwarz; rostbrauner Hinterkopf und Nacken. U-Seite weiß, ebenso Schultermal und Flügelfleck, juv. gelblichgrau, dunkel gewellt. — Bemerkungen: recht selten; am ehesten in Obstgärten und Pflanzungen Südwestdeutschlands.

c) Mit rotbraunem Rücken; etwa starengroß.

Rotrückenwürger oder **Neuntöter,** Lanius c. collurio L.

Kennzeichen: rotbrauner Rücken. ♂ ad. mit schwarzweißem Schwanz und aschgrauem O-Kopf, von dem sich der schwarze Augenstreif gut abhebt, ♀ und juv. mit mehr bräunlichgrauem Kopf; U-Seite weißlich, z.T. dunkel gewellt; Schwanz rotbraun mit sehr schmaler weißer Umrandung; dunkelbrauner Augenstreif. — Stimme: heiseres ghäk u. ä. Gesang: schirkend mit vielen Nachahmungen. — Bemerkungen: häufigster Würger; brütet in Dornhecken u. dgl.

2. Seidenschwanz.

Seidenschwanz, Bombycilla g. garrulus (L.).

Kennzeichen: etwa Starengröße. Flug starenartig. Zart graubraun bis sanft grau. Federholle! Schwarze Kehle. Im schwarzen Flügel gelbe und weiße Zeichnung. Der schwarze Schwanz mit gelber Endbinde. — Ähnliche: im Flug — weitab, wenn keine Farben erkennbar — Staren zum Verwechseln ähnlich. — Stimme: hell klirrendes sirrr, auch kurze sips- und schreh-Laute. — Bemerkungen: in Ostpreußen regelmäßiger Gast von November bis März, April; sonst nur unregelmäßig, aber oft in großen Scharen auftretend. Besonders gern an Mistel- und Vogelbeeren, Hagebutten, Weißdorn usw.

3. Fliegenschnäpper (sitzen meist aufrecht, zucken mit Flügel und Schwanz und erhaschen im Bogenflug Insekten, wonach sie wieder zum Beobachtungsposten zurückkehren) (vgl. Abb. 3, 4).

Grauer Fliegenschnäpper, Muscicapa s. striata (Pall.). Kennzeichen: fast sperlingsgroß. Oben graubraun, unten weißlich; Stirn und Kehle mit schwacher Fleckung.

	Trauerfliegenschnäpper Muscicapa h. hypoleuca Pall.	**Halsbandfliegenschnäpper** Muscicapa albicollis Temm.
Gemeinsames	Unruhig, oft flügelzuckend. Weißer oder heller Spiegel, schmutzig-weiße oder weiße U-Seite, ebensolche Schwanzaußenfedern, dunkler Rükken.	
Kennzeichen:	Die ±breiten Armschwingenränder bilden einen weißen oder hellen Flügelspiegel.	Außer diesem Spiegel noch ein kleiner an der Wurzel der Handschwingen.
Kleider:	♂ ad. im Frühling: oben ganz schwarzgrau oder (die nordischen, durchziehenden) schwarz. Spiegel u. U-Seite weiß. — ♂ im Herbst, ♀ und I. Jk. anstatt schwarzgrau braungrau, anstatt weiß schmutzig bis rostgelblichweiß. — juv. mit hell rostgelblichen Tropfenflecken und rostgelblichem Flügelfleck.	♂ ad. im Frühling: Die schwarze O-Seitenfärbung ist durch ein weißes Halsband unterbrochen. ♂ im Herbst, ♀, I. Jk. und juv. wie links. ♂ mit schwacher Andeutung des Halsbandes. (Beachte Kennzeichen!)
Lockruf:	bit, bit (bist)	sibs, siebs
Gesang:	kurz, mit „schlürfendem“ (VOIGT) di wrītje wrītje beginnend	meisenartige und schnärrende Töne untermischt. Oft mit didjīsidä beginnend und mit djing oder djai schließend.
Bemerkungen	in alten Baumbeständen häufig. Wo Nistkästen auch in Jung- und Nadelholz.	stellenweise (z. B. Württemberg und Bayern) häufiger, sonst sehr selten. Alte Bestände.

Die spitzigen Flügel und der Schwanz ohne auffällige weiße Abzeichen. Junge unten rahmgelblich, oben silbriggrau getropft. — Ähnliche: Gartengrasmücke (U-Seite nicht viel heller als O-Seite, Stirn und Kehle ungefleckt; schlüpfende Bewegungen, nicht ruhiges Verharren). Trauerfliegenschnäpper ♀ (weiß im Flügel!). — Stimme: scharfes zz, zri. — Bemerkungen: häufiger Spalier- und Gartenvogel, in älteren lichten Baumbeständen; zarter Zugvogel. Brütet halbfrei an Gebäuden und in Bäumen.

Zwergfliegenschnäpper, Muscicapa p. parva Bechst.

Kennzeichen: nur ca. blaumeisengroß; stets mit wurzelwärts weißen Schwanzaußenfedern. ♂ ad.: oben bräunlich, Kehle gelblich rot, Bauch weißlich. ♀ und juv.: schlicht bräunlich mit heller U-Seite (Brust ± rostgelblich angeflogen). An Gestalt, auch wenn der Vogel mehr laubsängerähnliche Bewegungen zeigt, und an der Schwanzzeichnung jedoch leicht zu erkennen. — Ähnliche: dem ♂: Rotkehlchen (größer; Bodenvogel, kein Weiß am Schwanz). Auch sonst immer weiße Schwanzwurzel beachten! — Stimme: djüh(ĕ), ähnlich Waldlaubsänger; drr (ähnlich Schwanzmeise). Gesang ähnelt dem des Fitislaubsängers, hat aber größere Intervalle, etwa: di djínk di djínk didíedadada oder „tink tink tink tink eida eida eida".

VII. Laubsänger und Rohrsänger.

Wenn auch für die Baum- und Buschregionen die Laubsänger besonders charakteristisch sind, so haben sich hier doch auch einige Arten aus der Unterfamilie der Rohrsänger eingestellt. Vor allem stellt der *Gelbspötter* ein Bindeglied zwischen Laub- und Rohrsängern dar, indem er äußerlich in manchen Beziehungen an die ersteren gemahnt, ökologisch, anatomisch, im Gesang usw. aber zu den Rohrsängern gehört.

1. Laubsänger.

Kleine, zarte, grünliche bis braungraue Vögel, die im Laubwerk, oft rüttelnd, ihrer Insektennahrung nachgehen und die am Boden in einem Laubennest brüten.

Alle Laubsänger sind äußerst schwer im Freien zu erkennen, zumal man sie nicht immer nah genug sieht, um die Kennzeichen auszumachen. Eine Übersichtstabelle nach dem Gesang vereinfacht die Bestimmung:

— Gesang monoton zipzap zipzap ...: **Weidenlaubsänger.**

— Gesang achromatisch abfallend fítisifítisivŏidsisi: **Fitislaubsänger.**

— Gesang ein in Tempo und Lautstärke gesteigerter Schwirrer, wie sip sip sipsipsipsirrrr, oft mit angehängtem weichen düh: **Waldlaubsänger.**

Gemeinsame Kennzeichen der Laubsänger gegenüber dem Gelbspötter:

	Laubsänger Phylloscopus	**Gelbspötter** Hippolais
Färbung:	oben grünlich bis braungrau, unten weißlich oder gelb mit weißem Bauch. Wenn die ganze U-Seite gelb ist, so ist der Vogel nicht größer als eine Blaumeise und die Armschwingen haben keine hellen Säume.	oben grünlichgrau — (braun), die ganze U-Seite stets schwefelgelb. Vogel fast sperlingsgroß, aber schlanker. Armschwingen mit hellen Säumen.
Stimme:	Locktöne weich düh oder füid; Gesang stets ohne Knäklaute.	Lockruf schmatzend tzĕ mit oft angehängtem dedehoi. Im hastigen, oft herrlichen Gesang sehr viele Knäk- und Knarrlaute.
Beinfarbe:	schwarzbraun bis gelbbraun.	bleigrau.

Die drei häufig in Deutschland vorkommenden Laubsänger sind folgendermaßen zu unterscheiden:

	Fitislaubsänger Phyll. trochilus fitis (Bechst.)	**Zilpzalp** oder **Weidenlaubsänger** Ph. c. collybita (Vieill)	**Waldlaubsänger** Ph. s. sibilatrix (Bechst.)
Gesamtton:	zartgrünlichgraubraun. U-Seite bei ad. lichtgrünlichbraun, in weißgrau übergehend; juv. mit schwefelgelber U-Seite.	weniger rein grünlichgrau. U-Seite schmutziggrünlichgrau, nie rein gelb oder weiß.	rein buchengrünlich. Brust zart gelblich, Bauch weiß. Gelbe Flügelfederränder. Gelblicher Überaugenstreif deutlich.
Füße:	hellfleischfarben.	dunkel hornbraun bis schwärzlich.	hell gelbbraun
Lockton:	hüid (fragend u. zart).	hüíd (flott durchgezogen).	düh oder djüh.
Bemerkungen:	tote Laubsänger sind leicht zu erkennen: 2.-inkl. 5. Schwinge außen verengt.	2.-inkl. 6. Schwinge außen verengt.	1. (verkümmerte) Schwinge nur so lang wie die Decken.

N. B. Fitis und Zilpzalp haben grauere nordöstliche Verwandte, die man auf dem Durchzug hier nicht selten sieht. Phylloscopus trochilus acredula[1] (L.) (oben grünlichgrau, Überaugenstreif weißgelb), Phyll. trochilus eversmanni (Bp.) (oben fast grau, U-Seite und Überaugenstreif fast weiß). Die östliche Rasse des Zilpzalp, Phylloscopus collybita abietinus[1] (Nilss) ist ebenfalls oben mehr grau, unten weißlicher. Sehr selten auf dem Durchzug der sibirische Zilpzalp, Ph. coll. tristis Blyth.; licht-graubraun, Kropf und Seiten rostgrau. Lockt

[1] In Ostpreußen Brutvogel.

piak ... — Der unten weiße *Berglaubsänger*, Phylloscopus b. bonelli (Vieill.), der nur in den Alpen, im Schwarzwald und Thüringer Wald vorkommt, ist von dem nordischen Fitis und nordischen Zilpzalp durch die grünlichgelben Schwingensäume unterschieden (s. S. 224).

Neben diesen drei häufigen Arten gibt es noch sehr seltene, die alle eine oder zwei schwache Flügelbinden haben.

Grüner Laubsänger, Phylloscopus nitidus viridanus Blyth.

Kennzeichen: fitisähnlich, aber eine schmale, gelbliche Fleckenbinde auf dem Flügel. — Ähnliche: alle in Deutschland vorkommenden Laubsänger unterscheiden sich von ihm dadurch, daß sie entweder gar keine oder zwei (aber nicht eine!) Flügelbinden haben. — Stimme: Gesang zaunkönigähnlich, mit djiwe djiwe beginnend; es folgen dann ein schwächlicher Roller und allerhand merkwürdige Töne in dichtem Aufeinander. Lockton: dihuid. — Bemerkungen: Außer im Nordosten (bes. in Ostpreußen, Rügen), wo er brütet, sehr seltener Gast.

Ganz außergewöhnlich innerhalb Deutschlands ist das Auftreten des **Gelbbrauigen Laubsängers,** Phylloscopus i. inornatus Blyth. und des **Goldhähnchenlaubsängers,** Phylloscopus p. proregulus (Pall.). Beide mit goldhähnchenartiger[1] Kopfstreifung und zwei Flügelbinden. Ph. proregulus unterscheidet sich von inornatus durch den schwefelgelben Bürzel und Überaugenstrich. Vom jungen Goldhähnchen (ohne Scheitelstreif!) ist inornatus durch fast weiße U-Seite, hellen Überaugenstrich und dunklen Augenstreif zu unterscheiden.

Lockruf goldhähnchenartig (proregulus) oder swiet, wiest (inornatus).

Gelbspötter, Gartensänger oder **Gartenlaubvogel,** Hippolais icterina (Vieill).

Kennzeichen: spitzköpfig, etwas kleiner als Spatz. Oben grünlichgrau, helle Schwungfederränder; ganze U-Seite matt schwefelgelb. — Ähnliche: Laubsänger s. o. — Stimme: buntes Durcheinander von Knarr- und Flötentönen, oft prächtig. Typisch ist die „zek dede wih"-Strophe, die oft vielfach wiederholt wird. — Bemerkungen: zarter Sommervogel; brütet in solidem Nest auf Bäumen und Büschen.

[1] Inornatus juv. ohne diese.

Die eigentlichen *Rohrsänger* findet man meist im Schilf. Teich- und auch Sumpfrohrsänger scheinen immer häufiger in Gärten zu brüten (besonders in Südwestdeutschland). Nur die Schwirle oder Heuschreckensänger siedeln sich auch im Bruchwald oder auf Waldblößen mit hohem Gras an. Hauptkennzeichen des *Schwirls* ist der heuschreckenhafte Gesang. Der *Schlagschwirl* singt wetzend, wie eine Goldammer. Vergleichstabellen von Schwirlen und Rohrsängern s. unter Abteilung III, S. 130.

VIII. Grasmücken.

Sperlingsgroße oder kleinere zarte Vögel, die schlichtbräunlichgrau oder grau (nie grünlich!) gefärbt sind und in waagerechter Haltung das Gebüsch durchschlüpfen. Singen oft im Schlüpfen. Als Lockton ist den meisten Arten ein schnalzendes tack gemein. Nester liederlich in Büschen gebaut. Zugvögel. (Abb. 3, 6).

Zwei etwa sperlingsgroße Arten:

	Gartengrasmücke Sylvia b. borin (Bodd.)	**Mönchsgrasmücke** oder **Plattmönch** Sylvia a. atricapilla (L.)
Färbung:	einfarbig olivgraubraun, ungefleckt; kein Weiß im Schwanz.	graubraun mit schwarzer[1] (♂ ad.) oder rotbrauner (♀ u. juv.). Kopfkappe
Gesang:	gleich laut flötend und quellend mit keinen großen Hebungen u. Senkungen, in rascher Tonfolge.	nach typischem Grasmückengezwitscher wenige laute, klar flötende Töne, die in der Tonhöhe hin- und hergehen. Dieser „Überschlag" auch manchmal ohne „Vorgesang".

Zwei kleinere Arten mit schmalen, weißen Schwanzaußenfedern, grauen Köpfen und rein weißer Kehle:

[1] Keine weiße Wange wie die auch viel kürzeren Sumpfmeisen.

	Zaungrasmücke Sylvia c. curruca (L.)	**Dorngrasmücke** Sylvia c. communis Lath.
Kopfseite:	dunkler Augenstreif.	kein deutlicher Augenstreif.
Flügel:	Armschwingenränder bräunlich wie der Rücken	Armschwingenränder rotbraun, von der Rükkenfarbe sich abhebend.
Stimme:	schnalzendes tack wie alle Grasmücken. Gesang mit klappernder Schlußstrophe ... tjetjetjetjet.	wetzendes waidwädwädwäd ... Auch gedämpftes gschä. Gesang kurz u. rauh zwitschernd.
Aufenthalt:	im Gebüsch der Parks und Gärten, Fichtendickungen, Hecken usw.	besonders gern in dichten Hecken, Gebüsch mit anstoßendem Feld; singt auch auf Telegraphendrähten.
Bemerkung:	Gesang im Dickicht vorgetragen.	Gesang meist frei, oft von Balzflug begleitet, vorgetragen.

Eine seltenere große graue Grasmücke:

Sperbergrasmücke, Sylvia n. nisoria (Bechst.).

Kennzeichen: grau; größer als Sperling. ad. mit gewellter U-Seitenzeichnung. Gelbe Iris. juv. ohne Wellen; an der Größe, der gelben Schnabelwurzel, dem hellen Auge und der grauen Färbung aber leicht von borin zu unterscheiden. — Stimme: Gesang wie Gartengrasmücke; man hört oft ein lautes tscherrrr, errr. — Bemerkungen: Balzflug und Aufenthalt ähnlich Dorngrasmücke.

IX. Drosseln, Rotschwänze und Erdsänger.

Allen diesen Sängern ist gemeinsam die hüpfende Bewegung mit dem plötzlichen Erstarren, ferner die schlagende oder zitternde Schwanzbewegung und vielfach ein Knicksen (Abb. 3, 1).

1. Drosseln.

Drosseln, die unterseits keine Tropfenfleckung auf weißlichem Grund besitzen und solche, die unten auf weißlichem Grund ± gefleckt sind, lassen sich scheiden. Nest oft mit Erde ausgeklebt; auf Bäumen. Das der Amsel auch an Gebäuden.

a) Ohne U-Seitenfleckung.

Amsel oder **Schwarzdrossel,** Turdus m. merula L.

Kennzeichen: ♂ ad. ganz schwarz mit orangefarbenem Schnabel. 1. Jk. noch mit z. T. braunen Flügeldecken, Schnabel wird immer gelber. ♀: oben und unten bräunlich schwarzgrau, nur Kehle hell rostgrau mit dunklen Flecken. Juv.: ♀-ähnlich, etwas heller (brauner), unten stärker und auch oben gefleckt. ♂ juv.: kräftiger gefärbt, mit schwarzem Schwanz und sehr dunklen Flügeln. Die Amsel stellt (bes. nach dem Aufbaumen) gern den Schwanz hoch und fächert ihn (Abb. 2, 6). — Ähnliche: Star (schreitet, kurzschwänziger, spitzflügeliger), Singdrossel ist unten weißlich mit dunkler Fleckung. — Stimme: Zetern; gedämpftes dug dug. Dünnes, unreines sirb oder dsieh. Gesang: voll flötend, langsam, „melancholisch"; zusammenhängend, keine einzelnen oft wiederholten Rufe wie bei der Singdrossel. — Bemerkungen: außer in Ostpreußen überall gemeiner Stand- und Zugvogel.

Ringamsel, Turdus t. torquatus L.

Kennzeichen: schwarz mit weißem Halbmondfleck in der Kropfgegend. Bei den ♀♀ ist dieser Fleck schmutzig weiß und schmäler. Die ♂♂ juv. haben mehr bräunliche Flügel. Helle Federränder, besonders auf den Flügeln (Spiegel vortäuschend) und der U-Seite. — Ähnliche: man verwechsele nicht etwa weisscheckige Amseln damit! — Stimme: schnärrendes tscherr, tscherk, auch zeternd wie Amsel. Gesang monoton; wenige stereotype Flötenmotive und rauhe Laute abwechselnd. — Bemerkungen: als nordischer Durch-

	O-Seite — U-Seite	U-Flügel	bes. Kopfzeichnung	Stimme	Bemerkungen
Singdrossel (Zippe) Turdus ericetorum philomelos Brehm	olivbraun — gleichmäßig getropft (nicht Bauchmitte!)	hell ockergelblich	schwacher Überaugenstreif	zipp, Gesang: oft wiederholte, volle Einzelrufe	häufigste Brutdrossel; Zugvogel
Wein-(Rot)drossel Turdus musicus L.	bräunlich — bes. Kropf streifenfleckig	wie die Flanken zimtrötlich	markanter weißer Überaugenstreif	dsieh (reiner als Amsel). In Scharen: Geschwätz	regelmäßiger nordischer Durchzügler im Herbst u. Frühling, selten Wintergast
Misteldrossel T. v. viscivorus L. (groß!)	bräunlich—dicht bis mit Bauch getropft	weiß		zj(e)rrrr, Gesang: amselartig, aber motivärmer, schneller	nicht seltener Brutvogel in Wäldern
Wacholderdrossel (Krammetsvogel) T. pilaris L.	aschgrauer Kopf, brauner Rükken, blaugrauer Bürzel, dunkler Schwanz.	weiß		schackschack . . . terrterr u. ä. auch zieh	häufiger Durchzügler, auch Wintergast. Nicht häufiger (Kolonie)brüter.

zügler hier und da auftretend. — In einigen Mittelgebirgen und in den Alpen ist in Höhen über 1000 m häufig die *Alpenringamsel*, Turdus torquatus alpestris (Brehm), die fast genau wie die nordische Rasse aussieht, anzutreffen.

b) Drosseln mit weißlicher, ± dunkel getropfter U-Seite. (Tab. S. 30) — Die eben Flüggen auch oben getropft.

Junge Misteldrosseln durch weißliche U-Seiten-Grundfarbe und fahle O-Seitentropfen von der gleichalten Singdrossel unterschieden, bei der mehr Rostgelb hervortritt.

Man achte auf sehr selten durchziehende asiatische Drosseln (s. 2. Anh. S. 258), z. B.:

Weindrosselgroß. U-Seite ungefleckt weiß, gelbbraun sind Brustband und Seiten. Weißer Überaugenstreif. U-Flügel hell: **Blasse Drossel.**

U-Seite, bes. an Kropf stark rostrot gemischt, auch U-Flügel:
- Zwei deutliche, schwarze Kehlseitenstreifen. Bürzel (und Schwanz) rostrot. Bauch rostrot getropft: **Rotschwanzdrossel.**
- Bürzel nicht rostrot, Bauch ungefleckt: **Rothalsdrossel.**

Vorderkopf und Kehle schwarz oder doch stark fleckig. Bauch weiß; oben graubraun, Schwanz dunkler. U-Flügel rostrot. Amselgroß: **Schwarzkehldrossel.**

Weiße Kehle scharf gegen dicht dunkelgefleckte Halsseiten und Brust abgesetzt. Flügel (und Bürzel) rostbräunlicher als der Rücken. U-Flügel rostbraun: **Rostflügeldrossel.**

Größer als Amsel! Goldig olivgrau. Oben und unten (dort weißlich) mit dunklen Schuppenrändern. U-Flügel braunschwarz: **Bunte Drossel.**

(Oben schieferschwarz oder schiefergrau; Überaugenstreif weiß. [juv. im ganzen bräunlicher.] U-Flügeldecken schwarzweiß, U-Flügel sonst dunkel: *Sibir. Drossel.*)

2. *Rotschwänze.*

Der rostrote Schwanz macht gern zitternde Bewegungen und wird abwärts geschlagen (s. Tab. S. 32).

3. Das *Rotkehlchen.*

Das Rotkehlchen knickst ebenfalls viel. Beim Singen sitzt es ziemlich steil, mit abwärts gehaltenem Schwanz. Brütet in Bodennähe.

Rotkehlchen, Erithacus r. rubecula (L.).

Kennzeichen: ca. sperlingsgroß. Olivbraun mit

	Hausrotschwanz Phoenicurus ochrurus gibraltariensis (Gm.)	**Gartenrotschwanz** Phoenicurus p. phoenicurus (L.)
♂ ad.:	rußschwarz, weißer Flügelfleck.	grau, schwarze[1] Kehle, rötlich gelbe Brust, weiße Stirn.
♂ 1. Jk.[2]:	schwarzgrau; weißer Flügelfleck undeutlicher.	Kehle schwärzlich geschuppt.
♀ ad.:	rauchgrau, fast einfarbig; unten nur wenig heller als oben.	bräunlichgrau, unten hell; Brust lehmfarbig, ± rötlich angeflogen.
♀ 1. Jk.[2]:	etwa wie ♀ ad.	wie ♀ ad., aber weniger rötliche Brust u. weniger Rostfarbe im Oberflügel.
Lockton:	fiet tck tck.	füit tck tck.
Gesang:	wenige hohe Töne, in deren Mitte heiserer Schnarrlaut.	(◡) — ◡◡ beginnende kurze, aber schöne Strophe.
Bemerkungen:	brütet in Mauerlöchern u. dgl.	brütet in Baumhöhlen, Mauerlöchern u. dgl.

gelblichroter Brust und weißlichem Bauch. Juv. mit rostgelblicher, dunkel geschuppter Brust. Oben hell rostgelblich getropft; von Rotschwänzchen und Nachtigall durch den nicht rostfarbigen Schwanz unterschieden. Von diesem Jugendkleid erhält sich noch ca. ein Jahr lang eine Flügelbinde aus rostgelblichen Flecken, die später verschwindet oder kleinen weißen Fleckchen Platz macht. — Ähnliche: Zwergfliegenschnäpper mit weißer Schwanzwurzel und nicht so hochbeinig; Gartenrotschwänzchen mit rostrotem „Zitterschwanz". — Stimme: „schnickerndes" zickzick oder gereihtes gigdigdig . . .,

[1] Im Herbst durch helle Federränder etwas undeutlich gemacht.

[2] Juv. schon mit rotbraunem Schwanz. Hausrotschwänzchen ähnlich ♀, aber dunkel geschuppt. Gartenrotschwänzchen bräunlich, oben dunkel gewellt, unten hell getropft.

fast prickelnd. Gesang perlend und etwas „melancholisch“. Sprudelnde, hohe Fisteltöne, die eng gereiht sind, wechseln mit längeren, tieferen Flötentönen ab. Im Rhythmus sehr ungleich.

4. Die Nachtigall und Verwandte.

	Nachtigall Luscinia m. megarhynchus (Brehm)	**Sprosser** Luscinia luscinia (L.)
Flügel:	rostbraun, noch rötlicher als Rücken.	etwa so rostbräunlich wie Rücken gefärbt.
Schwanz:	relativ rostbraun.	rostbraun.
Brust:	ungefleckt bräunlichgrauweiß.	weißlich mit dunkler Wölkung.
Vorkommen:	in (feuchten) Parks und Wäldern etwa westlich des Elbe-Weichselgebietes, besond. in Mecklenburg, Braunschweig, Anhalt u. Südwestdeutschland.	in feuchten Wäldern und in Anlagen, etwa von Mecklenburg an östlich.
Lockton:	fihd und karr.	etwa wie Nachtigall.
Gesang:	leise einsetzend mit voll flötendem dühdüh... beginnend, vielfach wiederholte Schluchz- und Schlagtouren in vollendeter Tonfülle.	härter, lauter und voller als Nachtigall, ohne die langgezogenen düh-Touren; erinnert sehr an Singdrossel; die Stimme ist aber viel voller und schöner.

Die *Blaukehlchen*, die nächsten Verwandten der Nachtigall, sollen uns erst unter Abteilung III beschäftigen. Sie haben einen rostroten Schwanz mit breiter schwarzer Endbinde. Wie die Blaukehlchen halten sich auch *Nachtigall* und *Sprosser* gern in Bodennähe auf. Es sind reichlich sperlingsgroße, relativ hochbeinige Vögel mit der Färbung alten Herbstlaubes. Sie lassen die Flügel nach unten hängen und schlagen mit dem Schwanz. Die U-Seite ist schmutzig grauweiß (s. Tab. S. 33 und Abb. 3, 1).

Gerade flügge Nachtigallen und Sprosser ähneln sehr den jungen Rotkehlchen (s. d.), haben aber einen rostbraunen Schwanz und sind an der Brust nicht so rostig, auch ist der Bauch nicht weißlich. Junge Rotschwänzchen mit röterem Schwanz.

X. Heckenbraunelle und Zaunkönig.

Zwei isoliert stehende Arten.

Heckenbraunelle, Prunella m. modularis (L.).

Kennzeichen: im Dickicht; oder auf Fichtenspitze singend. Wie ein schlanker Spatz erscheinend. Bei näherem Hinsehen aber fällt die bei ad. aschblaue (bleigraue) Kehle und Brust des sonst schlicht braunstreifigen Vogels auf. — Ähnliche: Haussperlings♀ ist plumper, dickschnäblig und an den Seiten nicht gestreift; an der Brust schmutzig grau, nicht aschgrau. — Stimme: Gesang zaunkönigartig, aber schwächlich und ohne Roller; auch mit einem groben Goldhähnchenlied zu vergleichen. — Ruf: tiet; scharf metallisch tsisisi. — Bemerkungen: meist häufig in jüngeren Fichtenbeständen und im Dickicht.

Zaunkönig, Troglodytes t. troglodytes (L.).

Kennzeichen: winzig; rostbraun mit hochgestelztem, sehr kurzem Schwanz. — Stimme: lautes zick, tick und zerrr. Gesang: laute, klare und hohe Töne in wechselnder Tonhöhe mit Roller. — Bemerkungen: Standvogel. Baut kugelige Reisig- und Moosnester. Gern am Wasser, in Reisighaufen und dichtem Gestrüpp im Unterholz oder am Flußufer.

XI. Schwalben, Segler und der Ziegenmelker.

Mit den Schwalben schließen bei unserer vergleichenden Betrachtung die Singvögel der I. Abteilung ab. Wegen großer Ähnlichkeit mit dem Segler, der eine eigene Ordnung bildet[1], ist

[1] Die Segler besitzen keinen Singapparat, haben vier Klammerzehen nach vorn und unterscheiden sich auch sonst anatomisch grundlegend von den Singvögeln.

es aber zweckmäßig, diesen, von Laien fast stets für eine Schwalbe (Turmschwalbe!) gehaltenen Vogel feldornithologisch mit zu den Schwalben zu stellen, zumal Schwalben und Segler typische Bewohner der Ortschaften und da in erster Linie der Luft sind.

Unterschiede zwischen den Schwalben i. a. und dem Segler.

	Schwalben	**Segler**
Flügel und Flug:	spitz und lang, aber nicht sichelförmig, mehr von der Form eines sehr spitzen Dreiecks. Die Flügel werden beim Flug ab und zu ziemlich dicht an den Körper angelegt.	spitz und schmal, sichelförmig gekrümmt. Schlägt mit den ausgespannten Flügeln bloß auf und ab.
U-Seite:	Bauch stets weiß.	Bauch schwärzlich wie der ganze Vogel.

Die drei Schwalbenarten sind folgendermaßen gekennzeichnet, s. Tab. S. 36.

Mauersegler, Micropus a. apus (L.).

Kennzeichen: Schwalbengestalt; Sichelflügel. Ganz rußschwarz, nur Kehle weißlich. — Ähnliche: Schwalben s. o. — Stimme: lärmend srieh, srrisrih. — Bemerkungen: in Mauerlöchern u. dgl. (selten Baumhöhlen im Wald) klebt er aus allerlei Fetzen und Fäden ein Nest zusammen.

Ebenfalls eine selbständige Ordnung bildet der **Ziegenmelker** oder die **Nachtschwalbe,** Caprimulgus e. europaeus L.

Kennzeichen: Nachtvogel! Rindenfarbig; Kukkucksgestalt mit Eulenaugen bei reichlicher Amselgröße. Flugbild: Falkenähnlich; spitze Flügel und relativ langer Schwanz, ♂ ad. mit weißem, ♀ ad. mit rostgelblichem, juv. ohne Flügel- und Schwanzendfleck. — Ähnliche: Kukkuck, Falke, Sperber im Flugbild; aber der Ziegenmelker

	Rauchschwalbe Hirundo r. rustica (L.)	**Mehl-** oder **Hausschwalbe** Delichon u. urbica (L.)	**Ufer-** oder **Erdschwalbe** Riparia r. riparia (L.)
Schwanz:	bei ad. sehr stark ausgeschnitten; Schwanzspieße.	schwach gabelig, wie bei juv. Rauchschwalbe.	schwach gabelig.
U-Seite:	Kehle rostbraun, Kropf schwarzblau, Bauch weiß bis gelblich- oder rötlich-weiß.	schneeweiß.	weiß mit grauem Kropfband.
Bürzel:	schwarzblau wie Rücken.	weiß, vom dunklen Rücken abgesetzt.	dunkelbraungrau wie Rücken.
Brutplatz und Nest:	in Gebäuden. — Halbkugel.	meist außen unterm Dach. — Dreiviertelkugel	in Erdlöchern, an Sand- u. Lehmwänden.
Stimme:	hastiges wit witwit. Gesang zwitschernd mit „Schnurrer".	rauheres tschrr oder tschri. Gesang leiernd, ohne „Schnurrer".	leises dschrrb. Gesang daraus aufgebaut.

ist Nachtvogel und sitzt tags nie quer und aufgerichtet zum Ast, sondern liegt längs auf ihm oder am Boden. — Stimme: nachts spinnendes errrrörrrrerrrrörrrr; Flügelklatschen und kauzartiges gruid. — Bemerkungen: mit dem riesigen Rachen (Schnabel selbst ganz winzig) fängt der Ziegenmelker Nachtschmetterlinge u. dgl. — Besonders in der Heide, sonst nicht oft zu sehen. Am Tage nur durch Zufall.

XII. Wiedehopf, Kuckuck und Rake.

Drei ziemlich isoliert stehende Arten, die auch in selbständige Ordnungen gehören.

Wiedehopf, Upupa e. epops L.

Kennzeichen: ca. amselgroß. Rumpf isabellbräunlich. Flügel und Schwanz markant schwarz und weiß quergezeichnet. Federholle! Durch die breiten rundlichen Flügel erinnert der Flug etwas an den des Eichelhähers, ist aber flatteriger. Der sehr lange dünne Schnabel durchsucht gern die Kuhfladen nach Käfern u. dgl. — Stimme: huphuphup, in der Klangfarbe dem Kuckucksruf nahestehend. — Bemerkungen: brütet gern in hohlen Kopfweiden. — Nirgends häufiger Zugvogel.

Blaurake oder **Mandelkrähe**[1], Coracias g. garrulus L.

Kennzeichen: etwa hähergroß, kurzbeinig. Prächtig (bei juv. milchig) blaugrün mit zimtbraunem Rücken. Flug kiebitzähnlich wuchtelnd; wohl auch an Taube erinnernd. — Stimme: hölzernes Krächzen. — Bemerkungen: brütet gern in Schwarzpsechthöhlen. — Nicht häufig; man trifft sie z. B. in der Mark, Anhalt, Mecklenburg, Pommern und Ostpreußen.

Kuckuck, Cuculus c. canorus L.

Kennzeichen: im Sitzen: geduckte, knapp täubchengroße Gestalt; relativ langer (gern schlagender) Schwanz. Aschgrau mit weißem, dunkel gewellten Bauch oder ± rostbraun mit dunkler Querbänderung (besonders manche ♀♀ und juv.). Am Hinterkopf haben die juv. einen weißen Fleck. — Im Fliegen: lange spitze Flügel, langer Schwanz. Kreist und rüttelt nie, fliegt hastig, etwas unstet mit wenig ausholenden Schlägen. Flugbild erinnert sonst an Turmfalk, Färbung an Sperber; der vorgestreckte Hals wird im Flug taubenartig gehoben. — Stimme: außer dem bekannten Ruf hört man ein heiseres hachachach und vom ♀ ein wässeriges abfallendes „Lachen“. — Bemerkungen: häufiger Sommervogel, der seine Eier allerhand insektenfressenden Sängern ins

[1] Mandelkrähe deshalb, weil sie gern auf Kornstiegen, die in manchen Landschaften Mandeln genannt werden, sitzt.

Nest legt und von diesen seine Jungen aufziehen läßt. Da der Kuckuck in allen Lebensräumen Wirtsvögel besitzt, kann man ihn überall erwarten.

B. Die Spechte und der Wendehals.

1. Die Spechte sind Klettervögel mit steif spitzigen Schwanzfedern und kräftigem gestreckten Schnabel und kurzen Füßen (je zwei Zehen nach vorn und hinten).

Schwarz und weiß: *Buntspechte* (amselgroß bis auf den spatzengroßen Zwergspecht).

Grünlich, gern am Boden (Ameisenfresser): *Erdspechte* (ca. taubengroß).

Ganz schwarz: *Schwarzspecht* (fast krähengroß).

a) Die Buntspechte.

Die drei gewöhnlichen Arten:

	Rotspecht (Gr. Buntspecht) Dryobates maior subsp.	**Mittelspecht** Dryobates m. medius (L.)	**Zwergspecht (Kl. Buntspecht)** Dryobates minor subsp.
Kopf:	♂ mit rotem Hinterkopf, ♀ ohne Rot. juv. mit schmutzig rotem Scheitel.	♂, ♀, juv. mit leuchtend rotem Scheitel.	Vorderscheitel beim ♂ und juv. rot, beim ♀ weiß.
Bauch- u. Aftergefieder:	leuchtend rotes Afterfeld ± vom weißlichen Bauch abgesetzt	rosenrotes Afterfeld geht über gelbrot in die Bauchfarbe über.	kein Rot auf der U-Seite.
Stimme:	hartes Kick. Seltener Kräkräkrä-Reihen.	gjäigjäi ... Reihen, auch miauendes Kreischen.	helles kikikiki.. (etwas schwächlich!)
Bemerkungen:	häufigster Buntspecht an Laub- und Nadelbäumen.	besonders in Eichenbeständen; stellenweise aber recht selten.	häufig; besonders an Laubbäumen.

Zwei seltene Buntspechte:

Elster- oder Weißrückenspecht, Dryobates l. leucotos (Bechst.).

Kennzeichen: Bauch und besonders Afterfeld rosenrot; ♂ mit rotem, ♀ mit schwarzem Scheitel. U-Rücken weiß. — Ähnliche: auch der Mittelspecht gat ganz roten Scheitel, aber schwarzen U-Rücken! ♀ vom Rotspecht♀ durch weißen U-Rücken und rosenrotem After unterschieden. — Bemerkungen: seltener, nordöstlicher Durchzügler. Vereinzelt in Gebirgswäldern Süd- und Mitteldeutschlands brütend.

Dreizehenspecht, Picoides t. tridactylus (L.).

Kennzeichen: etwa rotspechtgroß; zwei auffällige Längsstreifen an den Kopfseiten. Der ganze Flügel mit Ausnahme der weiß gebänderten Schwingen schwarz. Rücken stark mit weiß gemischt. U-Seite dunkel gefleckt; Scheitel beim ♂ hellgelb, beim ♀ silberweiß. Ohne alles rot! — Ähnliche: von sämtlichen Spechten, die etwa rotspechtgroß sind, durch den Mangel jeglichen Rots am After und Kopf unterschieden. — Stimme: Kück. — Bemerkungen: seltener skandinavischer Durchzügler. — In den Alpen und im Böhmerwald Picoides t. alpinus (Brehm).

b) Die Erdspechte, s. Tab. S. 40.

c) **Schwarzspecht,** Dryocopus m. martius (L.).

Kennzeichen: Größe! Ganz schwarz; ♂ mit ganz rotem, ♀ mit hinterteils rotem Oberkopf. Flug eichelhäherartig. — Stimme: grünspechtähnliches, aber lauteres „Wiehern". „Regenruf": klagend kljäh, etwas metallisch. Beim und kurz nach dem Ortswechsel: trrü trrü trü. — Bemerkungen: nirgends gerade besonders häufig.

2. Mehr im Geäst (auch quer zum Ast) und oft auf den Boden:

	Grünspecht Picus viridis subsp.	**Grauspecht** Picus c. canus Gm.
Kopf:	Das Rot des O-Kopfes reicht bis zum Nacken. ♂ mit rot auf schwarzem Bartstreif, ♀ ohne dieses.	♂: O-Kopf nur bis zum Hinterkopf rot. ♀: ohne alles Rot.
Nacken- und Bauchgefieder:	hellgrünlichgrau.	silbergrau mit schwacher grüner Beimischung.
Stimme:	schallend kjückjückjück ...	„klägliches", achromatisches kikikykykükü[1].
Bemerkungen:	meist recht häufig (außer Ostpreußen).	stellenweise häufiger, sonst selten.

Wendehals, Jynx t. torquilla L.

Kennzeichen: reichlich sperlingsgroß; rindenfarbig. Dunkler Rückenstreif auf grau meliertem, gelblich und braun getönten Gefieder. Schwanz mit wenigen Bändern. — Ähnliche: kein bräunlicher Singvogel hat so ausgesprochen zarte Rindenfarbe mit einem dunklen Rückenstreif. — Stimme: langweiliges gjädjädjädjäd ... in einem fort geübt. — Höhlenbrüter; nicht seltener Zugvogel.

C. Eulen[2].

Da die dickköpfigen, weichfiedrigen Eulen mit ihrem charakteristischen Gesicht (Augen nach vorn gerichtet!) hauptsächlich nachts ihr Wesen treiben und den Tag in

[1] Durch Nachahmen kann man sehr leicht im Frühjahr den Grauspecht anlocken. Wer den Ruf nur etwas beherrscht, kann — vielleicht bei einer Radfahrt — sämtliche Grauspechte des Reviers „antworten" lassen und so die Besiedlungsdichte und das Vorkommen feststellen!

[2] ♀ größer als ♂, wie bei den Raubvögeln. Die Eulen nähren sich wie diese, sind aber sonst nicht mit ihnen verwandt.

einem Versteck verbringen, so muß eine Bestimmungsübersicht der Eulen in erster Linie nach der Stimme erfolgen. Man bestimme deshalb die Eulenstimmen nach dem Anhang 1, S. 247. Da man aber auch mitunter am Tag Gelegenheit hat, Eulen aufzustöbern, oder manche Arten schon in der Dämmerung mobil werden, möge eine Übersicht nach Gefiederkennzeichen folgen.

Wir unterscheiden *Käuze* (ohne Federohren), *Ohreulen* (mit Federohren) und die *Schleiereule.*

1. Der Waldkauz, verglichen mit Uraleule und Waldohreule, s. Tab. S. 42.

2. Vier Seltenheiten:

Sperbereule, Surnia u. ulula (L.).

Kennzeichen: ohne Federohren, recht langer, keilförmiger Schwanz, spitze, mittellange Flügel. Flugbild turmfalkenähnlich. U-Seite auf weißem Grund quergewellt. Schwarze Halbmondflecken in der Ohrgegend. — Bemerkungen: äußerst seltener Gast; fast nur in Ostpreußen erscheinend. Auch tags rege.

Sperlingskauz, Glaucidium p. passerinum (L.)

Kennzeichen: nur ca. starengroß, oben bräunlich mit wenigen kleinen weißen Tropfen, die dem juv. fehlen. — Ähnliche: Steinkauz ist größer. — Stimme: djühb, dalieht und chrr. — Bemerkungen: In stillen Forsten der Gebirge (bes. Bayerns) und Ostpreußens vereinzelter Brutvogel. Höhlenbrüter. — Auch tags rege.

Zwergohreule, Otus s. scops (L.).

Kennzeichen: ca. drosselgroß. Lange, spitze Flügel, kurzer Schwanz. „Schimmelig“ rindenbraun mit weißen Schulterflecken. — Stimme: klagendes giu. — Bemerkungen: sehr seltener Gast und Brutvogel.

Uhu, Bubo b. bubo (L.).

Kennzeichen: weit über Bussardgröße (Rumpf fast so groß wie der einer kleinen Gans). Federohren. Im

	Uraleule (Habichtskauz) Strix u. uralensis Pall.	**Waldkauz** Strix a. aluco L.	**Waldohreule** Asio o. otus (L.)
Größe:	stark bussardgroß.	ca. krähengroß.	ca. taubengroß, aber größer erscheinend.
Gesamteindruck:	hell rindengrau.	rindengrau, bräunlich bis rötlich.	gelblichgrau.
U-Seite:	auf weißem Grund mit großen, rel. schmalen Längsflekken.	auf hellerem Grund grob längs gefleckt.	auf gelblichem Grund hauptsächlich längs gefleckt.
Flugbild:	großer Kopf (ohne „Ohren"), rel. langer, abgerundeter Schwanz, breite mittellange Flügel.	dicker Kopf, rel. kurzer, schwach abgerundeter Schwanz; breite rel. kurze muldenförmige Flügel.	ziemlich dicker Kopf mit Federohren; mittellanger Schwanz; lange, etwas gewinkelte Flügel.
Augenfarbe:	dunkel.	dunkel.	gelbrot.
Bemerkungen:	in Deutschland als Brutvogel nur in Ostpreußen (Frisching-forst und bei Insterburg). Höhlenbrüter.	sehr häufig; in Baumhöhlen, im Dachgebälk u. dgl. brütend, selten frei.	in Wäldern häufig; brütet meist in verlassenen Horsten von Krähen und Raubvögeln, seltener in Höhlen.

rindenbraunen, unterseits grob gefleckten Gefieder fällt beim Rufen ein weißer Kehlfleck auf. Im Flug: großer Kopf, mittellanger, ziemlich gerade abgeschnittener Schwanz; lange Flügel. — Bemerkungen: seltener Brutvogel in Gebirgswäldern (Böhmen, Odenwald, Harz,

Alpen usw.), aber auch in Ostpreußen. Brütet in Felsnischen, geräumigen Baumhöhlen, in alten Raubvogelhorsten oder auf Baumstubben am Boden, zwischen Rohr (z. B. am Ostufer des Kurischen Haffs) usw.

3. Zwei kleine Käuze.

In der Größe zwischen Amsel und Täubchen. Beide oben auf dunkelbräunlichem Grund weiß getropft. Unten auf hellerem Grund unregelmäßig dunkelbraun gefleckt. Gesamteindruck von fern graubraun. Gelbe Augen.

	Steinkauz Athene n. noctua (Scop.)	**Rauhfußkauz**[1] Aegolius f. funereus (L.)
O-Seite:	Regelmäßig weiß getropft.	in unregelmäßig verteilten Bezirken weiß getropft[2].
Schleier:	undeutlich.	deutlich, weißlich mit dunkler Umrahmung.
Flugbild:	tags oft spechtartig hüpfend; sonst ruhiger. Schwanz kurz, gerade abgeschnitten. Flügel nicht besonders lang, schwach gewinkelt.	dickerer Kopf, Schwanz mittellang, abgerundet. Flügel nicht besonders lang. (Im ganzen mehr waldkauzartig.)
Bemerkungen:	in verfallenen Gebäuden, alten Kopfweiden, Steinbrüchen u. dgl. brütend. Häufig.	in Baumhöhlen stiller, großer (Gebirgs)wälder; selten.

4. Ein Sonderling.

Schleiereule, Tyto alba guttata (Brehm).

Kennzeichen: weißlicher, deutlich herzförmiger Schleier. Oben zart aschgrau mit Perlflecken, gelbrötlich geströmert. U-Seite hell rötlichgelb bis fast weiß. — Flugbild: sehr dicker Kopf, sehr lange, rel. schmale Flügel; kurzer, gerade abgeschnittener (etwas gekerbter)

---

[1] Aegolius funereus hat bis zu den Zehen dicht befiederte Füße.

[2] Juv. fast einfarbig dunkelbraun.

Schwanz. — Bemerkungen: in Scheunen, Türmen u. dgl. brütend.

D. Raubvögel.

♀♀ größer als ♂♂. Der ruhige Flug unterscheidet die Raubvögel von den meisten anderen Vögeln von ähnlichem Bau. Der Kopf wird meist eingezogen, so daß er von unten nur als unbedeutende Rundung erscheint, im Gegensatz zu den Tauben und Krähen.

Nach dem Gefieder lassen sich die Raubvögel schwer bestimmen, da es — besonders bei Bussarden und Adlern — äußerst verschiedenartig gefärbt ist. Hauptmerkmal für die feldornithologische Bestimmung ist das Flugbild. Hiernach ist vornehmlich die Sammelbestimmungstabelle der Raubvögel S. 236 angeordnet.

E. Tauben.

Die drei wild lebenden Taubenarten unterscheiden sich von den wildfarbigen, frei umher fliegenden *Haustauben*

	Ringeltaube Columba p. palumbus (L.)	**Hohltaube** Columba o. oenas (L.)	**Turteltaube** Streptopelia t. turtur (L.)
Halsseiten:	bei ad. weiß.	ohne weiß.	schwarz-weiß gebändert (unauffällig).
Flügel:	weißer Vorderrand.	ohne weiß; eine dunkle Binde.	unauffällig bräunlich.
Schwanz:	ohne weiß.	ohne weiß.	weiß eingefaßt.
Stimme:	dumpfes gruhgruh, hru.	etwas heller heulend huhu, huru.	hohl gurrend, tur tur . . .
Bemerkungen:	Freibrüter; überall gemein.	Höhlenbrüter; an alte Bäume (Schwarzspechthöhlen!) gebunden.	Freibrüter; nirgends übermäßig häufig, stellenweise sogar selten.

(„Feldtauben") sofort dadurch, daß sie keinen weißen Bürzel haben. Im Flug ähnelt der Haustaube am meisten die *Hohltaube* (eine nahe Verwandte der Felsentaube, die die Stammutter der Haustaube ist); die größere *Ringeltaube* streckt im Flug den sehr kleinen Kopf weit vor und hält ihn etwas hoch, so daß der Kropf deutlich sichtbar ist. Die *Turteltaube* hat in ihren Bewegungen viel Ähnlichkeit mit der viel in Gefangenschaft gehaltenen *Lachtaube*.

F. Hühnervögel.

Die **Fasane** (Phasianus c. colchicus L. und Phasianus colchicus torquatus Gm.), gekennzeichnet durch den sehr langen Schwanz, kommen oft gekreuzt als sog. *Englischer Grünrückiger Fasan* in unseren Wäldern vor, in denen sie ursprünglich überhaupt nicht heimisch waren. Die echten *Ringfasane* haben außer dem Halsring noch einen

	Auerhenne Tetrao u. urogallus L.	**Birkhenne** Lyrurus t. tetrix (L.)	**Haselhuhn** Tetrastes bonasia rupestris (Brehm)
Kennzeichen:	düster rostbräunlich mit rostrotem Brustschild. Keine Flügelbinde.	rostbräunlich mit weißer Flügelbinde. Ausgeschnittener Schwanz.	rostbraun und graumeliert. ♂ mit schwarzer Kehle. Die rostbraune Brust grob schwarz u. weiß gefleckt. Kurzer Schwanz.
Bemerkungen:	selten; in großen beerenreichen Wäldern, besonders der Mittelgebirge und der Alpen.	besonders in der Heide nicht selten. — Mit Auerhuhn bastardiert: *Rackelhuhn*.	seltener Bewohner beeren- und unterholzreicher Mischwälder der Mittelgebirge. In Ostpreußen die grauere T. b. grassmanni (Zedl.)

grünlichen Bürzel, während die *Kupferfasane* einen kupferroten besitzen. Die ♀♀ sind unter allen Umständen vom weiblichen Birkhuhn durch den spitzigen, nicht gabelförmigen Schwanz und durch das Fehlen einer weißen Flügelbinde unterschieden.

Das **Rebhuhn** unterscheidet sich von der Birkhenne durch den rostroten Schwanz und das Fehlen einer Flügelbinde.

Die Hähne vom *Auer-* und *Birkwild* unterscheiden sich außer durch den gewaltigen Größenunterschied (Auerhahn ca. gänsegroß, Birkhahn ca. haushuhngroß) durch den beim ersten abgerundeten, beim letzten leierförmigen Schwanz. Sonst sind beide hauptsächlich schwarz mit Metallglanz; beim Birkhahn fallen die weißen U-Schwanzfedern besonders bei der Bodenbalz auf. Die braunen Kleider seien verglichen und dem *Haselhuhn*, das kleiner als das Birkhuhn ist, gegenübergestellt. (S. 45.)

G. Die übrigen Bewohner der Wälder.

Von großen Vögeln mit langem Schnabel und Stelzbeinen sind es die zwei *Störche*, der *Fischreiher* und der *Kranich*, die hierher gehören. Störche und Kranich strecken den Hals im Flug aus, der Reiher zieht ihn an. Die Störche sind schwarz und weiß, Reiher und Kranich hauptsächlich aschgrau. (Tab. S. 47.)

Ein typischer Schwimmvogel, der **Kormoran,** Phalacrocorax carbo sinensis (Shaw und Nodd.), brütet ebenfalls auf Bäumen (z. B. in Rügen oder im Mahrungsee/Ostpreußen). Fast gänsegroß, schwarz mit rel. langem Schwanz und Hals, aber sehr kurzen Füßen. Kormorane sitzen ziemlich senkrecht zum Ast und erscheinen recht langgestreckt (vgl. Abb. 4, $_3$).

Von den *Schnepfen*vögeln brüten zwei Arten im Wald:

Waldschnepfe, Scolopax r. rusticola L.

Kennzeichen: ca. rebhuhngroß, sehr langer Schnabel, hochgestellte Augen. Gefieder rostig laubbraun und

	Weißer Storch Ciconia c. ciconia (L.)	**Schwarzer Storch (Waldstorch)** Ciconia nigra (L.)
Färbung:	weiß mit schwarzen Flügelenden. Schnabel im Alter rot.	schwarz mit Metallglanz. Bauch weiß, Schnabel im Alter rot.
Bemerkungen:	besonders in Nordostdeutschland recht häufig. Brütet auf Dächern und Bäumen.	selten; nur noch in wenigen ruhigen und feuchten Waldungen, z. B. Ostpreußens und Hannovers.

	Fischreiher Ardea c. cinerea L.	**Kranich** Grus g. grus L.
Kennzeichen:	Hals im Flug eingezogen, weiß. Bei juv. mehr grauweiß. Ad. mit schwarzem Schläfenstreif und langem Schopf.	Hals im Flug ausgestreckt, hellgrau; Kehle schwarzgrau.
Stimme:	heiseres, kreischendes chrrai.	trompetendes kurr.
Bemerkungen:	meist kolonieweise in der Nähe von Wasser auf Bäumen brütend.	scheuer Erdbrüter. Brutvogel besonders in Nord- u. Nordostdeutschland; nicht häufig.

grau meliert. Rundliche, geknickte Flügel, unsteter Flug, wobei der Schnabel abwärts gesenkt wird. Beim Zickzackbalzflug an Waldrändern hört man „Pfuitzen“ und Quarren. — Bemerkungen: Nicht häufiger Brutvogel in weichgründigen Wäldern; auf dem Zug häufiger.

Waldwasserläufer, Tringa ochropus L.

Kennzeichen: Stark drosselgroß; Schnabel und Beine mittelhoch. Oben schwarzbraun mit hellen Pünktchen (nur in der Nähe sichtbar!), unten weiß. Im Flug sticht der weiße Bürzel vom fast schwarzen Rücken ab;

Flügel im Flug eng gewinkelt. — Ähnliche: Durch Lebensweise im Wald zur Brutzeit dort nicht mit anderen Wasserläufern zu verwechseln; vgl. aber Tab. S. 173. —

Abb. 2. Singvögeltypen I.

1. Lerche (Pieper schlanker, dünnschnäbliger und hochbeiniger!). 2. Star. 3. Hänfling. 4. Würger. 5. Schmätzer (z. B. Steinschmätzer). 6. Amsel.

Stimme: Kurzes „dick, dick“, auch schönes Flöten, wie „dlüieht it it“. — Bemerkungen: Als Brutvogel vereinzelt, besonders in feuchten Wäldern und Mooren Nord- und Ostdeutschlands. Zur Zugzeit an Ufern, Torfstichen u. dgl.

Bestimmungsübersichten:

1. Gruppe: Vögel an Mauerwerk und in Gebäuden der Städte und Dörfer.

1. ca. taubengroß oder größer:

a) *im Flug Kopf gut zu sehen:*

Schwarz mit grauem Nacken, an Türmen u. dgl. schreien ack, jack: **Dohle** (S. 5)

b) *im Flug Kopf nur als Vorwölbung zu sehen:*

Oben rotbraun; schlank. Lange Flügel, langer Schwanz. Helles kliklikli ... Die Jungen rufen jierre, jierr ...: **Turmfalk** (S. 244)

Fast krähengroß, oben düsterschiefergrau (ad.) bis bräunlichschwarz (juv.). Lange Flügel, relativ kurzer Schwanz: **Wanderfalk** (S. 245)

Taubengroß oder kleiner, schieferblau bis grau oder bräunlich; rel. breite und kurze Flügel, langer Schwanz: **Sperber** (S. 243)

2. Eule:

ca. taubengroß; lange Flügel, kurzer abgeschnittener Schwanz. Unten hell, nicht grobfleckig: **Schleiereule** (S. 43)

ca. krähengroß, braunfleckig; rel. kurze Flügel, mittellanger Schwanz: **Waldkauz** (S. 42)

kleiner als Taube, gelbäugig: **Steinkauz** (S. 43)

3. Kleiner als Taube, aber größer als Spatz:

Hüpft in großen Sprüngen; rel. langer Schwanz gern hochgeschlagen; schwarz (♂) oder bräunlichschwarz (♀); Flötengesang vom Dach!: **Amsel** (S. 29)

Schreitet; rel. kurzer Schwanz, spitze Flügel. Schwarz mit Metallglanz, juv. rauchgraubraun. Besonders im Herbst mit kleinen weißen Perlenflecken: **Star** (S. 6)

4. Ungefähr spatzengroß:

a) *meist durch die Luft jagend; schlank. Spitze Flügel, ausgeschnittener Schwanz:*

U-Seite rußschwarz wie der ganze Körper. Sichelflügel, „srrieh!“: **Segler** (S. 35)
U-Seite weißlich, ganze O-Seite schwarzblau: **Rauchschwalbe** (S. 36)
U-Seite und Bürzel weiß: **Mehlschwalbe** (S. 36)
U-Seite bis auf graues Kropfband weiß, Rücken wie Bürzel düster graubraun: **Uferschwalbe** (S. 36)

b) *mit rostrotem, zitternden Schwanz:*
Schwarz oder düstergrau. ♂ mit weißem Flügelfleck: **Hausrotschwanz** (S. 32)
Heller; Brust bei ♂ ad. gelblichrot, bei juv. und ♀ hell, nie dunkel: **Gartenrotschwanz** (S. 32)

c) *mit auffälligem Weiß im Gefieder; Gang trippelnd:*
U-Seite weinrot (♂) oder bräunlich (♀). Breite weiße Flügelbinden, weiße Schwanzaußenfedern: **Buchfink** (S. 9)
Rücken aschgrau, weiß und schwarze Kopf- und Flügelzeichnung. Der lange schwarze Wippschwanz mit weißen Seiten: **Bachstelze** (S. 124)
(Bürzel zitronengelb, sehr langer Wippschwanz: **Bergstelze**) (S. 125)

d) *ohne auffälliges Weiß im Gefieder:*
Mit Spitzhäubchen. Gang trippelnd. Brust dunkelgefleckt; sonst fahl erdbräunlich: **Haubenlerche** (S. 98)
Ohne Häubchen; Gang hüpfend. Scheitel grau (♂) oder graubraun (♀): **Hausspatz** (S. 8)
Ebenso, Scheitel kupferbraun; weißes Halsband: **Feldspatz** (S. 8)
Steil auf Posten sitzend, zuckt mit Flügel und Schwanz; vom Insektenfang im Bogenflug wieder auf erhöhten Platz zurückkommend. Scharfes zzi; Kehle schwach gestreift. Dünnschnäblig; spitzflüglig: **Grauer Fliegenschnäpper** (S. 22)

5. Kleiner, braungrauer Kletterer mit dünnem, gebogenen Schnabel. „tit“: **Hausbaumläufer** (S. 15)

Kleiber, Meisen usw. stellen sich gern am Haus ein; vgl. Vögel am Futterhaus S. 53 — Der *Storch* brütet, bes. in Nord- und Ostdeutschland, auf Dächern (S. 47).

2. Gruppe: Vögel in kleinen Vorgärten und Schmuckplätzen der Städte.

1. Über Sperlingsgröße (Krähen und Dohle s. S. 5): Ganz schwarz oder braunschwarz, ohne Metallglanz. Hüpft in langen Sätzen. Relativ langer Schwanz wird oft hochgestellt: **Amsel** (S. 29)
Oben olivbraun, unten weiß mit dunklen Tropfen. „zip": **Singdrossel** (S. 30)
Metallisch schwarz glänzend mit $\pm$ deutlichen kleinen weißen Flecken. Gang schreitend; Schwanz relativ kurz; Flügel spitz: **Star** (S. 6)

2. Etwa sperlingsgroß oder kleiner:
   a) *mit rostrotem, zitternden Schwanz:*
   Schwarz oder düstergrau, Brust nie rötlichgelb: **Hausrotschwanz** (S. 32)
   Heller bräunlichgrau, Brust rötlichgelb oder lehmgelblich: **Gartenrotschwanz** (S. 32)
   b) *mit roter oder rötlicher Brust:*
   Bürzel und Flügel ohne weiß, zart; oft knicksend: **Rotkehlchen** (S. 31)
   Zwei weiße Flügelbinden, weiße Schwanzaußenfedern. Bürzel nie weiß: **Buchfink** (S. 9)
   Weißer Bürzel, schwarze Kappe, dicker Schnabel. Sanftes „düh": **Dompfaff** (S. 13)
   Braun, grauer Kopf; Stirn und Brust karminrot. Helle Schwanzfederränder: **Hänfling** (S. 12)
   Kehle schwarz, Stirn weiß: **Gartenrotschwanz** (S. 32)
   c) *mit deutlichen weißen Flügelbinden:*
   Schwanzaußenfedern weiß. Nicht kurzschwänzig; elegante Form. Bürzel grünlich: **Buchfink** (S. 9)
   Der kurze Schwanz am Ende weiß. Klobiger

Schnabel; gedrungene Form. Bürzel braun. Scharfes „zicks“: **Kernbeißer** (S. 9)

d) *nicht turnende, gedrungenere Vögel mit gelb oder grün(lich) im Gefieder:*

Relativ langer Schwanz wird beim Rufen („zrit“) bewegt. Streifenzeichnung; Bürzel zimtbraun. Schwanzaußenfedern weiß: **Goldammer** (S. 96)

Relativ kurzer Schwanz mit gelber Zeichnung. Flügelrand gelb; Sperlingsfigur: **Grünling** (S. 8)

Klein; kurzschnäblig. Sirrender, klirrender Gesang von freiem Punkt aus. Bürzel zitronengelb: **Girlitz** (S. 10)

e) *hauptsächlich bräunlich grau ohne besondere weiße oder schwarze Zeichnung:*

Meist still und aufrecht sitzend oder nach einem Insekt fliegend (langflüglig). Kehle und Stirn fein gestrichelt. Zart: **Grauer Fliegenschnäpper** (S. 22)

Gewandt durch die Büsche schlüpfend, U-Seite ± hell; keine Binden: **Grasmücken** (S. 27)

f) *zart; oben grünlichgraubraun, unten ± gelb oder weißlich; keine Flügelbinden:*

Ganze U-Seite schwefelgelb. „dedehoi“; knäksender und flötender Gesang: **Gelbspötter** (S. 26)

Unten entweder gar nicht oder schwach gelb; klein, „füid“: **Laubsänger** (S. 24)

g) *kurze, turnende Vögel mit weißer Wange und schwarzem oder blauem O-Kopf:*

aa) mit gelb.

Breiter, schwarzer Längsstreif auf U-Seite[1]; Kopfzeichnung schwarzblau: **Kohlmeise** (S. 17)

U-Seitenstreif undeutlich, Kopfzeichnung himmelblau und weiß: **Blaumeise** (S. 17)

---

[1] Die juv. haben eine gelblichweiße U-Seite und schwachen Längsstreif.

bb) ohne gelb.
Schwarze Kopfplatte; oben graubraun.
Nonnenmeise (S. 19)

Anmerkung: In wenigen Gegenden, besonders Westdeutschlands, ist der **Teichrohrsänger** Gartenvogel geworden (s. S. 129). Im übrigen vgl. auch Gruppe 3.

Sperlinge s. S. 8.

Anhang zur 2. Gruppe.

Vögel am Futterhäuschen im Winter.

Im Winter kommen an den Futterstreuplatz alle möglichen Vogelarten, die verschiedenen Gruppen angehören können. Stets ist es aber eine bestimmte Gemeinschaft von Vögeln, die sich hier einfindet. Ein + vor dem Namen bedeutet, daß der Vogel selten hier auftritt.

— Vogel rel. gedrungen, oft in Scharen. Schnabel kräftig, kegelförmig. Hanfkörner werden geschält. Ohne weiß schwarze oder blau-weiße Kopffärbung:
Finkenartige: I

— Gewandt; klettert an den aufgehängten Futterringen geschickt herum. Hanfkörner werden zwischen die Zehen genommen und aufgehackt oder ganz geschluckt. Schnabel pfriemenförmig: *Meisenartige:* II

— Mit dünnem, an der Wurzel breiteren Schnabel. Nicht kletternd, fressen gern Beeren oder Mehlwürmer. Gang und Bewegungen ruckweise; Schwanzzucken: III

— Schwarz-weiß, oft mit rot. Spitziger Schwanz, kräftiger gestreckter Schnabel; sitzen gern vertikal:
Buntspechte: IV

— Tauben- bis krähengroße Vögel (selten am Haus).
Schwarz vorwiegend: *Krähen*
Braun, blaue Oberflügeldecken, weißer Bürzel:
Eichelhäher
Grünlich; rot am Kopf: *Grünspecht*
(ca. taubengroß).

I.

— Graubraun, grauer oder graubrauner Oberkopf; Augengegend braun bis rostbraun. Wangen hell, ohne Mittelfleck: **Haussperling** (S. 8)
(♂ mit schwarzer Kehle)

— Bräunlich, Oberkopf kupferbraun; weißer Nackenring, schwarzer Wangenfleck: **Feldsperling** (♂ = ♀) (S. 8)

— Grünlich bis graubräunlich. Hellgelbes Flügelfeld. Schwanzaußenfedern wurzelwärts gelb. Plumpe, aufdringliche, sperlingsgroße Vögel mit kräftigem hellen Schnabel: **Grünling** oder **Grünfink** (S. 8)
(♂ schöner grün)

— Rücken braun, Bürzel olivgrünlich. Zwei weiße Binden im ± schwarzen Flügel. Schwanzaußenfedern z. T. weiß: **Buchfink** (S. 9)
(♂ mit bläulichem Oberkopf und weinrötlicher U-Seite)

— Schnabel ganz auffällig klobig. Kurzer Schwanz, grauer Nacken; brauner Rücken, ockerbrauner Kopf. Weiße Flügelbinden: **Kernbeißer** (S. 9)
(♀ mit schmutziggrauem, ♂ mit reingrauem Nacken)

— Rücken bräunlich, dunkel gefleckt; zwei weiße Flügelbinden. Kopf etwas scheckig-grau, schwarz und gelblich — oder (im Frühjahr) ganz blauschwarz. Brust rötlichgelb, Bürzel weiß; sonst wie Buchfink: **Bergfink** (S. 9)
(Nur Gast in Deutschland)

— Kleine muntere Vögel, oft in Scharen. Grünlich, am Bürzel mehr gelb. Zwei gelbe Flügelbinden, Flanken weißlich mit dunkler Streifung: + **Erlenzeisig** (S. 11)
(♂ mit schwarzem Scheitel)

— Sperlingsgroß oder etwas stärker, Oberkopf schwarzblau, Schnabel kurz und rundlich; Rücken aschgrau, weiße Flügelbinden und weißer Bürzel: **Dompfaff** oder **Gimpel** (S. 13)
(♂ mit leuchtend roter, ♀ mit rötlich grauer U-Seite)

— Grünlichbraun, reichlich sperlingsgroß. Rücken stark streifig; viel Gelb auf der U-Seite, Bürzel zimtbraun: **Goldammer** (S. 96)
(♀ mit stark streifiger U-Seite)

— Schnabelspitzen übereinander gebogen, ohne Flügelbinde. Rot (♂ ad.), gelblichgrau (juv.) oder grünlichgrau (♀): + **Kreuzschnabel** (S. 13)

II.

— Etwa sperlingsgroß; Kopf schwarzblau, weiße Wangen. Bauch gelb mit breiter schwarzer Mittellinie: **Kohlmeise** (S. 17)

— Kleiner als Sperling; Kopf hellblau, Wangen teilweise weiß; Bauch gelb mit nur angedeuteter Mittellinie: **Blaumeise** (S. 17)

— Ebenso klein; braungrau, U-Seite weißlichgrau, Wangen weiß, Oberkopf und Kinn schwarz: **Sumpf-** oder **Nonnenmeise** (S. 19)
Nur in der Nähe von Nadelwald, sonst nur sehr selten: **Tannen-** und **Haubenmeise** (S. 18)

— Fast sperlingsgroß; Schnabel ziemlich lang, O-Seite aschblau, unten weißlichgelb bis rötlichbraun; Flanken kastanienbraun, schwarzer Augenstreif: **Kleiber** oder **Spechtmeise** (S. 16)

III.

— Größer als Sperling, schwarz mit gelbem Schnabel (♂ ad.) oder dunkelbräunlich mit weniger gelbem Schnabel (♀ u. juv.) Bewegungen hastig; oft dick aufgeplustert: **Amsel** (S. 29)

— Sperlingsgroß, oben olivbraun, gelblichrote Brust, weißlicher Bauch: **Rotkehlchen** (S. 31)
(nicht immer überwinternd!)

IV.

— Amselgroß; Hinterkopf rot (♂) oder schwarz (♀). Aftergefieder rot: **Gr. Buntspecht** oder **Rotspecht** (S. 38)

— Sperlingsgroß; Aftergefieder weißlich. Rücken und Flügel weißschwarz gebändert; ♂ mit rotem Vorderscheitel: **Kl. Buntspecht** oder **Zwergspecht** (S. 38)

3. Gruppe: Vögel der größeren Gärten, Dorfgärten, Parks und Friedhöfe.

Es ist unmöglich, die Vögel dieser Gruppe von den Misch- und Laubwaldbewohnern (Gruppe 6A) zu trennen; denn die meisten Arten haben sich vom Walde her in den Parks, die ihnen einen Ersatz für den Wald bieten, angesiedelt. Man bestimme also nach den Tabellen in Gruppe 6A! Hier soll nur eine Übersicht der charakteristischen Vertreter der Waldvögel, soweit sie sich in Parks u. dgl. finden, gegeben werden.

A. Im Winterhalbjahr.

(Ende Oktober bis Ende März.)

1. Knapp taubengroß bis krähengroß:
   a) hauptsächlich schwarz (mit ± grau), ohne rot: **Krähen und Dohlen** (S. 5)
   b) *Raubvögel* s. Sammeltabelle S. 235. (Es kommen hauptsächlich in Frage **Turmfalk** und **Sperber.**)
   c) hurtiger Flug, vorgestreckter Kopf. Hauptsächlich blaugrau: **Wildtauben** (S. 44)
   d) *mit auffälligem Weiß im Gefieder:*
   Weißer Bürzel; rätschende Rufe. Sonst braun und schwarz mit blauen Decken: **Eichelhäher** (S. 6)
   Schwarz-weiß, sehr langer Schwanz: **Elster** (S. 5)
   e) *Klettervögel;* Bogenflug; die Flügel werden abwechselnd eng angelegt und dann gespreizt. — Grün, mit oder ohne rote Kappe: **Erdspechte** (S. 39)
   f) *Eule:* Bogenflug. Graubraun (helle Tropfenflecken!), rundlicher Kopf, kurzer Schwanz: **Steinkauz** (S. 43)
   größer als Taube; weicher Ruderflug, braune, nicht gelbe Augen: **Waldkauz** (S. 42)
2. Amselgroß bis starengroß:
   a) schwarz oder braunschwarz; keine helle U-Seite und U-Flügel: **Amsel** (S. 29)

b) *mit braun; U-Seite hell mit dunklen Tropfen:*
U-Flügel und Flanken nicht rötlich:
Sing-, Mistel- und **Wacholderdrossel** (S. 30)
U-Flügel und Flanken rötlich; oft in schwatzenden Scharen: **Weindrossel** (S. 30)

c) oft steil auf freiem Punkt sitzend; Schwanz wird hin- und herbewegt; schwarzer Augenstreif. — Grau-weiß-schwarz: **Raubwürger** (S. 20)

d) Klettervögel; hüpfender Flug. — Schwarz-weiß, mit rot am After: **Buntspechte** (S. 38)

e) Spitzschnäblig, langflüglig und rel. kurzschwänzig. Gern auf der Wiese oder schwatzend im Baum. Glanzschwarz, ± weißgeperlt. Die juv. mehr graubraun. Watschelnd oder schreitend: **Star** (S. 6)

3. Starengroß bis sperlingsgroß oder kleiner:

a) *oft in kleineren oder größeren Trupps im Gezweig:*
Lockere kleinere Scharen von bunten, wenig lauten Turnern, mit weißer Wange. Fliegen nicht geschlossen auf: **Meisen** (S. 17)
Engere Trupps oft lärmender, kleiner Vögel; besonders in Erlen oder Birken. Fliegen geschlossen auf: **Zeisige** (S. 11)
Dünnes Sirren; starenartiger Flug. Federschopf! Gern an Beeren. Schön graubraun, gelbes Schwanzendband: **Seidenschwanz** (S. 21)

b) kleinere Vögel mit weißer Wange und blauem oder schwarzem O-Kopf: **Meisen** (S. 17)

c) sehr klein mit sehr langem Schwanz:
Schwanzmeisen (S. 18)

d) *ca. spatzengroße Vögel mit rot, rötlichgrau oder kastanienbraun, besonders an der U-Seite:*
Weißer Bürzel, dickschnäblig. Ad. mit schwarzer Kappe „djüe jühb" (melodisch): **Dompfaff** (S. 13)
Ohne Flügelbinden, ganz rot; besonders intensiv am Bürzel. Turner. Hartes „kip kip":
Kreuzschnäbel (S. 13)

Knicksen; in Bodennähe: **Rotkehlchen** (S. 31)
Weiße Flügelbinden und Schwanzaußenfedern: **Buchfink** (S. 9)
Oben blaugrau, kurzschwänzig. Klettert am Stamm. (Vgl. Abb. 3, $_7$): **Kleiber** (S. 16)

e) klotziger Schnabel, weiße Flügelbinden, kurzer Schwanz; fast starengroß. „zicks": **Kernbeißer** (S. 9)

f) *mit gelb im Gefieder:*
Breites gelbes Band im schwarzen Flügel. Vorderkopf rot: **Stieglitz** (S. 10)
Kopf und U-Seite gelb, ± durch dunkle Flecken verdeckt. Rotbrauner Bürzel; rel. langer Schwanz: **Goldammer** (S. 96)
Flügelrandmal und Schwanzseiten z. T. hellgelb. Sonst grünlichgrau; robust: **Grünling** (S. 8)
Klein, mit ± gelber U-Seite. Klirrender und quietschender Gesang von erhöhtem Punkt aus. Bürzel zitronengelb, Schnabel kurz: **Girlitz** (S. 10)
U-Seite gelb; weiße Wange schwarz oder bläulich gefaßt: **Kohl- und Blaumeise** (S. 17)
Bürzel weiß, weiße Flügelbinden: **Bergfink** (S. 9)
Streifig; klein. Gelbe Flügelbinde; meist in Scharen: **Erlenzeisig** (S. 11)
(gelblichgrau; keine Flügel und Schwanzabzeichen: **Kreuzschnäbel**) (S. 13)
Gelbe Schwanzendbinde; Starenflug. Federholle: **Seidenschwanz** (S. 21)

g) schwarz-weißer Klettervogel: **Zwergspecht** (S. 38)

h) *mit breiten weißen Flügelbinden und weißen Schwanzaußenfedern:*
Bürzel weiß. „quäg": **Bergfink** (S. 9)
Bürzel grünlich. „güb güb"; „pink": **Buchfink** (S. 9)

i) *grau, bräunlich oder grünlichgrau ohne auffälliges Weiß und Gelb:*
Gedrungen; U-Seite (eventuell mit schwarzem

Kehlfleck) ungefleckt schmutzig-grau: **Spatzen** (S. 8)

(Zarter; an den Seiten gestreift. Kehle und Brust aschblau oder bleigrau: **Braunelle** (S. 34)

Weiße Schwungfederränder täuschen einen hellen Spiegel vor. Kleiner. Harte und metallische Lockrufe. ♂ rotbrüstig: **Hänfling** (S. 12)

Klein; am Baumstamm. Dünner, feiner Schnabel: **Baumläufer** (S. 15)

Sehr klein; der kurze Schwanz hoch aufgerichtet: **Zaunkönig** (S. 34)

(Finkengestalt, rel. langer Schwanz mit weißen Außenfedern; rötlich-brauner Bürzel: **Goldammer**) (S. 96)

Klein; meist in Scharen. Streifig. O-Kopf rot. „tschüttschütt ...": **Birkenzeisig** (S. 11)

Klein; zart. Oben ungefleckt grünlichbraun, unten hell ohne alle Abzeichen: **Weidenlaubsänger** (S. 25)

Winzig, mit weißen Flügelbinden; grünlichgrau. Gelber Scheitelstreif! Wispernde Stimmen: **Goldhähnchen** (S. 16)

k) mit rostrotem Zitterschwanz. **Hausrotschwanz** (S. 12)

B. Im Sommerhalbjahr.

(Etwa April bis September/Oktober.)

Man suche erst unter A nach! Zu den dort genannten Arten (es verschwinden meist im März Seidenschwanz und Birkenzeisige) kommen hinzu: *Laubsänger*, *Grasmücken*, *Fliegenschnäpper*, *Gartenrotschwänzchen*, *Würger*, *Pirol*, *Wendehals*, *Nachtigall* und *Kuckuck*. Diese Neuankömmlinge kann man im Groben folgendermaßen auseinanderhalten (vgl. aber Gruppe 6A!):

1. Vogel ca. amselgroß:

Gelb und schwarz oder gelbgrün mit dunklen Flügeln; „Vogel Bülow"-Pfiff: **Pirol** (S. 7)

2. Langweilige gjädjädjädjäd . . . -Rufe. Rindenfarbig mit dunklem Rückenstreif: **Wendehals** (S. 40)
3. Unermüdliches zip zap . . .: **Weidenlaubsänger** (S. 25)
4. Meist frei sitzend; mit dem langen z. T. ±weißrandigen Schwanz drehende und schlagende Bewegungen ausführend: **Würger** (S. 20)
5. Etwa taubengroß; rel. langer Schwanz und spitze Flügel. Flugbild falkenähnlich. Grau oder rostbraun; weißer Bauch quer gewellt. Kreist oder rüttelt nicht: **Kuckuck** (S. 37)
6. Reichlich sperlingsgroße bis ganz kleine Vögel:
   a) schlicht bräunliche oder graue Vögel, die das Gebüsch durchschlüpfen. Keine deutlichen weißen Flügelbinden; Kehle ungefleckt: **Grasmücken** (S. 27)
   b) *mit rostrotem oder rostbraunem Schwanz:*
   Roter Schwanz in der Mitte dunkel; meist in zitternder Bewegung: **Rotschwänze** (S. 32)
   Der rostbraune Schwanz wird bei Erregung hoch gestellt. Flügel hängen meist herab. In Bodennähe. Unten hellgraulich. O-Seite braun: **Nachtigall** (S. 33)
   Ebenso, aber Schwanz bei Erregung gefächert und seitlich bewegt. Brust mit dunklen Schuppenflecken (undeutlich): **Sprosser** (S. 33)
   Schwanz mit breiter schwarzer Endbinde: **Blaukehlchen** (S. 132)
   c) *zart, ± grünlich oder schlicht graubraun; meist im Blätterwerk. U-Seite hell, zuweilen gelblich:*
   Viel kleiner als Spatz; rütteln gern nach Insekten: **Laubsänger** (S. 24)
   Fast sperlingsgroß mit schwefelgelber U-Seite: „dedehoi“: **Gelbspötter** (S. 26)
   Weiße Schwanzwurzelseiten; Kehle bei ♂ ad. rötlich: **Zwergfliegenschnäpper** (S. 23)

d) *mit weißem (bräunlichem) Fleck im Mittelflügel:* Schwarz oder graubraun mit weißer oder heller U-Seite; „bist, bit“ bzw. „siebs“:
Trauer- (bzw. **Halsband-)Fliegenschnäpper** (S. 22)

e) *ruhig auf freiem Posten sitzend: ohne Gelb. Schwanz- oder Flügelzucken;*
Ca. spatzengroß; graubraun, helle U-Seite. Scharfes „zri“: **Grauer Fliegenschnäpper** (S. 22)
Größer als Spatz; mit dem rel. langen Schwanz hin- und herschlagend. Rücken rotbraun; dunkler Augenstreif, fast weiße U-Seite:
Rotrückenwürger (S. 21)
Ähnlich. O-Kopf rostbraun, Rücken schwarz. Weiß an Flügel und Schwanz:
Rotkopfwürger (S. 21)

d) *Spitzköpfiger, rötlichbrauner Vogel, besonders in Syringen und Weiden, ohne Grau am Kopf; klettert die Ästchen auch vertikal hinauf:*
Gesang rhythmisch: dirre dirre tīt darre darre tīt usw.: **Teichrohrsänger** (S. 129)
Gesang schwatzend und flötend, sehr abwechslungs- und imitationsreich. (Meist in der Nähe von Wasser): **Sumpfrohrsänger** (S. 129)

e) Kleiner Finkenvogel mit kurzem Kegelschnabel. Unten auf Gelb $\pm$ gestreift. Bürzel zitrongelb. Gesang quietschend und sirrend: **Girlitz** (S. 10)

f) *Eben flügge Jungvögel (tolpatschig, noch $\pm$ kurzschwänzig, gelber Mundrand!). Mit Tropfen- und Schuppen- (Wellen-) Zeichnung:*
Schwanz rostrot:
Ganz düster schiefergrau-schwarz:
Hausrotschwanz (S. 32)
Braungrauer; rostgelbliche, dunkel geschuppte Brust: **Gartenrotschwanz** (S. 32)
Schwanz olivbraun. O-Seite mit rostgelblichen

Tropfen, Brust rostgelblich mit dunklen Schuppenrändern. Bauch weißlich:

Rotkehlchen (S. 31)

Schwanz rostbräunlich. Ähnlich vorigem, aber Brust weniger rostfarbig, auch nicht so scharf vom etwas helleren Bauch abgesetzt:

Nachtigall u. Sprosser (S. 33)

Nicht so hochbeinig. Oben silbriggrau, unten rahmgelblich getropft. Von oben erscheint Schnabelwurzel sehr breit. Stirn stark fleckig:

Grauer Fliegenschnäpper (S. 22)

Ähnliche Gestalt; rostgelblicher gefleckt. Hell rostgelblicher Fleck im Mittelflügel. An den Schwanzseiten gelblichweiß:

Trauerfliegenschnäpper und Halsbandfliegenschnäpper (S. 22)

Die Verteilung der charakteristischen Park- und Gartenvögel im Lebensraum.

Auf *Wegen und Rasenplätzen* u. a.: Amsel, Drossel, Star, Finken und Spatzen warten auf Futterbrocken. Erdspechte, Wendehals, Goldammer usw. suchen nach Nahrung. — Am *Boden*, der mit *altem Laub* bedeckt und von Büschen geschützt ist, brüten Nachtigall und Sprosser. Rotkehlchen und Goldammern wird man nicht vermissen, ebenso würmersuchende Drosseln und Amseln. — Von *Grabsteinen*, *Hecken* und *Spitzen* halten der Graue Fliegenschnäpper und die Rotschwänze Ausschau. Nicht selten auch Neuntöter und Goldammer. — Während sich im *Buschwerk* außer Rotkehlchen noch die Grasmücken herumtreiben (auch Laubsänger, besonders zur Zugzeit), bieten *Fichtendickungen* und Grabeinfriedigungen Hänfling, Braunelle und Zaungrasmücke begehrte Brutplätze. *Hoch im Geäst* tummeln sich Laubsänger und Fliegenfänger (Trauer- und Halsbandfliegenschnäpper bevorzugen Eichen, Waldlaubsänger und Zwergfliegenschnäpper Buchen). Pirol, Wendehals und Kuckuck, selbst Tauben, Rabenvögel und Raubvögel fehlen selten. Im *dichten Gekräut* an feuchten Stellen singt der Zaunkönig. Die *Beerensträucher* beleben sich im Winter mit Grünfinken, Dompfaffen, auch Seidenschwänzen. *Zapfen* locken Kreuzschnäbel, *Kirschen* Pirol, Star, Spatz und Amsel, in *Erlen* und *Birken* tummeln sich Zeisige, Blau- und

Schwanzmeisen. An älteren *Stämmen* kriecht der Baumläufer in die Höhe und Specht und Kleiber machen sich zu schaffen.

4. Gruppe: Vögel am Rand kleiner Feldgehölze, in freier gelegenen Baum- oder Buschgruppen, in Feldhecken u. dgl.

Sind viel Laubbäume vorhanden, so wird man z. T. dieselben Arten wie in Gruppe 3 bzw. 6A treffen; man vgl. also dort, falls man die gesuchte Art hier nicht findet. — Frei gelegene Schrebergärten und bebuschte Ufer zeigen die hier aufgezeichnete Vogelwelt (vgl. auch Gr. 8A und 12B).

1. *Raubvögel* s. S. 236. Man wird hier antreffen können: **Sperber, Bussard, Turmfalk, Merlin** (nur im Winterhalbjahr), **Lerchenfalk** (nur im Sommerhalbjahr) und **Wanderfalk.**

2. *Eulen* s. S. 40. Besonders **Waldkauz, Steinkauz** und **Waldohreule.**

3. **Krähen, Dohle** (grauer Nacken, taubenartiger Flug), vielleicht sogar der seltene große **Kolkrabe,** s. S. 4.

4. Hühnergestalt, purrender Flug:
   Mit rostrotem Schwanz: **Rebhuhn** (S. 101)
   Ca. haushuhngroß, mit ausgeschnittenem Schwanz und weißer Flügelbinde: **Birkhuhn** (S. 45)
   Langschwänzig; ohne Flügelbinden: **Fasan** (S. 45)

5. ca. taubengroß:
   a) *Taubengestalt; U-Seite nicht quer gefleckt:*
   Mit Weiß an Hals und Flügeln: **Ringeltaube** (S. 44)
   Aschblau; ohne Weiß: **Hohltaube** (S. 44)
   Blaugrau und braun, weiße Schwanzeinrahmung: **Turteltaube** (S. 44)
   b) *Kurzbeinig: bunt oder mit Querflecken;*
   Grau oder rostbraun; Bauch quer gebändert. Rel. langschwänzig: **Kuckuck** (S. 37)
   Prächtig blaugrün: **Blaurake** (S. 37)

c) *taubengroße Vögel im Flug:*
Flug hurtig; Flügel gewinkelt und leicht nach hinten getragen. Kopf und Hals gut zu sehen. Schwanz und Flügel mittellang: **Tauben** (S. 44) (N. B. Dohle rudert gleichmäßiger!)
Unsteter Flug, hastig, aber „seicht", schlagend; Rückenlinie scheinbar „durchgebogen"; spitzflüglig und rel. langschwänzig: **Kuckuck** (S. 37)
Wuchtelnd oder in Kapriolen. Flügel geknickt und ziemlich stumpf. Blaugrün: **Blaurake** (S. 37)
Langsamer Flatterflug; Flügel breit und rundlich, werden eng angelegt. Bürzel u. Spiegel weiß, Rumpf braun: **Häher** (S. 6)
Flug wie voriger. Sehr langer Schwanz. Schwarzweiß: **Elster** (S. 5)
Stark bogiger Flug; Flügel bleiben lange Zeit angelegt: **Spechte** (S. 38)
Steinkauz (S. 43), dickköpfig.

6. Vogelschwärme:

a) *Drosseln:*
Allgemeines Geschwätz und „zieh". U-Flügel rötlich. Besonders März/April und September/Oktober: **Weindrossel** (S. 30)
Schackernde Rufe; aschgrauer Bürzel und Kopf, weiße U-Flügel: **Wacholderdrossel** (S. 30)

b) *Kleinvögel:*
aa) größtenteils geschlossen auffliegend und gut exerzierend. Besonders in Birken „tschütt-schüttschüttett": **Birkenzeisig** (S. 11)
Besonders in Erlen. „dieh, diedl" und Geschwätz: **Erlenzeisig** (S. 11)
In Hecken u. dgl.; schnurrender Flug; lautes Geschilp: **Spatzen**[1] (S. 8)

[1] Eventuell auch Goldammer, Grünfink, Hänflinge und Finken in Scharen hier, s. diese. Die Amseln nächtigen in Ortsnähe

bb) in wenig geschlossenen Trupps; nicht alle zusammen auffliegend.
Vereinzelte hohe Stimmlaute, gewandte kleine Vögel, meist mit weißer Wange: **Meisen**[1] (S. 17)

7. ca. drosselgroß:

a) *oben braun, unten hell mit dunklen Fleckchen:*
Weißer Überaugenstreif; rötliche Flanken und U-Flügel: **Weindrossel** (S. 30)
Grauer Bürzel, schackernde Laute; weiße U-Flügel: **Wacholderdrossel** (S. 30)
Oben ganz braun. Sehr groß! U-Flügel weiß. Schnerrlaute: **Misteldrossel** (S. 30)
Ähnlich; kleiner. U-Flügel gelblich. „zipp“: **Singdrossel** (S. 30)

b) *schwarz oder braunschwarz:*
Ohne weißes Kropfband: **Amsel** (S. 29)
Mit weißem oder hellem Kropfband und hellen Federräumen: **Ringdrossel** (S. 29)

c) *aufrechte Haltung; frei sitzend. Drehen und Schlagen des rel. langen Schwanzes:*
aa) oben aschgrau; rüttelt gern:
Schwarzer Augenstreif, weißes Schultermal. Auch im Winter: **Raubwürger** (S. 20)
Auch Stirn schwarz; kein weißes Schultermal. Nur im Sommer: **Schwarzstirnwürger** (S. 20) (selten)
bb) oben braunrot: **Rotrückenwürger** (S. 21)

d) *gelb und schwarz oder gelbgrün mit dunklen Flügeln:*
spechtähnlicher, aber gewandterer Flug. Nur im Sommer: **Pirol** (S. 7)

---

nicht selten in kleinen Feldgehölzen in größerer Gesellschaft, ebenso die Krähen, die abends oft in großen Massen dem Schlafplatz zufliegen. — Ebenso überall häufig: **Star** (S. 6).

[1] Darunter eventuell Buntspechte, Kleiber, Baumläufer und Goldhähnchen.

e) schwarz-weiß. Klettervögel. Flug stark bogig: **Buntspechte** (S. 38)

8. Reichlich bis knapp sperlingsgroß[1]:

a) *auf Dornhecken u. dgl., frei sitzend. Ziemlich langer Schwanz;*
Oben rotbraun. „ghäk“: **Rotrückenwürger** (S. 21)
(Mit Gelb: **Goldammer**) (S. 96)

b) *zartschnäblig: waagerecht das Gebüsch durchschlüpfend, ohne grünliche und gelbe Töne;*

aa) knapp sperlingsgroß; weiße Kehle:
Armschwingenränder rostbraun, brauner als der Rücken. Wetzendes, gedämpftes waidwädwäd ... und gschä: **Dorngrasmücke** (S. 28)
Armschwingen nicht brauner als Rücken. Dunkler Augenstreif: **Zaungrasmücke** (S. 28)

bb) unten nicht viel heller als oben[2]. Schlicht braungrau ohne Fleckung und Weiß:
Oberkopf wie Rücken gefärbt: **Gartengrasmücke** (S. 27)
Oberkopf schwarz oder rotbraun: **Mönchsgrasmücke** (S. 27)

cc) größer als Spatz; grau oder graubraun, U-Seite bei ad. quer gewellt. „tscherrr“: **Sperbergrasmücke** (S. 28)

c) *der Gesang wird teilweise im Flug vorgetragen:*

aa) von Baum zu Baum oder Boden, mit erhobenen Flügeln (wie Papiertaube). Gesang endet mit wies wies zía zía oder zjā zjā: **Baumpieper** (S. 127)

bb) einige Meter sich in die Luft erhebend und wieder abschwebend. Etwas kleiner als Spatz, bräunlich: **Dorngrasmücke** (S. 28)

---

[1] Meisen, Kleiber, Baumläufer s. Gruppe 6A.

[2] Ganze O-Seite bräunlich, spitzer Kopf, keine weißen Schwanzaußenfedern: Sumpfrohrsänger; in der Nähe von Getreidefeldern!

Größer als Spatz, grau: **Sperbergrasmücke** (S. 28)

d) *frei sitzend; bei jedem Lockton zuckt der Schwanz mit:* Mit Gelb; Bürzel zimtbraun: **Goldammer** (S. 96)

e) *erdgrau oder bräunlich: ± streifig-fleckig. Ohne kräftiges Rot, Gelb und ohne auffälliges Weiß;*

aa) weiße Schwanzaußenfedern: Lerchen- oder Stelzenfigur; unten drosselartig gefleckt. „psiehb“: **Baumpieper** (S. 127)

Kopf grünlichgrau, hellgelbe Kehle. Bauch zimtbräunlich: **Ortolan** (S. 96)

bb) Brust gefleckt; undeutlicher heller Flügelspiegel. Metallisch gickernde Locktöne; Schwanz ausgeschnitten: **Hänfling** (S. 12)

cc) hellbleigraue Kehle; Flanken gestreift: **Braunelle** (S. 34)

dd) gedrungen; schmutzig grauweiße U-Seite; auch mit schwarzer Kehle: **Spatzen** (S. 8)

ee) groß, stark streifig gefleckt, lerchengrau. Beim Anfliegen werden die Füße weit ausgestreckt. Kurzer klirrender Gesang. „zick“: **Grauammer** (S. 96)

ff) aufrecht und frei sitzend; zuweilen nach Insekt fliegend. Kehle und Stirn gestrichelt. Kurzbeinig und großäugig. Schwanz- und Flügel zucken. Scharfes „zri“: **Grauer Fliegenschnäpper** (S. 22)

gg) streifig grünlichbraun. Der keilförmig endende Schwanz im Flug etwas geschleppt. In kleinen Büschen zwischen hohem Gras. Gesang sirr . . wie Heuschrecke: **Schwirl** (S. 131)

hh) großäugig, rel. hochbeinig. Knickst oft. Dunkelbräunlich mit helleren gelbbräunlichen Tropfen übersäet: **Rotkehlchen** juv. (S. 62)

f) *mit auffälligem Weiß im Flügel:*

aa) zwei weiße Binden; weiße Schwanzaußenfedern. Bürzel olivgrünlich. „güb" „pink": **Buchfink** (S. 9)
Bürzel weiß. „quäg": **Bergfink** (S. 9)

bb) klobiger Schnabel; kurzer Schwanz. „zicks", „zieh": **Kernbeißer** (S. 9)

cc) weißer Mittelflügelfleck, weiß und schwarz (bzw. graubraun): **Trauerfliegenschnäpper** (S. 22)

g) *mit rot, gelbrot oder zimtbraun oder größtenteils rostbraunem Gefieder:*

aa) Flügel und Schwanz nicht rostrot oder rostbraun. Brust gelblich rot. Knicksen; ziemlich hochbeinig: **Rotkehlchen** (S. 31)
U-Seite rot oder rötlichgrau. Ad. mit schwarzer Kappe, weißer Bürzel. Dickschnäblig: **Dompfaff** (S. 13)
U-Seite nach heller (gelblicher) Kehle lederbräunlich oder zimtbraun. Weiße Schwanzaußenfedern: **Ortolan** (S. 96)
Brust ± karminrot; Kopf grau. Heller, undeutlicher Flügelspiegel: **Hänfling** (S. 12)
Gern in Birken oder auf dem Boden; Scheitel karminrot. Grünlichgrau-streifig: **Birkenzeisig** (S. 11)

bb) Flügel und Schwanz ± rostbraun. Plötzliche Bewegungen; Schwanzschlagen. — Ziemlich hochbeinig und großäugig: **Nachtigall** und **Sprosser** (S. 33)

cc) Schwanz rostrot mit dunklen Mittelfedern. Schwanzzittern und Abwärtsschlagen: **Rotschwänze** (S. 32)

dd) Schlüpfer. Kopf grau; Kehle weiß: **Dorngrasmücke** (S. 28) ee) frei sitzend. Rel. langer Schwanz in drehend-schlagender Bewegung; dunkler Augenstreif; oben rotbraun: **Rotrückenwürger** (S. 21)

h) *mit Gelb im Gefieder:*
Gelber Randfleck im Flügel; gelb im Schwanz. Robust, Dickschnäblig: **Grünling** (S. 8)
Kopf und U-Seite ± gelb. Rel. langschwänzig; weiße Schwanzaußenfedern. Bürzel zimtbraun; oben streifenfleckig: **Goldammer** (S. 96)
Elegant. Im schwarzen Flügel breite gelbe Binde. ad. mit schwarz-weiß-rotem-Kopf: **Stieglitz** (S. 10)
Kleiner, kurzschnäbliger, ± fleckenstreifiger Finkenvogel. Bürzel zitronengelb, U-Seite ± gelb: **Girlitz** (S. 10)

i) Mit hell rostgelblichem Flügelfleck. Unten hell, oben graubraun: **Trauerfliegenschnäpper** (S. 22)

9. Bedeutend kleiner als Sperling:

a) *zart, grünlich oder graubraun:*
Mit Scheitelzeichnung und Flügelbinden; wisperndes sisi. Nadelbäume: **Goldhähnchen** (S. 16)
Ohne besondere Zeichnung; „füid" oder „hüd": **Laubsänger** (S. 24)

b) mit hoch gestelltem Schwänzchen; rostbräunlich: **Zaunkönig** (S. 34)

Anmerkung: Nur ausnahmsweise zeigen sich hier: **Bachstelzen,** mit langem Wippschwanz; **Karmingimpel,** fast nur im Nordosten Deutschlands; **Hakengimpel,** sehr seltener Wintergast; **Sumpfrohrsänger,** in dichtem Gestrüpp und an Getreidefeldern (gelblichrostbraun, ohne auffällige Zeichnung) und **Gelbspötter.**

5. Gruppe: Vögel im und unmittelbar am Nadelwald der Ebenen und Mittelgebirge.

In den reinen Fichten- und Kiefernbeständen, die vor wenigen Jahrzehnten gepflanzt wurden, finden sich eigentlich[1] nur: **Buchfink, Goldhähnchen, Tannen-** und **Haubenmeise.** — Sowie aber Schonungen und Blößen, etwas Unterholz (Beeren, Hirschhollunder usw.), verschieden alte Hölzer und Dickichte vorhanden sind, wird das Vogelleben interessanter. Ein derartiger Wald bietet folgende Arten:

1. Hühner- bis gänsegroß; geräuschvoller Flug.
   Groß, Schwanz abgerundet; ♂ schwarz glänzend und dunkelbraun, ♀ bräunlich mit rostfarbenem Brustschild, ohne Flügelbinde: **Auerhuhn** (selten) (S. 45)
   Schwanz leierförmig (♂) oder ausgeschnitten (♀); weiße Flügelbinde: **Birkhuhn** (S. 45)
   Schwanz spitzig, beim ♂ sehr lang: **Fasan** (S. 45)
2. Eulen[2]:
   a) *ca. tauben- bis krähengroß:*
   Lange, etwas gewinkelte Flügel; Federohren: **Waldohreule** (S. 42)
   Breite, gestrecktere Flügel; keine Federohren: **Waldkauz** (S. 42)
   b) *kleiner:*
   Ohne „Ohren"; Waldkauzgestalt; oben unregelmäßig weiß getropft, unten hell. Schwarze Schleiereinfassung in der Ohrgegend. juv. ganz dunkelbraun. Selten: **Rauhfußkauz** (S. 43)
   ca. starengroß; oben nur schwach gefleckt. Sehr selten: **Sperlingskauz** (S. 41)
   c) reichlich hühnergroß; felsliebend: **Uhu** (S. 41)

[1] Werden den Vögeln Nistkästen als Ersatz für die fehlenden alten und hohlen Bäume gegeben, so halten neben zahlreichen Meisen (auch Kohl- und Blaumeise) sogar *Gartenrotschwänzchen, Trauerfliegenschnäpper* u. a. Laubwaldbrüter Einzug. Im Kampf gegen die gerade in eintönigen Nadelforsten verheerend auftretenden Forstschädlinge bewähren sich derart angesiedelte Vögel recht gut.

[2] Um Eulen am Tage zu sehen, suche man am Boden nach Gewöllen; auf dem Baum über diesen wird man oft die Eule sehen (eventuell klopfen!).

3. Raubvögel und Kuckuck s. S. 236. (Es brüten besonders **Sperber** — am Waldrand —, **Bussard, Turm-** und **Baumfalk;** gelegentlich auch **Habicht, Rotmilan** und **Wanderfalk;** im Nordosten **Schreiadler**).

4. Krähen[1] s. S. 5, besonders **Raben-** bzw. **Nebelkrähe.**

5. Spechte (Bogenflug mit lange Zeit angelegten Flügeln oder Flatterflug; Stammkletterer:

a) *mit Grün:*
Mit Rot: **Grünspecht** und **Grauspecht** ♂ (S. 40)
Ohne Rot: **Grauspecht** ♀ (S. 40)

b) ca. krähengroß, schwarz mit roter Kappe. Häherartiger Flug: **Schwarzspecht** (S. 39)

c) *schwarz-weiß:*
Aftergegend leuchtend rot; Bauch schmutzig weiß: **Rotspecht** (S. 38)
Bauch- und Aftergegend rosenrot; U-Rücken weiß (auch im Gegensatz zum *Mittelspecht!*). Selten: **Weißrückenspecht** (S. 39)
Ohne Rot; Rücken mit Weiß. Schwarze Kopfseitenstreifen; stark amselgroß. Seltenheit: **Dreizehenspecht** (S. 39)
Ohne Rot am After; sperlingsgroß: **Zwergspecht** (S. 38)

6. Etwa drosselgroß oder größer:

a) *hauptsächlich schwarz oder dunkelbräunlich:*
Ohne weißes Kropfband: **Amsel** (S. 29)
Mit weißem oder hellem Kropfband: **Ringdrossel** (S. 29)

b) *oben bräunlich, unten hell mit ± dichten dunklen Flecken:*
„zrrrr.“ Weiße U-Flügel; Gesang amselartig. Groß: **Misteldrossel** (S. 30)

---

[1] Im Winter findet man große Schlafplatzgemeinschaften in den Bäumen (bes. Saatkrähe), von und zu denen die Krähen früh und abends in großen Gesellschaften streichen.

Zip-Ruf; Gesang besteht aus oft wiederholten Einzelrufen. Rötlichgelbe U-Flügel. Kleiner: **Singdrossel** (S. 70)

c) *rel. kurzschwänzig; nur im Sommer; mit Gelb oder Gelbgrün:*
Sattgelb und schwarz (♂) oder gelbgrün mit dunklen Flügeln (♀). „Bülow"-Flötenpfiff: **Pirol** (S. 7)

d) *rel. langschwänzig; frei sitzend:*
Grau-weiß-schwarz. Schwanzzucken; Rütteln: **Raubwürger** (S. 20)

7. ca. taubengroß:

a) *beim unsteten, langsamen Flug werden die rel. kurzen, breiten Flügel nach den matten Schlägen eng angelegt:*
Weißer Bürzel, weißer Flügelspiegel: **Eichelhäher** (S. 6)
Kein weißer Bürzel und Spiegel; weißes Schwanzendband: **Tannenhäher** (S. 6)
Groß! Ganz schwarz; „trrü trrü ...", „Kjähg": **Schwarzspecht** (S. 39)

b) *Flug schnell und gewandt; Flügel rel. lang, etwas gewinkelt. Kopf und Hals deutlich zu sehen:*
Blaugrau, Flügel mit weiß: **Ringeltaube** (S. 44)
Blaugrau; Flügel ohne weiß[1]: **Hohltaube** (S. 44)
Bräunlich; weißes Schwanzendband: **Turteltaube** (S. 44)
Flügel nicht weit abwärts geschlagen, spitzig; langer Schwanz: **Kuckuck** (S. 37)

8. Über Sperlingsgröße; frei und aufrecht sitzend; Schwanzbewegungen:
Rücken rotbraun, Kopf beim ♂ aschgrau mit schwarzem Augenstreif: **Rotrückenwürger** (S. 21)

9. Reichlich sperlingsgroß bis ganz klein:

a) *am Baumstamm oder Ast kletternd:*

[1] Mit weißem Bürzel oder sonst auffällig gefärbt: Haustaube!

Klein; graubraun. Dünner Bogenschnabel: **Baumläufer** (S. 15)

b) *im Gezweig turnend, weiße Wangen:*

U-Seite gelb mit breitem schwarzen Mittelstreif: **Kohlmeise** (S. 17)

U-Seite weißlich mit rostgelblichem Anflug; weißer Nackenfleck[1]: **Tannenmeise** (S. 18)

O-Seite braungrau, schwarze Kopfplatte. „sitzjĕ“ oder „sidădä“: **Nonnenmeise** (S. 19)

Ebenso; aber undeutl. heller Flügelspiegel; gepreßtes (si) „dääh“ oder „deeh“: **Weidenmeise** (S. 19)

„Geschupptes“ spitzes Häubchen. „zizi gürrr“: **Haubenmeise** (S. 18)

c) klein mit sehr langem Schwanz; „zrr“: **Schwanzmeisen** (S. 18)

d) derb; in Scharen, oft an Fichtenzapfen. „kipp“ oder „köpp“: **Kreuzschnäbel** (S. 13)

e) *mit rötlichen, ockergelben oder roten Gefiederpartien oder mit weißem Bürzel oder weißen Schwanzwurzelseiten:*

aa) rote oder rötlich-graue U-Seite; dick. Weißer Bürzel (schwarze Kappe): **Dompfaff** (S. 13)

bb) weinrötliche U-Seite, weiße Flügelbinden: **Buchfink** (S. 9)

cc) ganz rot oder gelblich in verschiedenen Tönungen:

Ohne Flügelbinden:

Fichten- und **Kiefernkreuzschnabel** (S. 13)

Mit Flügelbinden; gekreuzter Schnabel: **Bindenkreuzschnabel** (S. 13) (selten)

[1] Auch die jungen Kohlmeisen haben eine mehr weißlichgelbe U-Seite; sie sind aber größer als Tannenmeisen, haben keinen ausgedehnten Nackenfleck und schon eine Andeutung des Bauchstreifens.

Mit Flügelbinden; groß; kräftiger Schnabel: **Hakengimpel** (S. 14) (Seltenheit)

dd) karminrote Brust:

Ganzer Kopf (auch Kehle) karminrot. Nur im Sommer: **Karmingimpel** (S. 11) (nur im Nordosten)

Brust und Stirn rot; grauer Kopf; helle Flügel- und Schwanzfederränder: **Hänfling** (S. 12)

ee) gelblichrote Kehle:

Auch Brust gelblich rot; oben einfarbig olivbraun. Knicksen und Schwanzschlagen; ziemlich hochbeinig: **Rotkehlchen** (S. 31)

Nur Kehle gelblich rot oder ganze U-Seite gelblichrot verwaschen; Schwanzwurzelseiten weiß. Klein: **Zwergfliegenschnäpper**[1] (S. 23)

Rostroter Zitterschwanz: **Gartenrotschwanz** (S. 32)

f) *mit weißen Schwanzaußenfedern oder weißem Flügelfleck;*

aa) Finkengestalt:

Zwei weiße Flügelbinden: **Buchfink** (S. 9)

Mit ± gelb. Braunstreifiger Rücken. Sitzt oft frei, zuckt mit Schwanz: **Goldammer** (S. 96)

Kleiner; mit hellem undeutlichen Flügelspiegel: **Hänfling** (S. 12)

bb) lerchen- oder stelzenähnlich:

U-Seite drosselartig gefleckt; kein deutlicher weißer Überaugenstreif „bsihb“. Balzflug mit „zia, zia . . .“: **Baumpieper** (S. 127)

Rel. kurzschwänzig; weißer Überaugenstreif. Dudelnder Gesang: **Heidelerche** (S. 98)

cc) Schlüpfer; zart, bräunlichgrau: **Zaun** (ev. **Dorn**)**grasmücke** (S. 28)

[1] Mehr im Laubwald!

dd) Meist aufrecht; unruhig. Schwarz oder graubraun mit weißem Flügelfleck und ± weißer U-Seite: **Trauerfliegenschnäpper**[1] (S. 22)

g) *mit Gelb im Gefieder:*

Finkengroß. Gern frei sitzend; beim Locken („zrit") oft Schwanzzucken. ± gelber Kopf; Bürzel zimtbraun: **Goldammer** (S 96)

Klein; lebhaft. Hellgelbe Flügelbinde; Flanken streifig, Bürzel gelbgrün: **Erlenzeisig** (S. 11)

Gelbe U-Seite mit schwarzem Längsstreif; weiße Wangen: **Kohlmeise** (S. 17)

Zart, klein. Grünlich-grau bis braungrau. „füid" oder „düh": **Laubsänger** (S. 24)

h) ***bräunlich mit ± deutlicher Flecken- und Streifenzeichnung:***

Oft frei auf Fichtenspitzen singend. Kehle hell bleigrau: **Heckenbraunelle** (S. 34)

Kleiner, finkenartiger Vogel; weiße Schwungfederränder täuschen beim Abfliegen hellen Spiegel vor. Gickernde Locktöne: **Hänfling** (S. 12)

Unten drosselartig gefleckt. Balzflug von Baum zu Baum: **Baumpieper** (S. 127)

Kurzschwänzige Lerche (matte Flügelschläge; Flügel werden nach jedem Schlag eng angelegt); weißer Überaugenstreif: **Heidelerche** (S. 98)

Schwanz ziemlich lang, Bürzel braun, gelbliche Brust. „zrit": **Goldammer** ♀ (S. 96)

Steil sitzend; helle U-Seite; Kehle und Stirn gestrichelt. Scharfes zri: **Grauer Fliegenschnäpper** (S. 22)

Hochbeiniger, über und über gelblichbraun getropft. Knicksen: **Rotkehlchen** juv. (S. 61ff.)

Schwanz keilförmig endend, beim Flug etwas geschleppt. Grünlichgraubraun; U-Seite heller. Am

[1] Mehr im Laubwald.

Wiesenrand in kleinen Fichten. Gesang wie Heuschrecke: **Schwirl** (S. 131)

i) mit hell bleigrauer Kehle. Singt gern auf mittelhohen Fichtenspitzen: **Heckenbraunelle** (S. 34)

k) *Finkengestalt: ohne besondere Flügel- und Schwanzabzeichen:*

Grüngrau bis rötlichgelb; Turner. Rel. kurzschwänzig. „kipp, kipp“: **Kreuzschnabel** (S. 13)

Olivbräunlich; hänflingsartiges Benehmen; dicker kurzer Schnabel; Kehle schwach gefleckt: **Karmingimpel** (S. 11) (fast nur im Nordosten)

l) *zart; schlank. Hauptsächlich graubraun; ohne grünliche Beimischung:*

aa) steil sitzend. Kehle und Stirn schwach gestrichelt, juv. gelbgrau getropft; scharfes zri: **Grauer Fliegenschnäpper** (S. 22)

bb) rostroter Zitterschwanz: **Rotschwanz** (S. 32)

cc) Schlüpfer im Dickicht:

Weiße Kehle, grauer Kopf mit dunklem Augenstreif. Gesang mit klappernder Schlußstrophe: **Zaungrasmücke** (S. 28)

Weiße Kehle, grauer Kopf; rostbraune Armschwingensäume. Gesang rauhes Geschwätz, oft Balzflug. Wetzendes „waid wädwädwäd“: **Dorngrasmücke** (S. 28)

Oberkopf braun oder schwarz (keine weißen Wangen!): **Mönchsgrasmücke** (S. 27)

O-Kopf wie Rücken olivgraubraun: **Gartengrasmücke** (S. 27)

Groß; grau; U-Seite bei ad. quer gewellt. Balzflug. „tscherr“: **Sperbergrasmücke** (S. 28)

m) *zartschnäblig: grünlichgraubraun oder grünlich;*

aa) U-Seite mit deutlichem Gelb.

Lockton füid; klein. Helle Füße: **Fitislaubsänger** (S. 25)

Kehle und Überaugenstreif hellgelb; Bauch weiß, O-Seite grünlich. Besonders in Buchen. Schwirrender Gesang. „düh, düh“: **Waldlaubsänger** (S. 25)

Ganze U-Seite schwefelgelb; wechselvoller, z. T. knäksender Gesang und „dedehoi“ (nur ausnahmsweise hier!): **Gelbspötter** (S. 26)

bb) U-Seite ohne deutliches Gelb:

Sehr klein, wispernde Stimme. Flügelbinden und Scheitelstreif: **Goldhähnchen** (S. 16)

Lockton füid. Oben grünlichgraubraun: **Laubsänger** (S. 24)

(Besonders typisch für Nadelwald: der Zilpzalp.)

n) *auf Blößen. Etwa sperlingsgroß.*

Flattert im großen Bogen singend von Baum zu Baum, vor dem Niedergehen Singflug mit hochgehaltenen Flügeln (Papiertaube!) mit ... wies wies ... zía zía ... endigend: **Baumpieper** (S. 127)

Kurzschwänziger, breitflügliger Kleinvogel im Fliegen singend (dudelnd), auch in der Dämmerung: **Heidelerche** (S. 98)

o) Wispernde, glasklare Stimmchen aus den Fichten: **Goldhähnchen** (S. 16)

(Etwas schärfer und sitüi, tüiti, sizi: **Tannenmeise**)

10. Große, storchähnliche Vögel:

Hals im Flug gestreckt. Schwarz mit Metallglanz; nur Bauch weiß: **Schwarzstorch** (S. 47)

Hals im Flug eingezogen. Hauptsächlich grau mit schwarzen Flügelspitzen: **Reiher** (S. 47)

11. Ca. rebhuhngroß mit sehr langem Schnabel:

In der Dämmerung Gaukelflug. Rostbraun, kurzschwänzig: **Waldschnepfe** (S. 46)

Anhang zur 5. Gruppe: Charaktervögel der sandigen Kiefernheiden.

In den diluvialen Kiefernheiden, die durch Sandboden, Heidekraut und trockene Blößen gekennzeichnet sind, finden sich alle vorhin genannten Vögel auch; jedoch in anderer Häufigkeitsverteilung. Betrachten wir reine, dürre Kiefernbestände, höchstens mit Wacholder gemischt, ohne Unterholz, und mit Heide bewachsenem oder einfach sandigem Boden und beziehen wir auch die Blößen mit in unsere Betrachtung ein, so ist die Verteilung der typischen Kiefernheidevögel[1] etwa die folgende:

A. In den Kiefern:

1. *Spechte* (besonders **Bunt-** und **Schwarzspecht**).
2. *Raubvögel* s. S. 236 (es brüten **Turm-** und **Lerchenfalk**, evtl. **Wanderfalk, Habicht, Bussard** und **Rotmilan.** Ist Wasser in der Nähe, so findet man — besonders in Nordostdeutschland — auch **Schwarzmilan** und **Fischadler,** vielleicht sogar den **Seeadler** hier).
3. *Eulen:* nach Tabelle von Gruppe 5 zu bestimmen.
4. *Ca. taubengroße Vögel* (**Tauben** s. S. 44. — Der **Kuckuck** fehlt auch hier nicht).
   Prächtig blaugrün; tauben- oder kiebitzartiger Flug: **Blaurake** (S. 37)
   Dunkelgraubraun erscheinend. Dunkle Flügel, weiße Schwanzendbinde: **Tannenhäher** (S. 6)
   Weißer Spiegel, weißer Bürzel: **Eichelhäher** (S. 6)
   Häherähnlicher Flug. Isabellbräunlich mit schwarzweiß gebänderten Flügeln: **Wiedehopf** (S. 37)
5. *Alle Kleinvögel* bestimme man unter 6 und 9 der Gruppe 5 oder nach Gruppe 6 (z. B.: Meisen, Fliegenschnäpper, Würger, Stammkletterer, Buchfink und Goldammer).
6. *Krähen;* auch **Kolkrabe** evtl. zu erwarten.

---

[1] Vgl. Fußnote S. 70 unter Gruppe 5.

B. Am Waldrand, auf Blößen und Schonungen:

1. *Schwebeflug:*
Mit hoch gehaltenen Flügeln von Baum zu Baum. „zia, zia, zia": **Baumpieper** (S. 127)
In der Luft lange Zeit am Ort flatternd; dudelnder, „melancholischer" Gesang. Der rel. kurze Schwanz hat weiße Außenfedern. Singt auch nachts: **Heidelerche** (S. 98)

Abb. 3. Singvögeltypen II.
1. Drossel- und Erdsängertyp (z. B. Blaukehlchen). 2. Meise. 3. Rohrsänger. 4. Fliegenschnäpper (z. B. Grauer Fliegenschnäpper). 5. Finkenvogel (z. B. Ammer). 6. Grasmücke. 7. Spechtmeise.

Vom Boden aus — treppenartig — hochsteigend. Der Gesang sehr kurz und einfach „zirlui" oder ähnlich. Vogel sandbräunlich, ohne scharfe Fleckung: **Brachpieper** (S. 127)

2. *Kapriolenflug größerer Vögel:*
Blaugrüner Vogel; nur tags: **Blaurake** (S. 37)

Abends oder früh. Bräunlich, dickköpfig:
Sumpfohreule (S. 132)

3. Nachts spinnendes „errörr“...: **Ziegenmelker** (S. 35)
4. Flugbild eines kleinen Falken; flügelklatschend in der Dämmerung. „gruid“: **Ziegenmelker** (S. 35)
5. Sehr bunt; schwarz-weiße Flügel; Federholle, langer Schnabel: **Wiedehopf** (S. 37)
6. *Hühner:* besonders **Birkwild** (weiße Flügelbinde).
7. ca. taubengroß; hochbeinig. Sandbraun; weißer Flügelschild. Runder Kopf mit großen gelben Augen; ziemlich kurzer Schnabel. Steile Haltung oder. gedrückt am Boden. Langsame Flügelschläge Stimme unrein chrlüt oder ähnlich: **Triel** (S. 102)
8. *Kleinvögel:*

ca. sperlingsgroß, aufrecht und rel. hochbeinig sitzend; kurzer Schwanz weiß und schwarz. Grau oder rostbräunlich; Bürzel stets weiß:
Steinschmätzer (S. 99)

Etwas kleiner als Spatz; kurzschwänzig. Weiße oder helle Halsseiten. Weißer Flügelfleck. Dunkler Kopf; Brust rostbräunlich; aufrecht sitzend (besonders in Schonungen): **Schwarzkehlchen** (S. 100)
(Nicht im NO.!)

Ähnlich; nie dunkle Kehle; weiß im Flügel und Schwanz: **Braunkehlchen** (S. 100)

6. Gruppe: Vögel im Laub- und Mischwald.

A. Im verhältnismäßig trockenen[1] Wald.

1. Raubvögel s. S. 236: Es können fast alle Arten hier brüten, besonders **Bussard,** auch **Wespenbussard, Sperber, Habicht, Falken, Rotmilan.** Recht selten der

[1] Im Gegensatz zum ausgesprochenen Bruchwald. Ist der Wald durch Regengüsse sehr naß geworden, so wechselt deshalb nicht gleich die Vogelwelt!

unten sehr helle **Schlangenadler.** Besonders in Nordostdeutschland (aber auch am Rhein) **Schwarzmilan**

2. Eulen (Stimmen vgl. Anhang 1, S. 247):

a) *tauben- bis krähengroß:*

Mit „Ohren"; rel. lange, etwas geknickte Flügel; mittellanger Schwanz: **Waldohreule** (S. 42)

Ohne „Ohren"; rel. breite Flügel, rel. kurzer Schwanz: **Waldkauz** (S. 42)

U-Seite mit Querwellen; schwarze Schleierumrahmung; langer Schwanz. Falkenflugbild. Seltenheit!: **Sperbereule** (S. 41)

b) *ca. bussardgroß oder größer:*

Ähnlich Waldkauz, aber langschwänziger und heller. Bewohnt lichte, etwas feuchte, alte Mischbestände. Nur Ostpreußen!: **Uraleule** (S 42)

Mit „Ohren"; Flügel gleichmäßig breit; mittellanger Schwanz: **Uhu** (S. 41)

c) *ca. drosselgroß:*

„Ohren"; weiße Schulterfleckung. Langflüglig, gewandter Flug. Seltenheit!: **Zwergohreule** (S. 41)

3. Storchähnliche Gestalt und Größe:

Hals im Flug ausgestreckt; weiß; nur Flügelspitzen schwarz: **Weißstorch** (S. 47)

Hals im Flug ausgestreckt; glänzend schwarz, nur Bauch weiß: **Schwarzstorch** (S. 47)

Hals im Flug ausgestreckt; grau, dunkle Flügelspitzen: **Kranich** (S. 47)

Hals im Flug eingezogen; grau mit schwarzen Flügelspitzen: **Reiher** (S. 47)

4. Schwimmvögel können natürlich auch über den Wald fliegen, vgl. Abb. 4. Auf Bäumen brütet der **Kormoran** (Flugbild Abb. 4, $_3$); schwarz oder schwärzlich.

5. Etwa rebhuhngroß; langschnäblig, Eulenflug:

Rostig laubbraun; liebt weichen Boden:
Waldschnepfe (S. 46)

6. Kurzflüglig, geräuschvoller Flug:
 a) *ungefähr haushuhngroß oder kleiner:*
 Langschwänzig; ohne Flügelbinde: **Fasane** (S. 45)
 Schwanz ausgerandet oder leierförmig; weiße Flügelbinde: **Birkhuhn** (S. 45)
 ca. rebhuhngroß, aber kein rostroter Schwanz wie Rebhuhn; braungraumeliert. Seitlich grobe weiße „Schuppen“: **Haselhuhn** (S. 45)
 b) *fast gänsegroß:* **Auerhuhn** (S. 45)
7. Hauptsächlich schwarz; größer oder so groß wie Taube:
 a) *Ruderflug:*
 Ganz schwarz: **Krähen** und **Kolkrabe** (S. 4 u. 5)
 Mit grau:
 Bauch grau; ruhiger Flug: **Nebelkrähe** (S. 5)
 Nacken grau, taubenartiger Flug: **Dohle** (S. 5)
 b) Flatterflug. „trrü trrü“ oder „kliäh“ u. a. Rot am Kopf: **Schwarzspecht** (S. 39)
8. ca. taubengroß:
 Taube ohne weiß: **Hohltaube** (S. 44)
 Taube mit weiß:
 am Flügel: **Ringeltaube** (S. 44)
 — am Schwanzende: **Turteltaube** (S. 44)
 Flug an Taube oder Kiebitz erinnernd. Prächtig blaugrün: **Blaurake** (S. 37)
 Falkenflug[1], aber kein Rütteln und Kreisen, und matte Flügelschläge. Aschgrau oder rostbraun: **Kuckuck** (S. 37)
 Flatterflug; weißer Bürzel und Spiegel: **Eichelhäher** (S. 6)
 Flatterflug; sehr langer Schwanz. Schwarz-weiß: **Elster** (S. 5)

---

[1] Die nächtliche Nachtschwalbe hat ähnliches Flugbild; wird aber hier selten angetroffen.

9. Flug stark wellenförmig[1]; Klettervögel oder Starenfigur:

a) *mit Grün. ca. taubengroß:*

Ohne Rot am Oberkopf: **Grauspecht** ♀ (S. 40)

Mit Rot am Oberkopf:

bis zum Nacken: **Grünspecht** (S. 40)

bis knapp zum Hinterkopf: **Grauspecht** ♂ (S. 40)

b) *schwarz und weiß:*

Aftergefieder intensiv rot, vom weißlichen Bauch abgesetzt. „kick“: **Rotspecht** (S. 38)

Aftergefieder und Bauch rosenrot verwaschen; O-Kopf ganz rot. Rufreihen (besonders an Eichen): **Mittelspecht** (S. 38)

Ähnlich, aber Rücken weiß: **Elsterspecht** (selten)

Nur ca. sperlingsgroß; ohne rot am After: **Zwergspecht** (S. 38)

c) gelb und schwarz oder gelbgrün mit dunklen Flügeln: **Pirol** (S. 7)

10. Bunter Vogel, schwach drossel- bis taubengroß; Flug flatterig, breite Flügel.

Weißer Bürzel und Spiegel, kurzer Schnabel; rätschendes „gräh, gräh“: **Eichelhäher** (S. 6)

Schwarz-weiß gebänderte Flügel; langer Schnabel. Auf Hutungen und Blößen: **Wiedehopf** (S. 37)

11. ca. drosselgroß:

a) *Unten weißlich mit $\pm$ deutlicher Tropfung:*

aa) Oben einfarbig (juv. getropft!) bräunlich. Fleckung am Bauch nicht so stark, daß die Grundfarbe fast verdeckt wird; U-Flügel ockergelblich; kein weißer Überaugenstreif. „zip“: **Singdrossel** (S. 30)

Fleckung am Bauch sehr dicht; weiße U-Flügel; schnerrender Ruf: **Misteldrossel** (S. 30)

Bauchmitte nicht gefleckt; weißer Überaugen-

[1] Flügel in den Schlagpausen eng angelegt.

streif. U-Flügel und Flanken rötlich. „zieh“; in Scharen: Geschwätz. Nicht im Sommer: **Weindrossel** (S. 30)

bb) Kopf und Bürzel aschgrau:
Rücken braun; Kropf gelblich, stark gefleckt. U-Flügel weiß, schackernde Rufe: **Wacholderdrossel** (S. 30)

b) *schwarz oder bräunlich:*
Ohne Kropfband: **Amsel** (S. 29)
Mit weißem (♂) oder hellem (♀) Kropfband; nicht im Sommer: **Ringdrossel** (S. 29)

c) Schnepfengestalt; schmale gewinkelte Flügel. Schwärzlich mit leuchtend weißem Bürzel und kurzem weiß-schwarz gebänderten Schwanz. „djib“ oder „dlüit it it“ (vgl. Abb. 12!): **Waldwasserläufer** (S. 47)

12. Stark drosselgroß; weiß in Flügel und Schwanz; rel. langer Schwanz meist in Bewegung:
Oben aschgrau, weißes Schultermal; graue Stirn, schwarzer Augenstreif: **Raubwürger** (S. 20)
Oben aschgrau; kein deutliches Schultermal; schwarze Stirn und schwarzer Augenstreif; nur im Sommer: **Schwarzstirnwürger** (S. 20)
(Rücken schwarz. Hinterkopf rostrot: **Rotkopfwürger**) (S. 21)

13. ca. Staren- bis unter Sperlingsgröße:

α) *grobe Aufteilung:*
Zart und klein; grünlich oder bräunlich ohne auffällige Flügelabzeichen; im Laub. Rütteln gern nach Insekt:
Laubsänger (S. 24) **Zwergfliegenschnäpper** (S. 23)
Zart und elegant; bräunlich oder grau. Schlüpfer im Gebüsch: **Grasmücken** (S. 27)
Steil und nicht selten frei sitzend; im Bogenflug nach Insekt haschend: **Fliegenschnäpper** (S. 22)

Steil und frei sitzend; Schwanzbewegungen. Besonders in Dornbüschen. Groß: **Würger** (S. 20)
Plötzliche Bewegungen; häufige Schwanzbewegungen. Meist niedrig:
Rotkehlchen, Rotschwänzchen, Nachtigall (S. 31–33)
Am Baumstamm kletternd:
Kleiber und **Baumläufer** (S. 15, 16)
Behende, meist kleine Vögel mit kurzem Pfriemenschnabel und weißen Wangen: **Meisen** (S. 17)
Ruhigere[1] in Gestalt mehr dem Spatzen ähnelnde Vögel; Kegelschnäbler: **Finken** (S. 9)
Lerchenartige schlanke Vögel mit ± langem Schwanz: **Pieper** und **Stelzen** (S. 124 ff.)
Langflüglige, gewandte Flieger:
Segler und **Schwalben** (S. 35)

β) *Feinere Aufteilung:*

a) *mit auffälligem Balzflug:*

aa) vom Gebüsch einige m in die Höhe steigend. Kurzer, rauh schwatzender Gesang; rötlichbraun am Flügel: **Dorngrasmücke** (S. 28)
Sprudelnder, schöner Gesang („tscherr" eingestreut); groß und grau:
Sperbergrasmücke (S. 28)

bb) von Baum zu Baum oder Boden.
Mit erhobenen Flügeln (wie Papiertaube) und mit . . . wies wies . . . zíë zíë . . . abschwebend (besonders an Blößen):
Baumpieper (S. 127)
Im (Buchen)wald; beim schwirrenden Gesang oft mit zittrigen Flügelschlägen schräg abwärts gleitend; Vogel grünlich, Lockton „düh": **Waldlaubsänger** (S. 25)

cc) In der Luft dudelnd; Flügelflattern. Nicht langschwänzig: **Heidelerche** (S. 98)

---

[1] Die kleineren Arten, besonders Zeisige, die oft in Scharen auftreten, sind lebhaft.

b) *im Gebüsch schlüpfend; ohne Streifenfleckung, bräunlich oder grau:*

aa) ca. sperlingsgroß oder größer, nicht mit deutlicher weißer Kehle:
Oben ganz olivgraubraun. Langer quellender Gesang: **Gartengrasmücke** (S. 27)
Graubraun; O-Kopf schwarz (♂ ad.) oder rotbraun (♀, juv.). Sprudelnder Gesang mit wenigen lauten Schlußflötentönen, die in der Höhe hin- und hergehen: **Mönchsgrasmücke** (S. 27)
Groß; grau. ad. unten quer gewellt. Gelbes Auge. „tscherrr": **Sperbergrasmücke** (S. 28)

bb) nicht so groß wie Sperling, mit weißer Kehle und grauem Kopf:
Armschwingen rotbraun gegen den bräunlichen Rücken abgesetzt; wetzender Warnton: **Dorngrasmücke** (S. 28)
Flügel fast so bräunlichgrau wie der Rükken. Dunkler Augenstreif. Gesang endet mit Stakkatotönen, die schnell angeschlagen werden („klappern"): **Zaungrasmücke** (S. 28)

c) *im Gezweig; grünlich oder bräunlich; kleiner als Spatz und zart. Rücken ungefleckt:*

aa) U-Seite mit deutlichem Gelb:
Brust hellgelb, Bauch rein weiß; oben zart grünlich; gelber Überaugenstreif. Beim schwirrenden Gesang zittert der ganze Vogel mit. „düh, düh": **Waldlaubsänger** (S. 25)
Klein, ganze U-Seite hellgelb; oben grünlichgraubraun. Erst von Juli ab. „füid, füid": **Fitis** juv. (S. 25)
Größer. Ganze U-Seite schwefelgelb; wechselreicher Gesang. „dedehoi": **Gelbspötter** (S. 26)

bb) U-Seite nicht oder kaum gelblich, sondern schmutzig weiß oder weiß. Kein Weiß im Schwanz:
O-Seite bräunlichgrau bis grünlichgrau; U-Seite nicht ganz weiß: **Fitis** u. **Zilpzalp** (S. 25)
U-Seite weiß oder weißlich; oben olivgrau. Im Herbst oder Frühling:
Nord. Fitis und **Nord. Zilpzalp** (S. 25)
(U-Seite weiß; oben olivgraubraun, Schwingenränder gelb. In Gebirgswäldern:
Berglaubsänger) (S. 224)
(Wie Fitis, aber schmale helle Flügelbinde; wohl nur im NO; Gesang zaunkönigartig:
Grüner Laubsänger) (S. 26)

cc) mit zwei kleinen Flügelbinden; Scheitelstreif gelb, schwarz eingefaßt. Winzig:
Goldhähnchen (S. 16)

dd) Bräunlich mit heller (z. T. gelbrötlich verwaschener) U-Seite; weiß an der Schwanzwurzel. Lockton düe oder zrr:
Zwergfliegenschnäpper (S. 23)

d) *mit auffälligem Weiß in Flügel und Schwanz*

aa) zwei breite weiße Flügelbinden; weiße Schwanzaußenfedern:
Bürzel nicht weiß. „güb" oder „pink":
Buchfink (S. 9)
Bürzel weiß. „quäk". Nicht im Sommer:
Bergfink (S. 9)

bb) mit sehr klobigem Schnabel; kurzschwänzig. Groß. „zicks, zieh": **Kernbeißer** (S. 9)

cc) zart; knapp sperlingsgroß. Weißer oder rostgelblicher Mittelflügelfleck.
Schwarz und weiß; Nacken schwarz:
Trauerfliegenschnäpper ♂ ad. (S. 22)
Schwarz und weiß; Nacken weiß:
Halsbandfliegenschnäpper ♂ ad. (S. 22)

Dunkelbraungrau und weiß:
Trauer- und
Halsbandfliegenschnäppger (S. 22)

dd) Klettervogel. Rücken weiß und schwarz gebändert: **Zwergspecht** (S. 38)

e) *mit weißem oder gelbem Bürzel:*

aa) weißer Bürzel:
Dickschnäblig; ad. Kopfkappe; eine weiße Flügelbinde: **Dompfaff** (S. 13)
Zwei weiße Flügelbinden; Kopf im Frühjahr recht dunkel: **Bergfink** (S. 9)
Steile Haltung; hochbeinig. Kurzer weißschwarzer Schwanz: **Steinschmätzer** (S. 99)

bb) gelber Bürzel:
Sehr langer Schwanz: **Bergstelze** (S. 125)
Klein. Bräunlichgrün. Finkenvogel: **Girlitz** (S. 10)
Bürzel mehr gelbgrün; deutliche gelbe Flügelbinde: **Erlenzeisig** (S. 11)

f) *mit auffälligem Gelb im Gefieder:*
Gern frei sitzend; rel. langer Schwanz wird oft bewegt. Weiße Schwanzaußenfedern, zimtbrauner Bürzel. „zrit". Gesang wenige Anschläge mit langem Endton: **Goldammer** (S. 96)
(Klein; kurzer Schnabel, zitronengelber Bürzel: **Girlitz** S. 10)
Klein; gern in Schwärmen an Erlen; grünlich mit gelber Flügelbinde und Gelb am Schwanz: **Erlenzeisig** (S. 11)
Gedrungen; spatzenähnlich. Grünlich oder olivgrau mit gelbem Flügelfleck und gelbem Schwanzmal: **Grünling** (S. 9)
Breites gelbes Band im schwarzen Flügel; Kopf bei ad. rot-weiß-schwarz: **Stieglitz** (S. 10)
U-Seite gelb mit schwarzem Mittelstreif; Wangen weiß: **Kohlmeise** (S. 17)

U-Seite gelb fast ohne Mittelstreif; blauer O-Kopf: **Blaumeise** (S. 17)

Gelber Bürzel. Sehr langer Wippschwanz; U-Seite ± gelb: **Bergstelze** (S. 125)

Hellgelbe U-Seite. Zart, grünlichgrau; im Geäst: **Laubsänger** und **Gelbspötter** (S. 24) (s. o.)

ca. starengroß, schwarze oder dunkle Flügel; sonst gelb oder gelbgrün: **Pirol** (S. 7)

Mit Haube; gelbes Schwanzendband; nie im Sommer: **Seidenschwanz** (S. 21)

g) *mit Rot oder Gelblichrot:*

aa) gedrungen, starkschnäblig, reichlich sperlingsgroß:

Rote U-Seite, schwarze Kappe; oben blaugrau, weißer Bürzel: **Dompfaff** ♂ (S. 13)

Ganz rot in verschiedenen Tönungen; Bürzel hochrot: **Kreuzschnäbel** ♂♂ (S. 13)

bb) kleiner oder so groß wie Spatz:

Brust karminrot, ebenso Stirn; O-Seite braun, Kopf grau; helle Flügel- und Schwanzfederränder. Am Waldrand: **Hänfling** ♂ ad. (S. 12)

Ganzer Kopf, U-Seite bis zum weißlichen Bauch rot; O-Seite olivbräunlich. Hänflingsfigur. Nur in Nordosten: **Karmingimpel** (S. 11)

Klein; Scheitel rot, Brust ± rosarot. Grünlichgraustreifig; weißliche Flügelbinde. Gern in Scharen: **Birkenzeisig** (S. 11)

Kehle und Brust gelblichrot; O-Seite olivbraun. Knicksen; rel. lange Beine: **Rotkehlchen** (S. 31)

Kehle gelblichrot; oben bräunlich. Schwanzwurzel mit weiß. „düe, drrr". Gesang absinkende reine weiche Pfeiftöne: **Zwergfliegenschnäpper** ♂ ad. (S. 23)

Kehle schwarz oder hellgrau; Brust gelblichrot. Schwanz rotbraun:

Gartenrotschwanz ♂ (S. 32)

cc) kurzschwänzig, guter Kletterer. Flanken kastanienbraun, U-Seite schwach gelblichrotbraun, O-Seite aschblaugrau:

Kleiber (S. 16)

h) *mit Blau:*

Klein; Flügel und Schwanz mit himmelblau gemischt. O-Kopf himmelblau, Wange weiß, Bauch gelb[1]: **Blaumeise** (S. 17)

O-Seite graublau; Flanken rotbraun. Kurzschwänzig; rel. langer Schnabel. Schwarzer Augenstreif; Kletterer (auch kopfabwärts):

Kleiber (S. 16)

i) *mit intensivem Rotbraun oder Braunrot:*

aa) größer als Spatz:

Schwanz wird drehend und wippend bewegt. Gern an Dorngebüsch oder in Fichtenschonungen. Kopf aschgrau mit schwarzem Augenstreif. Schwanz beim ♂ ad. schwarz mit weißen Wurzelseiten, bei ♀ ad. oder juv. rostbraun:

Rotrückenwürger (S. 21)

bb) etwa wie Spatz, aber schlanker; nicht hoch im Baum.

Schwanz rostbraun; O-Seite schön braun. Schwanzbewegungen. Flügel fast so rostbraun wie Schwanz; Brust nicht gewölkt:

Nachtigall (S. 33)

Flügel nicht so rostbraun wie Schwanz; Brust schwach gewölkt: **Sprosser** (S. 33)

---

[1] Bauch weiß, ziemlich langschwänzig: die sehr seltene, als Irrgast erscheinende *Lasurmeise*. — Bauch gelb mit Mittelstreif: *Kohlmeise*.

cc) rostroter Schwanz mit dunklen Mittelfedern: **Rotschwänzchen** (S. 32)

dd) O-Kopf kupferbraun; weiße Wange mit schwarzem Fleck. Sonst „spatzengrau“: **Feldspatz** (S. 8)

ee) Kopf grünlichgrau, dunkler und strohgelber Bartstreif, Kehle gelblich, Bauch zimtbraun; weiße Schwanzaußenfedern; oben gefleckt: **Ortolan** (S. 96)

k) *mit sehr langem Schwanz:*
In Bäumen; sehr klein: **Schwanzmeisen** (S. 18)
In Bodennähe, weiße Schwanzaußenfedern.
Ohne Gelb: **Weiße Bachstelze** (S. 124)
Mit Gelb: **Bergstelze** (S. 125)

l) *mit deutlicher Haube:*
ca. starengroß; starenähnlicher Flug. Meist in Scharen, nur im Winter. Weiß im Flügel; gelbes Schwanzendband: **Seidenschwanz** (S. 21)
Klein; „geschupptes“ Spitzhäubchen, schwarze Wangenumrahmung; graubraun: **Haubenmeise** (S. 18)

m) *ziemlich klein, gewandt, mit schwarzem Oberkopf und weißer Wange:*

aa) weißer Nackenfleck; O-Seite bläulichgrau; schmale Flügelbinde: **Tannenmeise** (S. 18)

bb) oben graubraun; schwarzes Käppchen:
(Schlank und fast sperlingsgroß; keine weiße Wange: **Mönchsgrasmücke**) (S. 27)
Weiße Wange: **Sumpfmeisen** (S. 19)
„sitzje“ oder „sidädä“ (nicht gepreßt und breit): **Nonnenmeise** (S. 19)
Gepreßtes breites „si dääh, $\frac{\text{dääh}}{\text{e}}$“; heller Flügelmittelfleck: **Weidenmeise** (S. 19)

cc) oben grünlich und bläulich, gelbe U-Seite (bei juv. fast weißlich); weiße Wange: **Kohlmeise** (S. 17)

n) *reichlich spatzen- bis starengroß; ohne Flügel- und Schwanzabzeichen:*
Spitzschnäblig, metallisch schwarz glänzend oder düsterrauchgrau mit etwas heller Kehle (juv.): **Star** (S. 6)
Kräftiger Schnabel. Gelblich oder grüngrau mit dunklen Längsflecken; oft in Scharen: **Kreuzschnabel** (S. 13)

o) *die übrigen Waldvögel von unscheinbarer Färbung:*
aa) weiße Schwanzaußenfedern; unten gefleckt. „psiehb"; lerchenartig. Weiße Kehle von Fleckung umrahmt: **Baumpieper** (S. 127)
Derb; rel. langschwänzig; zimtbrauner Bürzel: **Goldammer** ♀ u. juv. (S. 96)
ca. spatzengroß; grauer und hellgelblicher Kopf. Lederbraune U-Seite: **Ortolan** (S. 96)
bb) klein; mausgrau. Feiner etwas gebogener Schnabel. Am Stamm: **Baumläufer** (S. 15)
cc) Flanken gestreift; hell bleigraue Kehle. Gern auf Fichten: **Heckenbraunelle** (S. 34)
dd) spatzengroß oder kleiner; Finkengestalt. Undeutlicher heller Flügelspiegel; Schwanzfedern hell gesäumt; grauer Bürzel. Metallisch gickernde Lockrufe: **Hänfling** (S. 12)
Olivgraubraun; hellere U-Seite an der Brust schwach gestrichelt. Keine Flügelbinden. Fast nur in Ostpreußen: **Karmingimpel** ♀ oder juv. (S. 11)
O-Kopf kupferbraun, schwarzer Fleck auf weißer Wange; weißer Nackenring: **Feldspatz** (S. 8)
ee) sehr klein mit hoch gestelltem Schwänzchen: **Zaunkönig** (S. 34)

ff) still sitzend; ab und zu nach Insekt fliegend. Oben graubraun; unten hell (juv. getropft). Kehle und Stirn schwach gestrichelt: **Grauer Fliegenschnäpper** (S. 22)

gg) rindengrau; schwarzbrauner Streif über den grauen Rücken: **Wendehals** (S. 40)

hh) grünlichbraun; oben streifig; keilförmiger Schwanz. In der Nähe von hohem Gras. Gesang klirrend wie Heuschrecke: **Schwirl** (S. 131)

ii) olivbräunlich, helle U-Seite an der Kehle gestrichelt; brauner keilförmiger Schwanz wird im Flug etwas geschleppt. Gesang wetzend serrr serrr ..... In Bodennähe: **Schlagschwirl** (S. 131)

p) *Vogelschwärme in Bäumen.*

Klein; in Birken oder Erlen: **Zeisige** (S. 11)

Starengroß; an Beeren. Nur im Winter. Klirrendes sirr: **Seidenschwanz** (S. 21)

Drosseln mit lautem Geschwätz und zieh-Rufen: **Weindrossel** (S. 30)

Kleine weißbäckige oder bunte Vögel, locker gemischt: **Meisenschwärme** (S. 17) (evtl. mit Kleiber und Spechten)

Weiße Flügelbinden: **Finken** (S. 9) (Buch- und Bergfink oft gemeinsam)

Ohne Flügelabzeichen; reichlich sperlingsgroß. Gewandt. „kip kip“: **Kreuzschnäbel** (S. 13)

Anmerkung: Die Verteilung auf den Lebensraum ist ganz ähnlich wie im Park (s. Gruppe 3). Für viele Vögel sind ganz bestimmte Bäume charakteristisch, ohne deren Vorhandensein sie nur selten zu erwarten sind; z. B. *Eiche*: Mittelspecht, Halsbandfliegenschnäpper; *Buche*: Zwergfliegenschnäpper, Waldlaubsänger; *Birke*: Birkenzeisig; *Erle*: Erlenzeisig.

B. Charaktervögel der Bruchwälder.

In sumpfigen Beständen von Erlen, Weiden und anderen Bäumen, die viel Moos-, Farn- und Schilfunterwuchs zeigen, kommen neben den unter A erwähnten Vögeln noch einige besonders charakteristische Arten vor, die hier als Ergänzung kurz aufgezählt seien.

1. Großvögel:

Fischreiher (evtl. mit **Kormoranen**)-kolonien. **Schreiadler** und **Schwarzmilan, auch Rotmilan** sind charakteristische Brutvögel; die Milane schmarotzen bei den Reiherkolonien.

Im Bruchwald finden noch **Uhu** und **Kranich** eine Zuflucht.

2. Die **Waldschnepfe** (S. 46) und der **Waldwasserläufer** (S. 47) sind vielleicht Brutvögel; letzterer ca. drosselgroß, mit elegantem Flug (schmale gewinkelte Flügel), braunschwarz mit weißem Bürzel und weißem, schwarz gebändertem Schwanz (vgl. Abb. 12).

3. Kleinvögel:

Von Laubsängern dominiert entschieden der **Fitis.** In Nordostdeutschland fehlt nicht die kräftige voll flötende Stimme des **Sprossers,** während die **Nachtigall** (nur im Westen brütend) seltener ist.

Mehr in Nordostdeutschland als anderswo ist der **Schlagschwirl** in solchem Gebiete heimisch. (Rohrsängergestalt mit Keilschwanz; O-Seite olivbräunlich, unten heller, an der Kehle spitzig gefleckt. Schwanz wird im Fluge etwas geschleppt). Man erkennt den versteckten Vogel am Gesang, der wie der Anfang eines Goldammerliedes klingt, aber schärfer, wetzender ist („serrserr serrserr serrserr . . .“).

Im Nordosten hört man hier einen feinen Gesang, etwa diwiziwío ziwizíwio u. ä. Es ist der **Karmingimpel,** dessen rotes Männchen leicht zu erkennen ist (S. 11).

Einen rostroten Schwanz mit schwarzer Endbinde

haben die **Blaukehlchen.** Z. B. im Spreewald und in Ostpreußen brüten sie an derartigen feuchten Stellen. Kehle beim ♂ schön blau (s. S. 132).

Sehr selten im Schilf und Weidicht: die

Beutelmeise (S. 128)

Das hohe, dünne „dieh“ verrät sie. Oben gelbbraun mit hellgrauem Kopf, der bei ad. seitlich schwarz ist.

II. Abteilung:

Vögel auf trockenen Wiesen, Feldern und in Kultur- und Ruderalgegenden.

Unter dieser Abteilung finden sich neben den oft bunten Wiesenvögeln vielfach Vögel, die als ursprüngliche Steppenbewohner gelten dürfen. In den Kulturlandschaften sehen sie einen Steppenersatz. Die typischen Steppenvögel erkennt man an ihrer schlichten Erdfarbe (z. B. Lerchen, Grauammer, Trappe). Aber auch einer Anzahl von Waldvögeln dienen Felder, Wiesen usw. zur Nahrungsaufnahme; deshalb kann diese Gruppe ökologisch nicht als voll abgeschlossen gelten. — Die Ordnungen der *Singvögel*, *Raubvögel*, *Trappen* und *Hühner* stellen den Hauptanteil der Ruderalornis. Die typischeren Arten seien hier vergleichend gekennzeichnet.

A. Singvögel.

Finkenvögel . . .	I, S. 95	Rohrsänger. . . .	III, S. 99
Lerchen, Pieper und Stelzen	II, S. 98	Schmätzer . . .	IV, S. 99

I. Finkenvögel.

Gemischte Finkenschwärme gehören, besonders im Herbst, zum Feld. Ihre einzelnen Vertreter sind in Abteilung I bereits gekennzeichnet; s. auch S. 115.

Charakteristisch für Abteilung II sind die *Ammern*

	Grauammer Emberiza c. calandra L.	**Goldammer** Emberiza citrinella subsp.	**Gartenammer** oder **Ortolan** Emberiza hortulana L.
Kopf:	Ohne alles gelb.	stets mit ± gelb, ♂ mit fast ganz gelbem Kopf.	± grau mit Stich ins Grünliche, Kehle und Bartstreif beim ♂ strohgelblich.
U-Seite:	besonders am Kropf stark gefleckt, so daß helle Kehle wie eingerahmt erscheint.	gelb mit wenigen Flecken, an der Brust rotbräunlich gemischt (♂ ad.) oder auf gelblichem Grund verwaschen längs gefleckt (♀ u. juv.)	nach dem gelblichgrauen Kopf ungefleckt hell zimtbraun (♂) oder auf gelbbräunlichem Grund schwach längsgefleckt (♀, juv.).
Bürzel:	wie Rücken, braungrau.	zimtbraun, vom Rücken abstechend.	bräunlichgrau.
Schwanzaußenfedern:	nicht weiß.	weiß.	weiß.
Besondere Kennzeichen:	beim Anfliegen werden die Füße weit ausgestreckt.	ziemlich langer Schwanz.	
Lockton:	zicks. Von größeren Trupps hört man ein „Knippern“, dessen Einzelrufe wie tig oder zik klingen.	etwas unreines zrit oder zrüd; im Flug auch zjürr.	bjüt, djip oder djü, weich und wässerig.
Gesang:	zick zick zick zisrrrsiss; am Schluß ähnlich Girlitz.	di di di di di dieh (diez)	melancholisch tji jid jid dsür djür (djür).
Bemerkungen:	In den meisten Gegenden mit viel Ackerbau, äußerst gemeiner Stand- u. Strichvogel	überall sehr häufiger Stand und Strichvogel.	vielerorts fehlender und seltenerer Zugvogel.

(vgl. Abb. 3, 5). Sie bewegen zugleich mit dem Locken meist den Schwanz, sind oben dunkel längsfleckig auf braunem oder grauem Grund. Singen auf erhöhtem Platz und brüten am Boden oder im Gebüsch.

Recht selten, mehr auf die Rheinlande beschränkt, ist die **Zaunammer,** Emberiza cirlus L.

Kennzeichen: ♂: mit gelb; ähnlich Goldammer, aber brauner, besonders an der Brust. Schwarze Kehle und schwarzer Augenstreif! — ♀ wie Goldammer, aber Bürzel grünlichbraun, nicht zimtbraun. — Ähnliche: Goldammer (s. Kennzeichen). — Stimme: zipp oder zirr; Gesang: zirrrrl, ein kurzer Roller, der auch oft langsam und im Tempo des Zaungrasmückenklapperns vorgetragen wird. — Bemerkungen: Stellt an den Lebensraum dieselben Ansprüche wie Goldammer, liebt aber mehr das Hügelland.

Vergleich der schlichten Kleider von *Ortolan und Rohrammer* s. S. 124.

Zippammer s. S. 233. Kappenammer s. S. 234.

Schneeammer, Plectrophenax n. nivalis (L.).

Kennzeichen: ca. sperlingsgroß; Schwanz kürzer als bei den echten Ammern. Flügel mit zwei schmalen weißen Binden und weißem Längsfleck, der mit zunehmendem Alter immer ausgedehnter wird. Bei ad. ist der Flügel bis auf die Spitze weiß. Im ± weißen Kopf braune Ohrgegend; ad. mit viel weiß auf Schwanz und U-Seite; juv. nicht. Gelber Schnabel, schwarze Beine. — Ähnliche: dem juv. ähnelt sehr die juv. **Spornammer,** Calcarius l. lapponicus (L.), die aber keinen weißen Flügellängsfleck, kein deutliches Kropfband und an den Flanken auf rötlichbraunem Grund schwärzliche Streifung besitzt. (Die ad. Spornammer im Winter mit schuppigschwarzem Kopf und Kehllatz und rostbräunlichem Nacken gut charakterisiert.) — Stimme: klirrend tirr, gickernd oder diüh; bei der Spornammer: tje, tschri o. ä.

— Bemerkungen: beides seltene Wintergäste oder Durchzügler im Binnenland.

II. Lerchen, Pieper und Stelzen.

Von den Piepern sind für diese Abteilung besonders der *Brach-* und der *Wiesenpieper* charakteristisch. Ihre Kennzeichnung s. Abt. III, S. 128. Von den Stelzen ist vor allem die *Schafstelze* (gelbe U-Seite, nicht beson-

	Haubenlerche Galerida c. cristata (L.)	**Feldlerche** Alauda a. arvensis L.	**Heidelerche** Lullula arborea (L.)
Gefiederkennzeichen:	Spitzhäubchen. Schwanzaußenfedern nach innen schwarz, nach außen gelbbraun.	Schwanzaußenfedern weiß. Sträubt gern die Kopffedern (wie Heidelerche), aber keine Haube!	kurzschwänzig; weiße Schwanzaußenfedern. Weißer Überaugenstreif auffällig. Scharfe Umrandung der Ohrgegend.
Lockton:	weiches didrülieh	tschrrie, tiri.	didloi u. ä.
Gesang u. Vortragsweise:	„getragen", oft mit Lockton vermischt, leise am Boden oder lauter in der Luft. Singt erst nach Erreichen der Höhe, nicht im Steigen. Matte und unregelmäßige Flügelschläge.	ununterbrochen tirilierend. Beim Aufsteigen singend; nach ± langem Aufenthalt in der Höhe stürzt sie sich abwärts. Matte, aber regelmäßigere Flügelschläge.	auch nachts, von Baum oder Boden aus singend. Oft auch im Fliegen nach erreichter Höhe. Gesang dudelnd, langgezogene u. trillernde Töne wechseln ab.
Bemerkungen:	außer im Nordosten häufig. Im Winter auch in den Städten.	sehr häufig.	auf Feldern nur während des Zugs; sonst Heidebewohnerin[1].

[1] Die Heidelerche hat als echte Baumlerche im Gegensatz zu den anderen (Bodenlerchen!) eine viel kürzere Hinterkralle. —

ders langer Schwanz) auf Wiesen recht häufig. Näheres s. Abt. III, S. 124. Besonders typisch für die Felder usw. aber sind die Lerchen. Alle sind Bodenbrüter von erdbräunlicher Farbe. Die helle U-Seite ist bei den meisten streifenartig gefleckt (Abb. 2, 1). s. Tab. S. 98.

Sehr selten besuchen uns noch südeuropäische Arten; unter ihnen sei nur erwähnt die **Kurzzehlerche,** Calandrella cinerea brachydactyla (Leisl.), im Grundton blaß lehmfarbig mit deutlichem dunklen Kropfseitenfleck; Lockton schriller als der der Feldlerche.

Dagegen tritt eine nordeuropäische Lerche, die **Ohrenlerche,** Eremophila alpestris flava (Gm.) schon häufiger[1] auf dem Durchzug bei uns auf. — Kennzeichen: auf fahlgelblichem Grund schwarzer Wangenfleck; schwarzes Kropfband, kleine schwarze Federhörnchen. Oben bräunlich, unten weiß, ungefleckt. — Stimme: hell tititjü.

III. Rohrsänger.

Von den Rohrsängern hat sich der *Sumpfrohrsänger* oder *Getreidesänger* ganz im Halmenfeld heimisch gemacht, s. S. 129; mitunter sieht man hier auch *Schilfrohrsänger* und *Schwirl*; s. S. 130 u. 131.

IV. Schmätzer.

Der rel. kurze Schwanz, die steife Haltung und der Aufenthalt in Bodennähe charakterisieren diese Gruppe. Ökologisch und systematisch spalten sich zwei Gattungen heraus: die *Wiesen-* und die *Steinschmätzer* (vgl. Abb. 2, 5).

Die oberseits dunkelbraun fleckigen *Wiesenschmätzer* sind kleiner als Sperlinge, haben ein weißes Flügelmal und unterscheiden sich wie folgt (s. Tab. S. 100).

Steinschmätzer, Oenanthe oe. oenanthe (L.).

Kennzeichen: ca. sperlingsgroß, rel. hochbeinig. Schlägt mit kurzem Schwanz langsam auf und ab. Weißer

[1] An der Küste regelmäßiger Durchzügler und Wintergast.

	Braunkehlchen Saxicola r. rubetra (L.)	**Schwarzkehlchen**[1] Saxicola torquata rubicola (L.)
Kehle:	stets hell, ± rostfarben (beim ♂ intensiver)	stets dunkel (♂ schwarz)
Brust:	hellrostbraun.	dunkelrostbraun.
Kopf und Hals:	weißer Überaugenstreif besonders bei ♂ deutlich. Wange nach unten weiß abgegrenzt.	kein (♂) oder sehr undeutlicher (♀) Überaugenstreif. Auffällige weiße Halsseiten.
Schwanz:	seitliche Wurzelhälfte weiß.	ohne deutliches Weiß (nur am Bürzel beim ♂ Weiß).
Stimme:	fühd, teck . ., djü. Gesang erinnert an Dorngrasmücke und Hausrotschwanz; manche singen recht gut. (Imitation!)	fied, krr krr u. a. Gesang mit hellen „fist, fist"-Tönen und rauhen Lauten.

Bürzel! Weißer Schwanz mit schwarzer Endbinde. ♂ ad. im Frühjahr: oben hell aschgrau, schwarze Flügel und Kopfseiten, weiße U-Seite. ♂ im Herbst: oben rostgrau; auch sonst bräunlich gesäumt. — ♀ und 1. J. K. ähnlich, unten ± stark rostgelblich, oben rostbräunlich. juv. braungrau mit hellen Tropfen und dunklen Wellen. — Ähnliche: am weißen Bürzel sofort zu erkennen. — Die *nordischen großen Steinschmätzer* (Oenanthe oe. schiöleri Salom. und leucorhoa [Gm.]) sind unten stärker und ausgedehnter hell rostbraun gefärbt, eine Farbe, die auch im Frühlingskleid stärker entwickelt ist als der schwache gelbliche Anflug bei oenanthe. — Stimme: Lockton (viet) tschäk, tschäk. Gesang braunkehlchenartig, oft teilweise in der Luft vorgetragen. — Häufiger Öd- und Steinlandvogel; mindestens auf dem Durchzug im geeigneten Gelände anzutreffen (vgl. Abb. 2, 5).

[1] Nur in Mittel- und Westdeutschland häufiger. Bewohnt Hänge, Dämme; nicht so sehr Wiesenvogel wie Braunkehlchen.

B. Eulen.

Die Besprechung der Eulen s. Abt. I, S. 40. Ergänzend dazu seien noch die **Sumpfeule** (S. 132) und die sehr seltene, fast uhugroße und größtenteils weiße **Schneeeule,** Nyctea scandiaca (L.), genannt.

C. Raubvögel.

Siehe Sammelübersicht S. 236. Fast alle Raubvögel jagen über dem Feld. In Kornfeldern und Wiesen brüten die eulenköpfigen *Weihen.*

D. Störche, Reiher und Gänse s. S. 47, 166 u. 138.

E. Flughühner und Hühner.

Die taubenähnlichen, spitzflügeligen und spitzschwänzigen *Flughühner* kommen, vor allem im **Steppenhuhn,** Syrrhaptes paradoxus (Pall.) nur sehr selten — ab und zu invasionsartig — nach Deutschland. Kennzeichen: ca. taubengroß, sandgelblich mit hellen Flügeln. ♂ mit dunkler „Bauchbinde"; die ad. mit langem Schwanzspieß. Beim Futtersuchen wird der Hinterleib hoch gestellt. — Stimme: kirrik u. ä. — Bemerkungen: asiatischer Steppenvogel; am ehesten April und September, Oktober zu erwarten.

Rebhuhn, Perdix perdix subsp.

Kennzeichen: bekannt; man beachte, daß der Schwanz stets rostbraun ist im Gegensatz zur Wachtel. — Ähnliche: Birkhenne größer mit weißer Flügelbinde, Wachtel kleiner und ohne Rostbraun am Schwanz (Haselhuhn im Wald!). — Stimme: kirrreck. — Bemerkungen: in Deutschland drei Rassen, die von Ost nach West immer brauner werden. — Bodenbrüter im Feld und lichten Wald.

Wachtel, Coturnix c. coturnix (L.).

Kennzeichen: nur ca. drosselgroß, ähnlich Rebhuhn, aber ohne Bauchfleck und mit graubraunem Schwänzchen. — Stimme: wässerig pickwick, pickerwick u. ä. — Bemerkungen: auf Wiesen und in Feldern; leider recht selten geworden.

F. Stelzvögel.

Unter den Limicolen zeigen sich hier vor allem Regenpfeiferartige. **Gold-** und **Mornellregenpfeifer** s. S. 184 und 229.

Triel, Burhinus oe. oedicnemus (L.).

Kennzeichen: Rumpf stark taubengroß; rel. hochbeinig und kurzschnäblig. Schwanz rel. kurz. Hellsandbräunlich mit dunkler Fleckung; weißer Schild auf dunklem Flügel. Flug langsam, Flügel lang. Dämmerungsvogel. — Ähnliche: Hühnerartige sind kurzbeiniger und ohne soviel weiß im Flügel. — Stimme: chürrliet, trrli u. ä., recht rauh. — Bemerkungen: versteckter Sommervogel; Bodenbrüter in Brachäckern, sandigen Kohl- und Kartoffelfeldern, Schotterplätzen an Flüssen, in sandigen Kiefernwäldern usw.

G. Trappen und Rallen.

Großtrappe, Otis t. tarda L.

Kennzeichen: stark gänsegroß; mittelhohe Beine und mäßig länger Hals. Waagerechte Haltung. Flugbild: Gestalt gänseartig, Flügelschläge langsam, reiherartig; große weiße Flügelschilde. Die Schwingenspitzen sind stark gespreizt. — Ähnliche: bei der Größe und Färbung (Flügelschild!) nicht zu verwechseln. — Bemerkungen: seltener Brutvogel ausgedehnter Felder und Wiesen Norddeutschlands (besonders Mark, Pommern, Mecklenburg). Die ♂♂ sind stärker als die ♀♀!

Zwergtrappe Otis tetrax orientalis[1] Hart.

Kennzeichen: in Gestalt der Großtrappe ähnlich, aber zierlicher und gewandter im Flug; nur haushuhn-

[1] Im Rheinland erscheint gelegentlich die kleinere und oben hellere O. t. tetrax L.

groß. ♂ ad. mit schwarz-weißer Halszeichnung. — Ähnliche: von Hühnerartigen durch hohe Beine, langen Hals und weißen Flügelschild unterschieden. — Bemerkungen: noch Brutvogel in Ostpreußen, Schlesien und evtl. anderswo? Als Gast auch recht selten.

Die *Rallen* sind von hühnchenartiger Gestalt und stellen den Schwanz beim Laufen meist hoch. — Sie sind gewandte Läufer, und ihr schmaler Körper läßt sie durch das dichteste Halmgewirr hindurch.

Wachtelkönig oder **Wiesenralle,** Crex crex (L.). Kennzeichen: Stark wachtelgroß, aber kleiner als Rebhuhn. Oben auf olivbraunem Grund dunkel längs gefleckt. Kopf ± aschgrau; Flügel rostbraun. — Ähnliche: von Rebhuhn und Wachtel durch die stark rostbraunen Flügel und die dunkle Querbänderung an den Seiten unterschieden. — Stimme: rerrp rerrrp ... wie mit Hölzchen über Kammzinken (auch nachts!). Ferner tuck oder teck ... — Bemerkungen: sehr versteckt in Feldern und Wiesen; aber überall vorkommender Zugvogel.

Bestimmungsübersichten:

7. Gruppe: Vögel auf freiem grünen Gelände.

A. Vögel auf freiem Gelände und größeren trockenen Wiesenflächen (mit oder ohne Buschwerk) im Hügel- und Flachland.

N. B. Am Waldrand wird man auch typische Waldvögel sehen, die auf der Wiese einfallen; sollte also der gesuchte Vogel hier nicht auffindbar sein, so s. Gruppe 6A; bei Winterbeobachtungen vgl. man auch Gruppe 8.

1. Klein bis starengroß:

a) in der Luft gewandt jagend, spitzflüglig:

Schwalben und **Segler** (S. 35)

Beim Segeln Kopf vorgestreckt, breitflüglig:

Star (S. 6)

b) *zierlich; mit dem langen Schwanz wippend:*
aa) ohne Gelb:
Grau, weiß und schwarz: **Bachstelze** (S. 124)
bb) mit Gelb:
O-Seite grünlich; U-Seite ± gelb (bei juv. noch bräunlich-weiß); kein gelber Bürzel:
Schafstelzen (S. 125)
ebenso; Kopf des ♂ blaugrau mit weißem Überaugenstreif: *deutsche* **Schafstelze** (flava)
ebenso; Kopf schwarzgrau ohne Überaugenstreif: *nordische* **Schafstelze** (thunbergi)
O-Seite aschgrau, sehr langer Schwanz; Bürzel gelb: **Bergstelze** (S. 125)
c) *recht kurzschwänzig; steile Haltung; rel. hochbeinig:*
aa) weißer Bürzel, Schwanz langsam auf- und abschlagend; weiß-schwarzer Schwanz; ca. sperlingsgroß: **Steinschmätzer** (S. 99)
bb) kein deutlicher weißer Bürzel, weißer Flügelfleck. Kleiner als Spatz:
Kehle hell, Brust hell rostbraun; Schwanz wurzelwärts z.T. weiß: **Braunkehlchen** (S. 100)
Kehle dunkel; Brust rostbraun; Schwanz ohne weiß: **Schwarzkehlchen** (S. 100)
d) *unauffällig bräunlich bis grünlich; in Bodennähe Flug ruckartig; helle scharfe Locktöne, weiße Schwanzaußenfedern. Ohne intensives Gelb. Schwanzwippen.*
oben und unten streifig gefleckt; grünlichbraun Unten gelblichweiß. „ist, ist“:
Wiesenpieper (S. 126)
Ebenso, aber weniger grünlich. „psiehb“:
Baumpieper (S. 127)
Fast ebenso; oben sehr markant gestreift (auch unten). Grundfarbe eher gelbbraun als grünlichbraun. ♂ ad. im Frühling mit zimtroter Kehle „Zieh“: **Rotkehlpieper** (selten) (S. 126)

Sandfarben; wenig gezeichnet und nur Brust gefleckt. „dilm" und „zirlui": **Brachpieper** (S. 127)

Größer als Sperling; oben nicht grünlich. U-Seite nur bis zum Kropf stärker gefleckt. Ruf sperlingsartig „bjif": **Spornpieper** (selten) (S. 127)

e) *erdfarbig: ± dunkel gefleckt. Sperlingsgroß oder größer: matte Flügelschläge;*

Schwanzaußenfedern weiß; heller Flügelhinterrand (beim Flug): **Feldlerche** (S. 98)

Schwanzaußenfedern nach schwarz gelblichbraun; Spitzhäubchen: **Haubenlerche** (S. 98)

Kurzschwänziger; weiße Schwanzaußenfedern, weißer Überaugenstrich. „didlui": **Heidelerche** (S. 98)

f) *derber; mindestens sperlingsgroß; auf Telegraphendrähten, Büschen und Stauden.*

Ohne alles Gelb; groß, plump; stark gefleckt. Klirrendes Lied: **Grauammer** (S. 96)

Mit ± Gelb; Bürzel zimtbraun, weiße Schwanzaußenfedern: **Goldammer** (S. 96)

(Wie Goldammer, aber Bürzel olivbraun; ♂ mit schwarzer Kehle: **Zaunammer** (S. 97) [selten])

Höchstens an Kehle und Kropfseiten strohgelblich; Kopf grünlichgrau, Bürzel bräunlich. Unten nicht oder schwach gefleckt. Bauch ± zimt- oder gelbbraun. „bwüt": **Gartenammer** (S. 96)

Gedrungen, dickschnäblig. Grünlichgraubraun bis olivgrün mit gelb an Flügel und Schwanz: **Grünling** (S. 8)

g) *knapp sperlingsgroß; im Gebüsch, auf Stauden und Drähten:*

aa) schlank; grauer Kopf, oben bräunlich, am Flügel rotbraun. Weiße Kehle. Haltung ziemlich waagerecht. Kurzer Zwitschergesang (oft im Balzflug in die Höhe!); rüttelt auch nach Insekten über den Grasspitzen: **Dorngrasmücke** (S. 28)

bb) schlank; oben streifig grünlichbraun; der keilförmig endende Schwanz wird im Flug etwas geschleppt. Gern in Erlen- oder Weidenbüschen in hochgrasiger Wiese; spitzköpfig: **Schwirl** (S. 131)

cc) Finkengestalt:

Gelbes Band im schwarzen Flügel: **Stieglitz** (S. 10)

Braun; ± grauer Kopf und hellgrauer Bürzel. ♂ mit roter Brust; gikkernde Rufe. Schwacher heller Flügelspiegel; rel. stark ausgeschnittener Schwanz: **Hänfling** (S. 12)

(In Scharen; nußbräunlich mit (purpur)bräunlichem Bürzel. „Tschätschätätoi" usw.: **Berghänfling**) (S. 12)

Klein; Kopf und U-Seite ± gelb. Bürzel zitronengelb. Sonst grünlich braunstreifig. Kurzer Schnabel; klirrender Ruf und Gesang: **Girlitz** (S. 10)

dd) braun; stark gestreift. ♂ mit schwarzem Kopf und weißem Halsband. Weiße Schwanzaußenfedern. „zieh": **Rohrammer** (S. 124)

h) *ca. sperlingsgroß; weiße Flügelbinden und Schwanzaußenfedern:*

Bürzel weiß: **Bergfink** (S. 9)

Bürzel nicht weiß: **Buchfink** (S. 9)

i) *steil sitzend; weißliche U-Seite; mit rel. langem Schwanz drehend und schlagend:*

Oben rotbraun; dunkler Augenstreif: **Neuntöter** (S. 21)

k) *größer als Spatz; schreitender Gang. Oft in Scharen, auch zwischen Vieh:*

Schwarz glänzend. ± weiß geperlt: **Star** ad. (S. 6)

Nicht glänzend; bräunlichrauchgrau mit heller Kehle: **Star** juv. (S. 6)

2. Knapp bis reichlich amselgroß:
Blaugrauer Kopf, brauner Rücken, blaugrauer Bürzel. Weiße U-Flügel. Schackernde Rufe: **Wacholderdrossel** (S. 30)
Oben braun, unten hell mit dunklen Tropfen. U-Flügel ockergelblich. „zip“: **Singdrossel** (S. 30)
Ähnlich; unten dichter gefleckt, weißer U-Flügel, Schnerrufe. Groß!: **Misteldrossel** (S. 30)
Hühnchengestalt; rundliche kurze Flügel: **Wachtel** (S. 101)
Freisitzend. Der lange Schwanz wird oft bewegt. Grau-weiß-schwarz: **Raubwürger** (S. 20)

3. Zwischen Drossel- und Taubengröße:
a) *rundliche Flügel, kein Segelflug;*
Purrender Flug; Rotbraun am Schwanz: **Rebhuhn** (S. 101)
Kleiner als Rebhuhn; matte, schnelle Schläge mit den rostbraunen Flügeln. Nur sehr kurze Strecken (oft mit hängenden Beinen) fliegend: **Wachtelkönig** (S. 103)
b) markant schwarz-weiße Flügel und Schwanzbänderung; flatteriger Flug; langer Schnabel: **Wiedehopf** (S. 37)
Taubengroß, braun und schwarz mit weißem Spiegel und Bürzel. Blaue Flügeldecken. Breite rundliche Flügel; Flatterflug. Rätschen: **Eichelhäher** (S. 6)
c) *Schnepfengestalt; ziemlich lange Beine; schmale Flügel, schneller Flug. Bürzel ± weiß:*
Bürzel und Flügelschild weiß; Beine rot: **Rotschenkel** (S. 175)
Bürzel nur seitlich weiß; schmale helle Flügelbinde: **Kampfläufer** (S. 174)

Kein weißer Bürzel; sehr langer Schnabel; helle Rückenstreifen: **Bekassine** (S. 139)

4. ca. taubengroß bis krähengroß:

a) *Krähen;* besonders im Winter oft in Scharen. Meist **Saatkrähen,** oft untermischt von **Dohlen.** Im übrigen s. S. 5.

b) schwarz-weiß; sehr langer Schwanz; schäckernde Rufe: **Elster** (S. 5)

c) *Tauben* s. S. 44. Besonders **Turteltaube** mit weißer Schwanzeinfassung.

d) *mit Grün, Bogenflug:*
Ohne Rot: **Grauspecht** ♀ (S. 40)
Mit rotem Oberkopf:
Grünspecht und **Grauspecht** ♂ (S. 40)

e) lappiger Flug; schwarz-weiß; Flügel lang, am Ende mit Weiß, etwas gewinkelt: **Kiebitz** (S. 184)

5. Raubvögel und *Kuckuck* s. S. 236.
Gaukelnd mit erhob. Schwingenspitzen. Bürzel weiß: (Alles übrige s. S. 236.) **Weihen** (S. 241)

6. Rumpf etwa gänsegroß oder größer:

a) *Gänse* s. S. 138.

b) Beine mittelhoch; Körper waagerecht gehalten. Im Flug Gänsegestalt; großer weißer Flügelschild. Ruhiger Flug: **Großtrappe** (S. 102)

c) *zart grau mit schwarzen Flügelspitzen; lange Beine:*
Hals im Flug eingezogen: **Fischreiher** (S. 47)
Hals lang ausgestreckt:
Kranich (S. 47) (Zugform keilartig)

d) Langbeinig. Schwarz-weiß-rot: **Storch** (S. 47)

7. Eulen:
Besonders an alten Kopfweiden; klein; tags spechtartiger Flug. „huüg, guug" und Gekläff:
Steinkauz (S. 43)
Lange Flügel gewinkelt; ca. krähengroß:
Sumpfohreule (S. 132)
(vgl. aber weiterhin auch S. 42)

8. Auffällige oder eigenartige Rufe aus der Wiese:

Lang anhaltendes sirrrrrrr . . ., etwas blechern, sonst aber täuschend ähnlich dem Singen der großen grünen Heuschrecke: **Schwirl** (S. 131)

Schnerrendes Geräusch. Zwischen je zwei Schnerrtönen eine kleine Pause. (Streichen mit Hölzchen über Kammzinken bringt ein ähnliches Geräusch zustande): **Wachtelkönig** (S. 103)

Wässeriges pickwick, pickwerwick: **Wachtel** (S. 101)

Schnarrendes kirrreck: **Rebhuhn** (S. 101)

B. Charaktervögel der Viehweiden, die mit Kopfweiden eingesäumt sind.

Man bestimme auch diese Vögel nach der Tabelle unter Gruppe 7A!

Besonders bezeichnend sind:

Star, oft in Scharen, brausender Flug.

Elster, ebenfalls gern beim Weidevieh.

Wiedehopf, brütet in alten Kopfweiden, ebendort auch **Steinkauz** und **Gartenrotschwanz.**

Wiesenpieper, vielleicht Brutvogel (besonders an der Küste).

Schafstelze, auf der Wiese sehr bezeichnend.

Bei feuchten Gräben u. dgl. auch gern **Kampfläufer, Bekassine** und **Rotschenkel.** Besonders zahlreich aber ist der **Kiebitz.** Selten erscheint die **Blaurake** vom Wald her hier.

8. Gruppe: Feldvögel.

A. Vögel in Feldgärten, auf Äckern und ausgedehnten Feldfluren, entfernt vom Wald.

1. ca. gänsegroß:
   a) *Wildgänse*, besonders im Herbst (Winter) und Vorfrühling s. S. 138.
   b) reichlich gänsegroß; waagerechte Haltung, mittellange Beine und mäßig langer Hals. Beim ruhigen

Flug sind große weiße Flügelschilde auffällig. Gestalt im Flug gänseartig; gefingerte Schwingen: **Trappe** (S. 102)

2. ca. haushuhngroß oder etwas kleiner: Ziemlich hochbeinig; weiße Flügelzeichnung. Ruhiger Flug. ♂ ad. mit schwarz-weißer Halszeichnung: **Zwergtrappe** (S. 102) (selten) (Kürzerer, gegabelter oder schwach ausgerandeter Schwanz. Schwarzblau und weiß oder bräunlich mit weißer Flügelbinde: **Birkhuhn**) (S. 45)

3. *Raubvögel* s. S. 235. Besonders typisch: **Bussard und Turmfalk**

4. ca. krähengroß:
   a) *ganz schwarz:* Mit weißer Schnabelwurzel: **Saatkrähe** (S. 5) Ohne weiße Schnabelwurzel: **Rabenkrähe** oder **Saatkrähe** juv. (S. 5)
   b) *mit ± Grau:* Bauch und Rücken grau: **Nebelkrähe** (S. 5) Nacken grau; kleiner. Taubenartiger Flug. „ackjackjao", oft unter Saatkrähen: **Dohle** (S. 5)
   c) bräunlich; lange gewinkelte Flügel, dicker Kopf. Schwankender Flug: **Sumpfohreule** (S. 132) (vgl. aber auch andere Eulen, s. S. 40);
   d) weiß und zart blaugrau; ± rote Füße. Auf Acker; besonders in Wassernähe. Sehr langflüglig: **Lachmöwe** (S. 195)
   e) sandfarbig; fleckig, rel. hochbeinig; rundlicher Kopf. Weiße Flügelzeichnung: **Triel** (S. 102)

5. Tauben:
   Weißer Bürzel: *Feldtaube*
   Ohne alles Weiß: **Hohltaube** (S. 44)
   Weißer Flügelrand; groß: **Ringeltaube** (S. 44)
   Bräunlich, weißes Schwanzende; klein: **Turteltaube** (S. 44)

6. Eulen, vgl. S. 40:
ca. krähengroß:
Sumpfohreule, Waldohreule, Waldkauz
Klein; tags spechtartiger Flug: **Steinkauz**

7. Rebhuhn- bis drosselgroß:
a) *Hühnergestalt, kurze, rundliche Flügel:*
Purrender Flug, dunkler Bauchfleck. Schwanz mit Rostbraun: **Rebhuhn** (S. 101)
b) *im Sitzen rel. hochbeinig; Rumpf stark drosselgroß. — Flügel schmal, sichelförmig, Flug schnell:*
Oft jäh wendend; Färbung (tropfig) grünlichgelbbraun bis graubraun. Rundlicher Kopf mit großen Augen. ad. im Frühjahr unten schwarz mit weißen Seiten, oben goldgelb getropft. Waagerechte Körperhaltung. Flötendes tlüh:
Goldregenpfeifer (S. 184)
Schwanzende weiß; schmale bindenlose Flügel. Gang rollend bei horizontaler Körperhaltung. Dunkler O-Kopf, der helle Überaugenstreif zieht sich weit nach hinten. Graulich, oben bräunlich mit helleren Säumen. ad. im Frühjahr mit schmalem schwarz-weißen Brustband und rotbraunem Bauch. Ruf: dürr u. ä.:
Mornellregenpfeifer (S. 229)
Seltener Durchzügler.
c) *ca. drosselgroß:*
aa) Drosseln:
Rücken braun, Kopf und Bürzel blaugrau. Oft in Scharen. „Schackern“:
Wacholderdrossel (S. 30) (auf dem Durchzug)
Groß. Oben ganz bräunlich. Helle U-Seite stark getropft. „zrrrr“: **Misteldrossel** (S. 30)
Schwarz oder dunkelbräunlich mit weißem oder hellem Kropfband; Lockruf scharf „zeckernd“:
Ringdrossel (S. 29) (selten durchziehend

bb) ziemlich langschwänzig. Aschgrau mit schwarzem Augenstreif. Schwarz und weiß im Flügel und Schwanz. Gern frei sitzend, schwanzdrehend oder rüttelnd: **Raubwürger** (S. 20)

8. Staren- bis sperlingsgroß und kleiner:

a) *erdbräunlich; dunkel gefleckt. Matte Flügelschläge:* Schwanzaußenfedern weiß; heller Flügelhinterrand im Flug sichtbar. Singflug. Gurgelndes „tschrih, trieh, tirrih“: **Feldlerche** (S. 98)
Schwanzaußenfedern weiß. Kurzschwänzig, nur ca. sperlingsgroß. Weißer Überaugenstreif. „didloi“: **Heidelerche** (S. 98)
Schwanzaußenfedern nach schwarz gelblichbraun; Spitzhaube: **Haubenlerche** (S. 98)

b) mit schwarzem Kropf- und Stirnband und schwarzer Ohrgegend; Bauch ungefleckt weiß. Oben bräunlich: **Ohrenlerche** (S. 99) (seltener Gast)

c) *Lerchenfigur, aber schlanker und hochbeiniger. Grünlich bis bräunlich; oben und unten ± gefleckt; weiße Schwanzaußenfedern; oft Schwanzwippen.*
Fleckung der U-Seite drosselartig, aber streifiger; oben ± grünlichbraun mit dunklen Streifenflecken. Lockruf dünn ist ist oder hist hist. (Gern auf abgeernteten Feldern): **Wiesenpieper** (S. 126)
Ebenso, Lockruf blechern psiehb: **Baumpieper** (S. 127)
Oben sandfarbig, schwach oder nur Brust gefleckt. „djilb“, „zirlui“: **Brachpieper** (S. 127)
Lockruf zieh, rohrammerartig. Markant gestreift (♂ ad. im Frühling mit ± rötlicher Kehle): **Rotkehlpieper** (selten) (S. 126)

d) schlank; langer Wippschwanz: *Stelzen*, besonders **Bachstelze** (S. 124)

e) *rel. kurzschwänzig; frei auf Erhöhungen sitzend:* Weißer Bürzel und schwarz-weißer Schwanz. Nie-

drig und nicht weit auffliegend. Beim steilen Sitzen langsames Schlagen mit dem Schwanz:
Steinschmätzer (S. 99)

Kein weißer Bürzel; etwas Weiß am Schwanz. Weißes Flügelmal. Hell rostbraune Brust und Kehle. Oben stark fleckig; weißer Augenstreif:
Braunkehlchen (S. 100)

Ähnlich; Kehle stets dunkel. ♂ mit schwarzem Kopf und weißem Halsfleck; O-Schwanzdecken mit weiß: **Schwarzkehlchen** (S. 100)

f) *mit weißem Bürzel:*

aa) ohne Weiß im Flügel:
Schwanz rel. kurz; weiß mit schwarz in der Mitte und am Ende. Oben zart grau oder ± rostbräunlich; schwarzer Augenstreif bei ad. im Frühjahr besonders deutlich:
Steinschmätzer (S. 99)

bb) mit Weiß im Flügel:
Zwei weiße Binden, weiße Schwanzaußenfedern: **Bergfink** (S. 9) (Durchzügler)

g) *mit rostrotem oder intensiv rostbraunem Schwanz*

aa) Schwanz ganz rostrot, in der Mitte dunkel;
Schwanzzittern und Abwärtsschlagen:
Weißer Flügelfleck; recht dunkel:
Hausrotschwanz ♂ (S. 32)

Im Flügel nicht oder kaum weiß, bräunlichgrau oder rauchgrau. Brust hell oder rötlichgelb (♂: schwarze Kehle, weiße Stirn):
Gartenrotschwanz (S. 32)

Brust dunkler grau, niemals gelblich:
Hausrotschwanz ♀ (S. 32)

bb) Schwanz rostbraun mit breiter schwarzer Endbinde: **Blaukehlchen** (S. 132)

cc) Vogel größer als Spatz; oben rotbraun, unten

hell mit schwacher Querwellung. Bewegungen mit dem rel. langen Schwanz:
Rotrückenwürger ♀ oder juv. (S. 21)

h) *schlanke, braune oder braungraue Sänger von knapper Sperlingsgröße:*
In Erbsen-, Rübenfeldern usw. oder sonst in dichtem Pflanzenwuchs. Schlicht rostgelblichbraun; spitzköpfig. Gesang oft sehr schön und abwechslungsreich. Im Sitzen mit meist ziemlich vertikal gestellter Körperachse: **Getreidesänger**[1] (S. 129)
Gern in Büschen oder auf Telegraphendrähten. Grauer Kopf, brauner Rücken. Weiße Kehle. Kurzer, rauh zwitschernder Gesang:
Dorngrasmücke (S. 28)

i) *mit deutlichem Gelb im Gefieder:*
aa) derb; rel. langschwänzig; weiße Schwanzaußenfedern:
Kopf und U-Seite ± gelb, beim ♀ stark gestreift. Oben streifig; Bürzel zimtbraun; (Bürzel olivbraun: **Zaunammer**):
Goldammer (S. 96)
bb) Klein; gedrungen. Bürzel gelb. Oben grünlich braunstreifig, unten ± gelb. Sirrender Gesang: **Girlitz** (S. 10)
cc) graziös; ± langschwänzig, weiße Schwanzaußenfedern.
U-Seite gelb; O-Seite olivgrünlich. Kopf beim ♂ blaugrau. „psüip“: **Schafstelze** (S. 125)
U-Seite ± gelb; Bürzel gelb. Sehr langschwänzig. „zitit“: **Bergstelze** (S. 125)
dd) spatzenähnlich, derb. Grünlich oder olivgrau; gelbes Flügel- und Schwanzmal: **Grünling** (S. 8)

---

[1] Dasselbe wie Sumpfrohrsänger; dieser Vogel bildet zwei nur ökologisch verschiedene Formen aus: den Feld- oder besser Getreidesänger und den im feuchten Pflanzengewirr lebenden typischen Sumpfrohrsänger.

ee) kleiner als Spatz. Gelbes Band im schwarzen Flügel. ad. mit rot-weiß-schwarzem Kopf. Gern an Stauden: **Stieglitz** (S. 10)

k) *oben rotbraun; größer als Spatz. Drehende und wippende Schwanzbewegungen:*
Aschgrauer Kopf mit schwarzem Augenstreif. Schwarzer Schwanz mit weißer Wurzel: **Rotrückenwürger** ♂ ad. (S. 21)
Ganze O-Seite rotbraun; Schwanz weiß gesäumt: **Rotrückenwürger** ♀ und juv. (S. 21)

l) erdfarbig; unten gefleckt. Dick; gern frei sitzend. keine weißen Schwanzaußenfedern. Beim Anfliegen Beine weit ausgestreckt. Gesang klirrend: **Grauammer** (S. 96)

m) Ammergestalt, ca. spatzengroß. Grauer Kopf, gelblich an Kehle und Brust. Bauch zimtbraun oder gelblichbraun. Beim ♀ mit schwacher Fleckung. Dunkler und heller Bartstreif. „bjüt"; Gesang weich „dji djidji djürrr . . .". **Ortolan** (S. 96)
Braun mit dunklen Streifen. Kopf markant schwarzbraun und weißgelblich gezeichnet (Überaugenstreif!) oder schwarz (dann weißer Nackenring). Weiße Schwanzaußenfedern. „Zieh": **Rohrammer** (S. 124)

n) Kehle blau: **Blaukehlchen** (S. 132)

o) *allerlei Kleinvögel.* Besonders nach der Erntezeit und im Winter oder Vorfrühling in Scharen auf den Stoppelfeldern, an Mist, Mieten, auf Kaffeldern u. dgl. (vgl. auch S. 7 ff.).

Wenn es nicht gelingt, einzelne Arten aus dem Schwarm zu erkennen, so beachte man folgendes:

Dichte brausende Scharen dunkler, mehr als sperlingsgroßer Vögel, gewandter Flug: **Star** (S. 6)

Flug mehr schnurrend als langwellig: **Sperlinge** (S. 8)

Flug in kürzeren Wellenlinien, nicht auffällig hüpfend. Gelb im Flügel und Schwanz: **Grünfink** (S. 8)

Schwarm von gut sperlingsgroßen, lerchengrauen Vögeln ohne weiße Schwanzaußenfedern. Seltsames Knippergeräusch:
Grauammer (S. 96)

Flug hüpfend, wellenförmig; weiße Flügelbinden:
Buch- und Bergfink (S. 9)

Dichte Scharen kleinerer Vögel. Gutes Exerzieren. Hin- und herwogend, oft jäh abfallend und wieder aufbrausend:
Hänfling (S. 12)

Den selteneren nordischen **Berghänfling** kennt man an der nicht metallisch gickernden Stimme (schättschätt doi, jäk, jäk) und dem rosabraunen Bürzel heraus. Vom ebenfalls in dichten und gut exerzierenden Trupps auftretenden **Birkenzeisig** (S. 11) durch nußbräunlichen Kopf, Größe und nicht grünlichgraue, sondern mehr gelblichbraune Färbung sowie den Mangel an Rot unterschieden. **Goldammern** (mit Gelb, rotbrauner Bürzel!) sind langschwänziger als Sperlinge. Rufen „zrit". Sehr häufig hier.

Mehr lockere Scharen kleinerer gelbbindiger Finkenvögel. „stigelit":
Stieglitz (S. 10)

Dichtgedrängte sperlingsgroße, ziemlich kurzschwänzige Vögel mit breiten, langen Flügeln und weichem Flug. Lassen sich oft wie Steine fallen. Weiße Schwanzaußenfedern. „didloi":
Heidelerche (S. 98)

Feldlerchen sind größer und langschwänziger. Nie so dicht gedrängt. „tschrie, triri". Sie haben kein so auffälliges Spitzhäubchen wie die erdgrauen **Haubenlerchen,** deren Schwanzaußenfedern nicht weiß sind und die klangschön „tirilih" rufen. Lerchen (S. 98) haben matte Flügelschläge. — Außer **Piepern** (s. o.) erscheinen selten noch folgende Arten:

Etwas größer als Feldlerche, Flug sanft wellig. Lange spitze Flügel. Im blaßgelben Kopf schwarzes Vorderscheitelband, schwarze „Öhrchen" und schwarzes Brustband auffällig. U-Seite sonst ungefleckt, oben braun mit weinrötlichem Anflug. „tititjü":
Ohrenlerche (S. 99)

Etwa feldlerchengroß, Flug lerchenähnlich, aber bogiger. Flügel lang, Schwanz nicht besonders lang. Flügel mit ± großem weißen Fleck. Bräunliches Kropfband. U-Seite ungefleckt. Schwanzseiten z. T. weiß. Klirrend „tirri", „diüh" u. ä.
Schneeammer (S. 97)

Ganz ähnlich. Lassen sich oft steil herab. Flügel nur mit hellen Binden, Kropfband undeutlich, Flanken braun gestrichelt. Alte mit dunklem Kehllatz und rotbraunem Nackenband. „tschri":
Spornammer (S. 97)

Es halten gern zusammen: Lerchen mit Spornammern und Schneeammern, Ammern mit Spatzen und Finken. Berghänfling mit Hänfling und Birkenzeisig.

B. Charaktervögel der Getreidefelder.

Die Bestimmungsübersicht unter A enthält auch die im Ährenfeld charakteristischen Arten. Besonders typisch sind außer **Sperlingen** und **Grauammer:**

Getreidesänger (Sumpfrohrsänger); knapp spatzengroß; schlank; ungefleckt rostgelblichbraun. Haltung gern vertikal am Halm. Gesang sehr abwechslungsreich, auch nachts zu hören.

Braunkehlchen, kurzschwänzig; die dunkle Wange oben und unten markant weiß eingefaßt. Brust hellrostbraun; weißes Flügel- und Schwanzmal.

Rotschwänzchen, Blaukehlchen s. S. 32 u. 132.

Auch die **Dorngrasmücke** ist gern hier; auf dem Durchzug auch Laubvögel (klein, grünlichbraun).

Wachtel („pickwick"), **Wachtelkönig** (Schnerren) und **Rebhuhn** („kirreck"), auch **Fasan** am Boden brütend.

Über dem Feld singen **Lerchen,** die zwischen Getreide ihr Bodennest haben, und es jagen **Schwalben** und **Segler** (s. S. 35) darüber. — Ausnahmsweise auch der *Schwirl* hier.

9. Gruppe: Charaktervögel des Brachlandes, der Ruderal- und Kulturgegenden.

A. Charaktervögel der Landstraße; an Bahndämmen, Böschungen u. dgl.

1. **Krähen, Dohle** (grauer Nacken!), **Elster** (schwarzweiß, langer Schwanz) und evtl. **Eichelhäher** s. S. 4ff.
2. *Raubvögel* s. S. 236. Auf Telegraphendrähten sitzt gern der **Turmfalk** (rotbraun; langer Schwanz), gelegentlich auch der **Bussard** (plump und groß). Von den kurzschwänzigen Kleinfalken zeigen sich als ± seltenere Durchzügler vielleicht der **Rotfußfalk** oder der ähnliche, auch im Winter nicht seltene, kleine **Merlin.**
3. *Eulen.* Besonders an Kirschalleen der kleine **Steinkauz** mit spechtartigem Flug.

4. *An Kirschalleen* stellen sich gern der **Star** und der **Pirol** zur Kirschzeit ein; auch die **Sperlinge** fehlen nicht.

5. Größer als Spatz; auf Telegraphendraht. Mit dem rel. langen Schwanz seitlich und auf- und abschlagend. Schwarzer Augenstreif meist deutlich. Rücken rotbraun:
Rotrückenwürger (S. 21) (nur im Sommer)
Schwarz-weiße Flügel- und Schwanzzeichnung; sonst grau und weiß: **Raubwürger** (S. 20)
Oft scharenweise. Kurzschwänziger. Glänzend schwarz (mit Perlfleckchen) oder düster rauchgraubraun. Spitzflüglig und spitzschnäblig: **Star** (S. 6)

6. Reichlich sperlingsgroß oder kleiner:
a) langer Wippschwanz:
Stelzen, bes. **Bachstelze** (S. 124)
b) *rel. kurzschwänzig; steife Haltung, oft Schwanzschlagen:*
Weißer Flügelfleck, Kopf dunkel mit weißer Wangeneinfassung. Kehle und Brust hell rostbraun; weiße Schwanzwurzelseiten: **Braunkehlchen** (S. 100)
Ähnlich; Kopf dunkler und weißer Halsfleck. Kehle dunkel, Brust rostbraun; kein deutliches Weiß am Schwanz: **Schwarzkehlchen** (S. 100)
ca. sperlingsgroß; weißer Bürzel und weiß-schwarzer Schwanz; im Frühjahr oben hell aschgrau, unten fast weiß, schwarzer Augenstreif; im Herbst (und Sommer) mehr rostigbraungrau getönt wie die ♀♀: **Steinschmätzer** (S. 99)
c) *lerchenartig oder schlanker. Bräunlich oder grünlichbraun; unten ± stark gefleckt:*
aa) auf der Landstraße oder auf Bahndämmen trippelnd; sandgrau; Spitzhäubchen; keine weißen Schwanzaußenfedern. „tririlih“:
Haubenlerche[1] (S. 98)

[1] Die anderen Lerchen mit weißen Schwanzaußenfedern.

bb) weiße Schwanzaußenfedern: Unten stark gefleckt: **Wiesenpieper** (S. 126) („ist, ist") oder **Baumpieper** (S. 127) („psiehb")[1]
Unten kaum oder nur Brust gefleckt. Sandfarbig. — „djilb" oder „zirlui": **Brachpieper** (S. 127)

d) *mit Gelb:*
Kopf und U-Seite gelb; beim ♀ durch streifige Fleckung oft fast verdeckt. Weiße Schwanzaußenfedern; Bürzel zimtbraun. „zrit". Liedchen: didididididi siez u. ä.: **Goldammer** (S. 96)
Spatzenähnlich; ♂, besonders im Frühling, aber schön grünlich. Hellgelber Flügelfleck, Schwanzwurzelseiten gelb: **Grünling** (S. 8)
Kleiner; breites gelbes Band im schwarzen Flügel. ad. mit rot-weiß-schwarzem Kopf: **Stieglitz** (S. 10)

e) *mit weißer Flügelzeichnung:*
aa) zwei weiße Binden; Schwanzaußenfedern weiß:
Bürzel weiß, „quag": **Bergfink** (S. 9)
Bürzel grünlich, „güb, güb" oder „pink": **Buchfink** (S. 9)
± großer Flügelschild; lerchenartiges Benehmen. Weiße U-Seite mit bräunlichem Kropfband; kurzer gelber Schnabel, schwarze Füße: **Schneeammer** (S. 97) (seltener Wintergast)
Klein; kurzschwänzig. Brust rostbraun: **Wiesenschmätzer** (S. 100) s. o. (Braun- und Schwarzkehlchen)

f) *Ammer: oben fleckenstreifig;*
aa) grob und dick; erdfarbig. U-Seite, besonders am Kropf stark gefleckt. Keine weißen Schwanzaußenfedern. Gesang: zickzickzickzrirrss. Beim Anfliegen (an den Telegraphen-

[1] Der Baumpieper brütet oft weitab von Bäumen in grasigen Böschungen. Beim Balzflug schwebt er mit erhobenen Flügeln unter „zia zia zia . ."-Rufen abwärts.

draht oder Alleebaum) werden die Füße weit ausgestreckt: **Grauammer** (S. 96)

bb) ca. spatzengroß. Hell zimtbraune U-Seite; Kopf grünlichgrau mit dunklem Bartstreif in strohgelber Umgebung. Die gelbliche Färbung der Kehle erstreckt sich bis auf die Brust. „bjüt"; Gesang weiches „djidjidji dsürrr djürr". Besonders an grasigen Böschungen, aber nicht überall: **Ortolan** ♂ (S. 96)

Ähnlich, aber unten fahler, gelbbräunlich und etwas gefleckt; dunkler und heller Kehlseitenstreif, Bürzel graubraun: **Ortolan** ♀ (S. 96)

Längs gefleckt; am Kopf ± gelb. Bürzel zimtbraun: **Goldammer** (S. 96)

g) *schlank: weiße Kehle, zartschnäblig;*

Auf Telegraphendraht oder Alleebaum. Kopf grau, Armschwingenränder rostbraun; Rücken bräunlich: **Dorngrasmücke** (S. 28) (nur im Sommer)

h) *Kaum sperlingsgroßer Kegelschnäbler mit etwas ausgeschnittenem Schwanz;*

Bräunlich, unten etwas fleckig. Kopf und Bürzel grau. Heller Schwanz- und Handflügelrand. ♂ ad. im Sommer an Stirn und Brust karminrot: **Hänfling** (S. 12)

Ähnlich; Kopf und bes. Oberbrust gelblich nußbraun. Bürzel (rosa) rostgelblich. Wintergast: **Berghänfling** (S. 12)

N. B.: Im übrigen vgl. Gruppe 8A und 7A, je nachdem, welche Landschaft vorherrscht.

B. Charaktervögel im öden Brachland, auf Schotter- und Schuttplätzen, Exerzierplätzen, Schutthalden, Sandkuhlen usw.

Als Bestimmungstabelle eignet sich die unter Gruppe 8A. Hier sollen nur die außerdem vorkommenden und besonders charakteristischen Arten aufgeführt werden.

1. Kleinvögel:

a) *weißer Bürzel;* weiß-schwarzer, kurzer Schwanz. Rel. hochbeinig; steife Haltung: **Steinschmätzer** (S. 99)

b) *schlicht bräunlich; gewandt am Boden laufend:* Schlank, fahl sandbräunlich; schwach gefleckt. Beim treppenförmig aufwärts führenden Balzflug: „zirlui"; sonst „djilb" (spatzenähnlich). Weiße Schwanzaußenfedern: **Brachpieper** (S. 127)
Größer als Spatz. Oben schwach, unten stärker gefleckt. Gelbbraune und schwarze äußere Schwanzfedern; Spitzhäubchen: **Haubenlerche** (S. 98)
Kleiner, kurzschwänziger. Weißer Überaugenstreif; weiße Schwanzaußenfedern: **Heidelerche** (S. 98)

c) **Goldammer,** evtl. **Grauammer** und **Ortolan** s. S. 96 Ferner **Finkenvögel** (s. S. 7 ff.)

d) *Schwalbengestalt;* oben dunkel braungrau, unten weiß. Brütet nicht selten in Lehm- oder Sandgruben. Die Löcher verraten den Brutplatz: **Uferschwalbe** (S. 36)

2. Regenpfeifer:

ca. lerchengroß; rennt geduckt mit schneller Bewegung der mittelhohen, gelben Beine, wobei der Oberkörper waagerecht verbleibt. Weißes Halsband; am Kropf ± deutlich schwarz abgegrenzt. Oben erdbräunlich. Lange schmale, bindenlose Sichelflügel. Schwanz z.T. außen weiß. — „píu"; Balzlaut trillernd. Auf Schotter und Halden meist in der Nähe von Wasser: **Flußregenpfeifer** (S. 185)

Rumpf *ca. taubengroß;* sandgelblichbraun, dunkel gefleckt. Weißes Flügelband; rel. hochbeinig. Ruhiger Flug. Dämmerungsvogel. — „chrählyhd", trli u. a. **Triel** (S. 102) (seltener)

3. Größere Vögel:

Krähen, s. S. 5, vor allem **Saatkrähen** und **Dohlen,**

an Schuttabladeplätzen im Winter. Evtl. **Sumpfohreule.**

10. Gruppe: Charaktervögel der trockenen Berghänge und Tallehnen mit etwas Gebüsch, besonders der Muschelkalk- und Buntsandsteinformationen.

Die in dieser Landschaft vorkommenden Vögel wird man in den Tabellen der Gruppen 4, 7 A, 9 A und evtl. 8 A finden. Zur schnelleren Orientierung eine Angabe der typischsten Vögel.

Goldammer, mit Gelb; zimtbrauner Bürzel, weiße Schwanzaußenfedern.

Baumpieper, wie schlanke Lerche; unten drosselartig gefleckt; bräunlich.

Dorngrasmücke, im Gebüsch oder auf Telegraphendraht; elegant; grauer Kopf, weiße Kehle, helle U-Seite, sonst bräunlich; Armschwingen z. T. rostbraun; kurzer Zwitschergesang.

Rotrückenwürger, besonders auf Dorngebüsch. Grauer Kopf mit schwarzem Augenstreif; oben rotbraun, Schwanz schwarz mit weißer Wurzel. ♀ oben ganz rostbraun, unten hell mit schwacher Querfleckung. ⊥ Drehende Bewegungen des rel. langen Schwanzes. (Nur im Sommer!)

Raubwürger, hier auch evtl. Brutvogel oder Durchzügler, bzw. Wintergast. ca. drosselgroß, hellgrau mit schwarzweißer Flügel- und Schwanzzeichnung.

Weniger regelmäßig anzutreffen sind:

Grauammer, plump; lerchenfarbig; keine weißen Schwanzaußenfedern.

Sperbergrasmücke, größer als Spatz. Grau oder graubraun; ad. unten quer gewellt. „tscherrr“.

Hänfling, kleiner und schlanker als Spatz; gegabelter Schwanz, undeutlicher heller Flügelspiegel. ♂ mit roter Brust und Stirn, grauer Kopf.

Stieglitz u. a. **Finkenvögel,** besonders wenn Stauden vorhanden, mehr im Spätsommer und Herbst.

Steinschmätzer, gern in Kaninchenhöhlen brütend.

Weißer Bürzel, steif sitzend; langsame Schlagbewegungen mit dem weiß-schwarzen Schwanz. Im Frühjahr hellgrau mit schwarzem Augenstreif und schwarzen Flügeln. ♀ und Herbstvögel mehr bräunlich.

Schwarzkehlchen, klein; kurzschwänzig. ± schwarzer Kopf, weißer Halsfleck. Nicht im Nordosten! — Im Gegensatz zum **Braunkehlchen** kein Weiß am Schwanz. Braunkehlchen hat auch stets helle Kehle. Brust bei beiden ± rostbraun.

Wacholderdrossel, brauner Rücken, blaugrauer Kopf und Bürzel und evtl. **Ringdrossel,** schwarz mit weißem Kropfband, seltener.

Nur ausnahmsweise: **Zaunammer, Zippammer** (beide eher noch im Westen), **Ortolan, Schnee-** und **Spornammer.** Von Eulen am ehesten der **Steinkauz** (klein, Spechtflug). *Raubvögel* s. S. 236. Im Winter evtl. **Merlin.**

III. Abteilung.

Vögel in Heide, Moor und Sumpf, auf feuchten Wiesen im Binnenland u. dgl.

Unter dieser Abteilung seien alle *Sumpf-*, *Wasser-* und *Moorvögel*, soweit sie nicht Schwimmvögel sind oder bereits in Abt. I oder II besprochen wurden, vergleichend feldornithologisch dargestellt. Ausgeprägte Vogelgemeinschaften findet man nur im Hochmoor. Das übrige Sumpfgelände zeigt eine recht gemischte Vogelgesellschaft. — Die Ordnungen der *Singvögel*, *Eulen*, *Raubvögel*, *Reiher*, *Stelzvögel*, *Entenvögel*, *Rallen* und *Hühner* stellen in erster Linie hierfür ihre Vertreter.

A. Singvögel.

I. Finkenartige.

Von den Ammern ist hier noch nachzuholen: der (oder die) **Rohrammer,** Emberiza s. schoeniclus (L.).

Kennzeichen: knapp spatzengroß mit längerem, oft bewegtem Schwanz (weiße Außenfedern!). O-Seite auf rostbräunlichem Grund stark schwarz gestreift. U-Seite hell. ♂ im Frühjahr mit schwarzem Kopf, weißem Kehlseitenstreif und Halsseitenband. Im Herbst wie ♀ und juv.: an Stelle des schwarzen Kopfes nur dunkle Umrahmung der (± rostbräunlichen) Wange und der hellen Kehle. Starke dunkle Kropffleckung, heller Überaugen- und Kehlseitenstreif. Brustseiten etwas rostfarbig angelaufen. — Ähnliche: dem schlichten Kleid: Ortolan ♀ und juv. Kein deutlicher Überaugenstreif, Kopf und Wange nicht so dunkel, Unterleib hellgelbbräunlich. Lockruf bjüt. — Stimme: scharfes zieh. Gesang „dünn" tsja ti tai zississ u. ä. — Bemerkungen: Häufig.

II. Stelzen, Pieper und Lerchen.

Stelze ohne Gelb:

(Weiße) Bachstelze, Motacilla a. alba L.

Kennzeichen: langer schwarzer, weiß gesäumter Wippschwanz. Oben aschgrau[1]. Bei ad. Scheitel, Hinterkopf und Kehle schwarz, Kopf und U-Seite sonst weiß. Ad. im Herbst nur mit ± ausgeprägtem schwarzen Kropflatz. —juv. mit graubraunem undeutlichen Kropfband. — Ähnliche: Bergstelze mit gelbem Bürzel; Schafstelze oben grünlich, auch Bürzel. — Stimme: zississ u. ä. — Bemerkungen: überall gemein, auch abseits vom Wasser.

Bergstelze und **Schafstelze** (s. Tab. S. 125).

[1] Die an der Küste nicht sehr selten erscheinende und gelegentlich dort brütende englische **Trauerbachstelze,** Motacilla alba yarrellii Gould. ist oben ganz schwarz! Die ♀♀ und juv. allerdings mehr grau.

Außer der bei uns brütenden „blauköpfigen“ Schafstelze noch:

Die **Nordische Schafstelze,** Motacilla flava thunbergi Billb. ♂ hat im Frühjahr einen *schwarzgrauen Kopf* (bei ad. mit ganz schwarzen Wangen), nicht einen blaugrauen mit weißem Überaugenstreif wie M. f. flava. Dunkle Kropfwölkung (auch bei ♀) nicht immer vorhanden. ♀, juv. und Herbstkleider mit angedeutetem Überaugenstreif; kaum von flava zu unterscheiden. Nicht häufig (außer an der Küste) auf dem Durchzug im Mai.

	Schafstelze (Kuh-, Wiesen- oder Gelbstelze) Motacilla f. flava L.	**Bergstelze** (Gebirgsbachstelze, Graue Bachstelze) Motacilla c. cinerea Tunst.
Schwanz:	mit weißen Außenfedern; nicht sehr lang.	mit weißen Außenfedern; sehr lang.
Bürzel:	wie Rücken.	zitronengelb vom grauen Rücken abgehoben.
Füße:	schwarz.	hellbraun.
ad. im Frühjahr	ganze U-Seite gelb. O-Seite gelblicholivgrün. ♂ mit blaugrauem Kopf und weißem Überaugenstreif.	U-Seite hellgelb, ♂ mit schwarzer Kehle. O-Seite aschgrau.
ad. im Herbst:	Kinn und U-Schwanzdekken weißlich, das Gelb viel fahler; O-Seite gelblich grau.	U-Seite gelblich weiß; U-Schwanzdecken gelb.
juv.	ähnlich ad. im Herbst; U-Seite bräunlich weiß, an der Kehle ± dunkel.	fast wie ad. im Herbst, noch grauer.
Lockruf:	süib, sieb.	scharf zititzit, härter als bei alba.
Bemerkungen:	besonders auf Wiesen. Zugvogel.	am Wasser, besonders des Hügel- und Berglandes. Standvogel.

Ruf und Bewegung	Gesamttönung, Fleckenzeichnung usw.	Beinfarbe	Schwanzaußenfedern	Vorkommen	Art
ist ist, (oft gereiht!), zirrip zirp u. ä. Flatteriger Hüpfflug.	Oben grünlichbraun, gefleckt; unten gelblichweiß mit dunklen Fleckenstreifen.	hell, fleischfarbig.	weiß.	Überall — wenigstens auf dem Durchzug.	**Wiesenpieper,** Anthus p. pratensis (L.)
zieh (rohrammerartig), dji—e o. ä.	Oben gelblichbraun, sehr markant streifig, auch unten. Im Frühjahr zimtbraune Kehle.	fleischfarbig bis hornbraun.	weiß.	Seltener Durchzügler aus dem hohen Norden.	**Rotkehlpieper,** A. rufogularis Brehm.
siss, hĭst (weniger gereiht), ziet und heiser srit. — Flug geradliniger. Langsames Schwanzwippen	Größer als vorige. Bräunlichgrau. Oben verwaschen, unten gröber (Herbstkleid!) oder schwach gefleckt. Kopf fast ungefleckt graulich	dunkel	weiß.	Durchzügler und Wintergast auf Schlamm, nassen Wiesen, Steindämmen.	**Berg-** oder **Wasserpieper,** A. s. spinoletta (L.) S. auch S. 229.
etwa ebenso.	Grünlichgrau. Oben kaum, unten verwaschen gefleckt. Im Frühling bräunlicher. juv. sehr dunkel; bes. unten stark gefleckt.	dunkel.	fahl graubraun.	Küstendurchzügler von England und Frankreich her.	**Strandpieper,** A. spinoletta petrosus (Mont.)

etwa ebenso.	Olivgraubraun. Oben verwaschen, unten grob (verwaschen) gefleckt. Im Frühling mit rötlichem Schimmer am Kropf. juv. sehr düster.	dunkel	fahl graubraun	Im Binnenland seltener Durchzügler (Wintergast) aus Skandinavien; an der Küste regelmäßig.	**Felsenpieper,** A. spin. littoralis Brehm.
bjif, fast wie Spatz	Fast starengroß! Oben dunkel bis lederbräunlich (kaum oliv). Oben schwach, unten nur bis zum Kropf stärker gefleckt.	hornbräunlich	weiß.	An der Küste seltner, im Binnenland sehr seltner sibirischer Gast.	**Spornpieper,** A. r. richardi Vieill.
blechern psiehb oder dsidsi, sissi	Wie Wiesenpieper, etwas heller; unten etwas gelbbräunlicher.	fleischfarbig.	weiß.	Häufig, zur Zugzeit überall; nicht wasserliebend.	**Baumpieper,** A. t. trivialis (L.)
djilm (spatzenartig) u. zirluí, triëdlíh.	Fahl sandbräunlich. Oben und unten kaum gefleckt. Im Herbst bis zur Brust gestrichelt, U-Seite lehmfarbig. Juv. an der Brust dicht und fein gefleckt, vom weißen Bauch abgesetzt; oben gefleckt und hellgekantet.	horngelblichrot.	weiß.	Ödland, zur Zugzeit gelegentlich überall.	**Brachpieper,** A. c. campestris (L.)

Die englische **Grünköpfige Schafstelze,** Motacilla flava rayi (Bp.) ist im Frühjahr durch gelblichgrünen Kopf mit hochgelbem Überaugenstreif gekennzeichnet. — In Deutschland brütet sie auf der Helgoländer Düne und auf Trischen.

Die *Pieper*[1] sind lerchenfarbig; im Benehmen mehr stelzenhaft, haben keinen besonders langen Schwanz (wippen gern damit!) und brüten in Bodennähe. Vergleichsübersicht S. 126, 127.

Von den Lerchen ist für das Moor charakteristisch die kleine kurzschwänzige **Heidelerche.**

III. Meisen.

Im Schilf und sumpfigem Weidicht leben die *Rohrmeisen.*

Bartmeise, Panurus b. biarmicus (L.).

Kennzeichen: ca. blaumeisengroß mit sehr langem Schwanz. Gelblich zimtbraun, weiße Flügelzeichnung. ♂ mit aschgrauem Kopf und schwarzem Bartstreif. Juv. (und ♀) mit hellgrauem Kopf ohne Bart. — Ähnliche: Schwanzmeise hauptsächlich schwarz-weiß; kaum im Schilf. Beutelmeise und Bartmeise juv. ähneln sich, letztere aber mit längerem Schwanz und weniger scharf abgesetzter grauer und brauner Kopf- und Rückenfarbe und mit rostbraunen Armschwingen. — Stimme: scharf zi zi oder djif. — Bemerkungen: In großen Rohrwaldungen Nordostdeutschlands sehr seltener Brutvogel.

Beutelmeise, Remiz p. pendulinus (L.)

Kennzeichen: ca. blaumeisengroß; Kopf hellgrau gegen den gelbbraunen Rücken abgesetzt. Handschwingen weiß gesäumt. ad. mit schwarzen Kopfseiten. —

[1]) In der Hand sind die so ähnlichen Baum- und Wiesenpieper sicher zu unterscheiden: B.: 5. Handschwinge kürzer als 4.; W.: 2. bis 5. Schwinge fast gleichlang, wobei zu beachten ist, daß die 1. Schwinge sehr klein und die 2. scheinbar die äußerste Schwinge ist.

Stimme: Sehr hohes, durchdringendes dieh, auch sit. — Bemerkungen: Sie baut im Weidicht ihr Filznest, das etwa die Form eines Magens hat, mit etwas seitlichem Einflugsloch. — Sehr selten. Als Brutvogel wohl nur in Nordostpommern, Schlesien, Brandenburg, Ostpreußen, Niederbayern und Ostsachsen.

	Drosselrohrsänger Acrocephalus a. arundinaceus (L.)	**Teichrohrsänger**[1] A. s. scirpaceus (Herm.)	**Sumpfrohrsänger**[1] A. palustris (Bechst.)
Größe:	ca. starengroß.	etwas kleiner als Spatz.	wie Teichrohrsänger.
Färbung:	oben rostgelblich-braun, unten heller mit hellem Überaugenstreif.	wie Drosselrohrsänger; auch Bürzel rostgelblichbraun.	fast ebenso; mit Stich ins Olivfarbige, besonders am Bürzel.
Gesang:	karre karre kiet kiet u. ä., monoton, abgehackt. Große Intervalle!	ähnlich Drosselrohrsänger, aber etwas abwechslungsreicher u. nicht so tief. Tiri tiri zeck zeck derre derre ...	ähnlich Gelbspötter, mit vielen Imitationen; jedenfalls abwechslungsreicher als beim vorigen.
Aufenthalt:	besonders im Schilf.	besonders im Schilf; auch im Weidicht.	in Weidicht, Brennesseln, Getreide usw.
Bemerkungen:	alle Rohrsänger kommen kaum vor Mai an.		

[1] Diese beiden ähnlichen Arten kann man in der Hand folgendermaßen sicher unterscheiden: T.: Einkerbung an der Innenfahne der äußeren großen (also 2., weil die 1. nur sehr klein!) Schwinge

IV. Rohrsänger und Schwirle.

Spitzköpfig; schlicht braun oder grünlich. Schwanz ± keilförmig zugespitzt. Die echten Rohrsänger bauen Napfnester, die an wenigen Halmen befestigt sind und deren Boden frei über der Erde oder über dem Wasser hängt. — Zugvögel. — (Abb. 3, 3.)

1. *Ungestreifte Rohrsänger* (s. Tab. S. 129).
2. *Gestreifte Rohrsänger*[1].

	Ufer- oder Schilfrohrsänger Acr. s. schoenobaenus (L.)	**Seggen- oder Binsenrohrsänger** A. paludicola (Vieill.)
Kopfzeichnung:	Weißer Überaugenstrich, dunkler Augenstreif; O-Kopf undeutlich gestreift.	weißer Überaugenstrich. Scheitelmitte gelblich weiß, deutlich von schwarzen Streifen seitlich abgegrenzt.
O-Seite u. Flügel:	O-Seite dunkel olivbräunlich, undeutlich gestreift; Bürzel lederbraun.	O-Seite auf rostgelblichgrauem Grund dunkel gestreift (besonders deutlich im Frühjahr), Bürzel fahl rostgelb. Armschwingen breit weißlich gesäumt.
Gesang:	ähnlich Teichrohrsänger, aber Einzelrufe (gern wäd wäd-Strophe) werden oft anhaltend wiederholt (mit Imitationen); auch Balzflug.	r errrr dididi rerrr düdüdü . . ., auch Balzflug.
Bemerkungen:	im Ufergebüsch, Schilf u. dgl. nicht selten.	in Ufergestrüpp, Seggen, Ried usw.; nicht häufig.

liegt tiefer (d. h. flügelansatzwärts) als das Ende der 8. Schwinge. — S.: Einkerbung höher als Ende der 8. Schwinge.

[1] Von den Schwirlen durch hellere U-Seite, reiner braunen Bürzel und markante Kopfstreifung unterschieden. (Schwanz!)

3. *Schwirle*[1].

	Heuschrecken-rohrsänger oder **Schwirl** Locustella n. naevia (Bodd.)	**Flußrohrsänger** oder **Schlagschwirl** L. f. fluviatilis (Wolf.)	**Nachtigallrohr-sänger** oder **Rohrschwirl** L. l. luscinioides (Savi)
Färbung:	O-Seite olivbräunlich, dunkel fleckenstreifig; U-Seite hell, Kehle weißlich, fast immer ungestreift.[2]	O-Seite ungefleckt olivbraun; Schwanz reiner braun. U-Seite heller; Kehle u. Kropf auf weißlichem Grund gestrichelt.	oben (oliv)rötlichbraun; unten matt lehmfarben; ungefleckt.
Gesang:	fast wie grüne Laubheuschrekke (Tettigonia), minutenlanges, etwas blechernes sirrrrr . . .	schleifend serr . ., meist zweisilbig und dann an Goldammergesang (ohne Schlußton!) erinnernd.	tiefer als Schwirl und mehr wie sürrr . . . oder sörrr, auch mehrfach unterbrochen.
Aufenthalt:	besonders dort wo in hochgrasigen Wiesen kleine Büsche stehen.	im sumpfigen Wald (Erlenbruch usw.).	im Schilf.
Bemerkungen:	häufig.	mehr im östlichen Deutschland, besonders in Ostpreußen häufig.	im Rheinland festgestellt; in Ostpreußen vereinzelt, ebenso in NO-Deutschland u. Bayern.

[1] Wer alle drei Schwirle dicht nebeneinander studieren will, dem empfehle ich den Nordenburger See in Ostpreußen.

[2] Der sehr seltene sibirische **Striemenschwirl,** Locustella lanceolata Temm., ist auch auf Kropf und Seite braun gestreift.

Charakterisiert durch heuschreckenähnlichen monotonen Gesang, breiten keilförmigen gestuften Schwanz mit fast das Ende erreichenden U-Schwanzdecken und Rohrsängergestalt. Im Flug wird der rel. lange Schwanz etwas geschleppt. Gute Bodenläufer!

V. Erdsänger.

Die *Blaukehlchen* huschen gewandt am Boden dahin und stellen den Schwanz gern in die Höhe.

Weißsterniges Blaukehlchen, Luscinia svecica cyanecula (Wolf). Kennzeichen: rostroter Schwanz mit breiter schwarzer Endbinde. ♂: Oben trüb sepiabraun, Kehle lasurblau, fast stets mit weißem Mittelfleck. Dunkles und rostbraunes Brustband. Im Herbst ist das Blau durch helle Säume verwaschen. ♀: Kehle gelblichweiß, seitlich und unten dunkel abgegrenzt. Am Kropf zuweilen bläulich und rostbraun. juv.: schwärzlich mit rostgelben Strichen und Tropfen. Weiße Kehle. — Stimme: fied tk tk. Gesang oft mit dip dip . . . beginnend. Dann flötende sehr wechselreiche Strophen mit einem Schnurren als Grundbegleitung (zweistimmig klingend!). Sehr guter Imitator. — Bemerkungen: Im Sumpfgebüsch brütend (z. B. Ostpreußen, Spreewald, Main, Bayern). Auf dem Durchzug auf abgelassenen Teichen, auf Äckern usw. nicht selten.

Rotsterniges Blaukehlchen, Luscinia s. svecica (L.). Wie voriges, aber rostroter Fleck in der blauen Kehle des ♂. ♀ fast wie voriges, aber Kehle meist rostgelblicher verwaschen. Seltener, vielleicht regelmäßiger Durchzügler aus Skandinavien.

B. Eulen und Raubvögel.

Brutvogel im Moor ist die

Sumpfohreule (Moor- oder Sumpfeule), Asio f. flammeus Pontopp.

Kennzeichen: Flugbild: lange geknickte Flügel; mittellanger Schwanz. „Eulenfarbig“; die gelben Augen liegen in fast schwarzer Umgebung. Die Federöhrchen nur sehr kurz, meist angelegt. U-Seite auf hellem, mitunter gelblichem Grund, dunkel längs gestreift. — Ähnliche: Waldohreule hat nicht so dunkle Gesichtsmaske, weniger gewinkelte Flügel und auf der U-Seite auch schwache Querzeichnung durch die Längsflecke. — Stimme: käw käw käw u. ä. Bemerkungen: Balzspiele mit Flügelklatschen in der Dämmerung. Nicht häufiger Brutvogel. Auf dem Zug nicht selten, auch in Äckern, Schilf usw.

Von *Raubvögeln* brüten im Moor besonders die **Weihen**, die mit Ausnahme der im Schilf brütenden **Rohrweihe** einen weißen Bürzel haben. Vgl. S. 241.

C. Reiherartige, Schwäne, Gänse, Enten, Stelzvögel, Rallen und Kranich

sind zum Teil unter Gruppe 12, 13 und 14 näher gekennzeichnet (vgl. auch Abb. 4).

Bestimmungsübersichten:

11. Gruppe: Charaktervögel im baumarmen Hochmoor und in der Heide.

Die Landschaft ist ausgezeichnet durch das Vorhandensein von Heide, Birke, Krüppelkiefer und Moos. Torf! Die Vögel in den Bäumen s. auch Gruppe 6 und 4.

1. Kleinvögel (Singvögel):

a) *gern auf Torfhaufen sitzend oder am Boden laufend, nicht besonders langschwänzig:*

Weißer Bürzel, rel. kurzschwänzig:

Steinschmätzer (S. 99)

Weißes Flügelmal. Weiße Wangenrahmung und Schwanzwurzelseiten. Kurzschwänzig. Brust hell rostbraun. Vgl. auch *Schwarzkehlchen* (S. 100):

Braunkehlchen (S. 100)

Grünlichbraun; unten streifig gefleckt, weiße Schwanzaußenfedern. „ist, ist“; „zirb oder zilit“:
Wiesenpieper (S. 126)

Ähnlich, im Frühling mit zimtroter Kehle. Unten und oben (2 markante helle Rückenstreifen!) gefleckt. „zieh“ ähnlich Rohrammer:
Rotkehlpieper (S. 126)

Lockton sibsib (oder psiehb). Unter den Kiefern brütend.) Sonst wie Wiesenpieper:
Baumpieper (S. 127)

Kopf ± gelb, ebenso U-Seite. Bürzel zimtbraun; derb. „zrit“: **Goldammer** (S. 96)

b) *lerchenfarbig; kurzschwänzig:*

Weiße Schwanzaußenfedern und weißer Überaugenstreif. Evtl. im Singflug (Gesang dudelnd). Lockton didlui: **Heidelerche** (S. 98)
(auch nachts zu hören)

c) *mit langem Wippschwanz:*

Mit Gelb an der U-Seite, wenigstens bei ad. Bürzel nie zitronengelb: **Schafstelzen** (S. 125)

Ohne Gelb, weiß-schwarz und grau:
Bachstelze (S. 124)

d) *gern auf den Krüppelkiefern sitzend:*

Rauher und zwitschernder Gesang. Brust rostbraun, Kehle hell, an Flügel, Kopf und am kurzen Schwanz weiß: **Braunkehlchen** (S. 100)

Lerchenfarbig, mit grünlichem Anflug. Unten auf hellem Grund dunkel gefleckt:

Lockruf sibsib oder psiehb: **Baumpieper** (S. 127)

Lockruf ist ist oder (am Nest) zirrb und zilit:
Wiesenpieper (S. 126)

Derb; zuckt beim Rufen mit Schwanz. Mit ± gelb: **Goldammer** (S. 96)

ca. amselgroß; sehr langer, schwarzweißer Schwanz wird häufig geschlagen. Rütteln! Grau mit schwarzweißem Flügel: **Raubwürger** (S. 20)

e) in den anstoßenden Birken singt besonders häufig der **Fitislaubsänger** (Gesang finkenähnlich, aber weicher und melodischer).
Ferner evtl. noch vorhanden: **Blaukehlchen,** **Wasserpieper** (S. 126) **Neuntöter** und **Fliegenschnäpper** (S. 20)

2. *Krähen* s. S. 5, *Raubvögel* s. S. 236, *Kuckuck* s. S. 37.
3. ca. krähengroß, rundlicher Kopf; gaukelnder Flug und lange, gewinkelte Flügel: **Sumpfohreule** (S. 132)
4. Eigenartiges hohles Brummen, wie wuwuwuwuwu (sehr schnell!) aus der Luft: Balzende **Bekassine** (S. 139)
5. Lerchengroß bis fast taubengroß. Schneller Flug; schmale Flügel:

a) *sehr langer Schnabel, reißender Flug. Kein weißer Bürzel.*
Rücken dunkel mit zwei markanten hellen Längsstreifen. Beim Auffliegen: „kätsch". Zickzackflug. Kein Weiß am Schwanz. Balzflug: in jähem schrägen Flug aus der Luft (dabei brummend!) viele Meter abstürzend und dann wieder hochfliegend, um von vorn zu beginnen: **Bekassine** (S. 139)
Ähnlich; beim Auffliegen nicht im Zickzack. Schwanz seitlich weiß:
Doppelschnepfe (seltener) (S. 140)
Nur ca. *lerchengroß*. Rücken zwischen den Streifen sehr dunkel mit Metallglanz. Schwankender, aber nicht „zickzackiger" Flug; meist gleich wieder einfallend; meist stumm: **Zwergschnepfe** (S. 140)

b) *Schnabel nicht viel länger als Kopf; weißer Bürzel. ± lange Beine.*
An Torfstichen u. dgl. Stark drosselgroß; oben schwarz(braun), U-Seite und Bürzel leuchtend weiß. Schwanz weiß mit wenigen schwarzen Binden. U-Flügel schwarz. Flötendes „tlüid (it, it, it)": **Waldwasserläufer** (S. 47 u. Abb. 12, 8)
(selten als Brutvogel, häufig als Durchzügler)

Knapp drosselgroß. Oben düsterbraun (mit hellen Kanten); das Weiß des Bürzels nicht so scharf von Rückenfarbe abgesetzt. U-Flügel hell. Helles „jif jif jif" oder „tjille, tjille . . ." (Balztriller): **Bruchwasserläufer** (S. 173)

(seltener Brutvogel, auf dem Zug hier nicht häufig)

Bürzel seitlich weiß. Groß. Brust rostbräunlich oder grau. Schnabel rel. kurz; meist stumm abgehend: **Kampfläufer** (S. 174)

c) Schnabel kürzer als der rundliche Kopf. Körper beim rollenden Laufen in der Waagerechten bleibend. Die gelben oder gelblichen (juv. Herbst) Flecken der O-Seite verschmelzen von fern mit der dunklen Grundfarbe zu grünlichbraun bzw. graubraun. Im Prachtkleid schwarze Scheckung der U-Seite: **Goldregenpfeifer** (S. 184)

Seltener Heidebrüter (oreophilus.) Auch nordische Durchzügler hier.

6. ca. tauben- oder krähengroß, hochbeinig, sehr langschnäblig:

Schnabel abwärts gekrümmt. Bräunlich. Prächtig flötend tloüihd, tlaü, djoidjoid. Balztriller weich und wässerig flötend: wühdwühdwühdwüwürrrrr: **Großer Brachvogel** (S. 178)

(in Norddeutschland und Bayern besonders typischer Moorbrüter)

Schnabel gerade; weißer Bürzel, weißes Flügelband: **Schwarzschwänzige Uferschnepfe** (S. 178)

7. ca. krähengroß, weiß und schwarzgrün. Federschopf. Breite lange Flügel; gaukelnder Flug. „knui, kiëwiet" u. ä.: **Kiebitz** (S. 184)

8. *Enten*, s. Gruppe 13. Es kommen auf den Blänken u. a. in Frage: **Stockente** (groß), **Knäk-** und **Krickente** (klein), **Moorente** (weißer Spiegel), **Reiherente** (weißer Spiegel, Schopf).

9. Nachts „errrörrrerrrörrr . . .". Falkenartiges Flugbild;

aber kleiner als Taube. Wehender Flug. Rindengrau, heller Schulterstreif. Dämmerungsvogel:

Ziegenmelker (S. 35)

10. Hühner:
Birkwild brütet meist. Die schlichtbraune Henne unterscheidet sich von anderen Wildhennen durch weiße Flügelbinde und schwalbenartig ausgeschnittenen Schwanz. — **Fasane**, besonders in Süddeutschland an angrenzendem Wald hier häufig.
11. **Kranich**, Brutvogel in stillen Gegenden, besonders Nord- und Ostdeutschlands. Grau; vom **Reiher** im Flug durch ausgestreckten Hals unterschieden.
12. *Raubvögel* s. S. 236. **(Wiesenweihe!)**

12. Gruppe: Sumpflandbewohner.

A. Vögel auf sumpfigen Wiesen[1] (evtl. in der Nähe eines Binnengewässers) und im Flachmoor (Wiesen- oder Schwingmoor).

Vegetation: verschiedene Gräser (oft kurzrasig!) u. a. auch Binsen, Seggen, Ried, schüttere Schilfpflanzen[2] usw. Kleine Wasserlachen in überschwemmter Wiese. Aber keine Schlammbänke, kein Heidekraut. Baumwuchs nur am Rand, dessen Vogelwelt hier nicht behandelt ist. Ebenso sind die Vögel trockener Wiesen, die in Felder übergehen, wieder andere (s. Gruppe 7).

1. ca. storchengroß oder etwas kleiner von ähnlicher Gestalt: *Störche, Reiher* und *Kranich*, s. S. 47 u. 165.
2. *Raubvögel* vgl. S. 236. Hauptsächlich *Weihen*. Es brütet hin und wieder die **Wiesenweihe**.
3. *Eulen*. Als Brutvogel wohl nur die

Sumpfohreule (S. 132)

---

[1] Nicht am Meeresstrande.
[2] Nicht dichte Schilfbestände; solche s. Gruppe 13.

4. Gänse:

„Gänsegrau“. Schnabel einfarbig hellgelbrot, weißer Nagel[1]. Flügeldecken silbergrau. Stirn nicht weiß. Die angelegten Flügel erreichen kaum den Schwanz.— Hausgansgroß: **Graugans,** Anser anser (L.)
Stellenweise Brutvogel; Sommervogel.

Dunkelbräunlich gänsegrau. Schnabel schwarz[2] mit sehr verschieden breitem gelbroten Ring. Füße gelbrot. Stirn nicht weiß (höchstens schmaler heller Streif am Oberschnabelwurzelrand). Die angelegten Flügel überragen den Schwanz. Bauch nie schwarz:
Saatgans, Anser f. fabalis (Lath.)
Regelmäßiger Gast.

Düster gänsegrau. Besonders dunkel am Kopf. Kurzer Schnabel schwarz mit ± breitem rosenroten Ring und hakigem Nagel. Füße rosa. Kleiner als Hausgans: **Kurzschnabelgans**
Anser brachyrhynchus Baill.
Sehr seltener Gast.

Nicht viel kleiner als Saatgans; ad. mit weißer Stirn, U-Seite grob schwarz gefleckt. Füße gelbrot, Schnabel gelblichrosa. Juv. ohne auffällige weiße Stirn (aber kleiner und brauner als Graugans):
Bleßgans, Anser a. albifrons (Scop.)
Seltenheit, außer im Küstengebiet.

Kleiner als Saat- und Bleßgans. ad. mit weißer Stirn und weißem Scheitel (bis zur Oberkopfmitte!). Füße und kurzer Schnabel matt gelblichrot. Ad. mit schwarzer Bauchbänderung.
Zwerggans, Anser erythropus (L.)
Nicht seltener Durchzügler und Wintergast im NO., sonst selten.

---

[1] Nagel ist die plattige Spitze des Oberschnabels.

[2] Selten gelbrot mit schwarzem Nagel (sog. Ackergans, Anser fabalis var. arvensis). — Einen sehr langgestreckten Schnabel mit rosigorangefarbigem Ring und rosenrote Beine hat die seltene **Suschkingans,** Anser neglectus Suschk., die sonst ganz der Saatgans gleicht.

5. *Enten*, s. S. 154. Hier kommen vor allem in Frage: **Stock-, Knäk-** und **Pfeifente.**

6. Vögel mit der Rumpfgröße von Taube bis Krähe:

Schwarz-weiß. Federschopf! Rel. breite geknickte schwarzgrüne Flügel mit Weiß an der Spitze; „lappiger“ Flug: **Kiebitz** (S. 184)

Braunfleckig; hohe Beine; langer Bogenschnabel. Prächtige Flötenrufe: **Großer Brachvogel** (S. 178)

Ähnlich, etwas kleiner mit hastigerem Flug und hellem Scheitelstreif. Ruf trillernd: **Regenbrachvogel** (S. 178)

Sehr selten.

Rumpf ca. taubengroß; hochbeinig; sehr langer, gerader Schnabel. Weißes Band im dunklen Flügel. Bürzel weiß, Schwanz schwarz. Im Frühling unten rostbraun. Balzruf gjedlö u. ä.: **Schwarzschwänzige Uferschnepfe** (S. 178)

Etwas kleiner; sonst wie vorige, nur kein weißes Flügelband, sondern nur schmale helle Binde. Der weißliche Schwanz ist dunkel gebändert. Im Frühling stark rostrot: **Rostrote Uferschnepfe** (S. 178)

Im Binnenland nur seltener Durchzügler.

7. Stelzvögel mit meist etwas mehr als kopflangem Schnabel und ± hohen Beinen. Schmale Flügel. — **Wasserläufer,** s. S. 172 u. Abb. 12 und **Strandläufer.**

8. Etwa drosselgroße oder kleinere schnepfenartige Vögel mit kurzen Beinen und sehr langem Schnabel (Sichelflügel, helle Rükkenstreifen): *Sumpfschnepfen.*

Etwa *drosselgroß*, Schwanzaußenfedern seitlich nicht weiß. Im Zickzack mit heiserem kähtsch aufgehend: **Bekassine,** Capella g. gallinago (L.)

Häufig, auch als Brutvogel. Ein rhythmisches tiketiketike . . . rührt auch von ihr her, ebenso ein vibrierendes Brummen — im Balzsturzflug.

Etwa *drosselgroß;* Schwanz seitlich weiß. Große Dekken mit weißen Halbmondflecken. Mehr gradlinig abfliegend; meist stumm (am Brutplatz Schnabelklappern): **Doppelschnepfe,** Capella media (Lath.)

Als Brutvogel und Durchzügler selten.

Etwa *lerchengroß;* die hellen Rückenstreifen stechen vom fast schwarzen (mit Metallglanz) Rücken besonders gut ab. Stumm und geradlinig aufgehend; sonst gaukelnder Flug:

Zwergschnepfe, Lymnocryptes minimus (Brünn.)

Sehr vereinzelt Brut-, häufiger Gastvogel.

9. Hühnchenartige Gestalt, nickende Kopfbewegungen und Hochstelzen des kurzen Schwanzes. Mittelhohe Beine (Rallen):

a) *stark drossel- bis rebhuhngroß;*

Schwach rebhuhngroß, *kurzer Schnabel.* ad. mit roter Stirnplatte. Schiefer- bis bräunlichschwarz. Weiße U-Schwanzdecken, die durch Stelzen des Schwanzes sehr auffällig wirken. Weißer Flankenlängsstreif. Schwimmt gern und nickt dabei mit Kopf und zuckt mit Schwanz. juv. dunkelbräunlichgrau; Schwanzzeichnung wie bei ad.:

Teichhuhn (S. 149)

Kleiner als Rebhuhn. *Schnabel über Kopflänge.* Oben dunkelbraun, unten schiefergrau, mit weißschwarzer Flankenbänderung. juv.[1] mit heller Kehle. Nicken und Schwanzschlagen wie oben. Weiße U-Schwanzdecken. Versteckt im Pflanzengewirr; selten schwimmend:

Wasserralle, Rallus a. aquaticus L.

Stimme ferkelartig quiekendes qruiek, hinterher dumpfes Brummen; auch platzendes pit, oft gereiht und mit wrrío gekrönt.

Etwa ebenso groß; kurzschnäblig. Keine weißen U-Schwanzdecken. Rotbraune Flügel. — Mehr im Trockenen: **Wachtelkönig** (S. 103)

[1] pull. kohlschwarz!

b) *reichlich starengroß:*
Kurzer gelbroter Schnabel, grünliche Füße. Düsterbräunlich (Kopf mehr grau) mit weißen Flecken — auch auf der Brust! — und Rückenstreifen. Weißschwarz gebänderte Flanken. — Stimme kip oder quit u. ä.: **Tüpfelsumpfhuhn**
Porzana porzana (L.)
Nicht selten, aber sehr versteckt.

c) *reichlich lerchengroß:*
Grünliche Füße, Brust ungefleckt schiefergrau (♂), gelbbräunlich (♀) oder weißlicher. Weiß-schwarze Flankenbänderung. O-Seite kaum weiß gefleckt: — Stimme quott; tuck tuck ... Reihen:
Kleines Sumpfhuhn, Porzana parva (Scop.)
Sehr versteckt und heimlich.

Fleischfarbene Füße; Brust nicht weiß gefleckt, schiefergrau (ad.) oder graubraun mit dunkler Bänderung (juv.). Weißschwarze Flankenbänderung. Die bräunliche O-Seite weiß gestrichelt:
Zwergsumpfhuhn
Porzana pusilla intermedia (Herm.)
Sehr selten.

10. Kleinvögel:

a) *spitzköpfige Sänger, geschickt kletternd; von vorwiegend bräunlicher Färbung:*

aa) ohne Kopfstreifung.
Etwa starengroß, rostgelblichbraun:
Drosselrohrsänger (S. 129)
Knapp sperlingsgroß, oben einfarbig rostgelblichbraun ohne Olivfarbe; Gesang monoton schnarrend: **Teichrohrsänger** (S. 129)
Ebenso einfarbig, aber mit einem Stich ins Olivfarbige. Gesang sehr abwechslungsreich:
Sumpfrohrsänger (S. 129)

bb) mit Kopfstreifung; Bürzel lederbraun.
Scheitelmitte nicht gelblichweiß, nur weißer

Überaugenstreif sehr markant. O-Seite etwas gefleckt: **Schilfrohrsänger** (S. 130)
Scheitelmitte gelblichweiß, außerdem noch weißer Überaugenstreif; O-Seite gefleckt. Hell rostgelblichgrauer Gesamteindruck (besonders im Frühjahr): **Binsenrohrsänger** (S. 130)
Hier typisch, aber nicht häufig.

cc) ungestreifter Kopf bei Rückenfleckung. Grünlichgraubraun, Keilschwanz. Gesang heuschreckenähnlich schwirrend: **Schwirl** (S. 131)

b) bräunlichgrau; durchschlüpfen das Weidicht: **Grasmücken,** bes. **Dorngrasmücke** (S. 28)

c) klein; grünlichgraubraun, unten heller: **Laubsänger** (S. 24)

d) *spatzenartig. Sitzt gern auf Pflanzenspitze. Schwanzzucken.*
Knapp sperlingsgroß, rostbraun mit markanten schwarzen Streifen. Kopf schwarz, nach unten weiß abgegrenzt: **Rohrammer** ♂ (S. 124)
Etwa ebenso, Kopf markant bräunlich und weiß. Ruf zieh:
Rohrammer ♂ im Herbst, ♀ oder juv. (S. 124)

e) *an der Erde geschickt laufend:*
Schwanz oft gefächert; ruckartige Bewegungen. Der rostbraune Schwanz mit schwarzer Endbinde: **Blaukehlchen** (S. 132)
Grünlichbraun, Schwanz wird im Flug etwas geschleppt: **Schwirl** (S. 131)

f) *sehr langschwänzig, zierlich:*
Ohne Gelb: **Bachstelze** (S. 124)
U-Seite gelb, Rücken grünlich, Bürzel nicht gelb: **Schafstelze** (S. 125)
Sehr langschwänzig, Rücken grau; Bürzel zitronengelb, U-Seite hellgelb oder weißlich: **Bergstelze** (S. 125)

g) auf freiem Gelände achte man noch auf **Pieper,** s. Tabelle S. 126 (grünlichbraun, unten gefleckt), **Ammern** (bes. Grauammer) und **Lerchen**

h) auf Pflanzenspitzen oder Telegraphendrähten. Kurzschwänzig; kleiner als Sperling. Hell rostbraune Kehle; weiß an Flügel und Schwanz: **Braunkehlchen** (S. 100)

i) **Star** (S. 6) oft massenhaft.

B. Charaktervögel der vegetationsreichen feuchten Stellen mit allerlei Gestrüpp, Nesseln, Weidicht, Schilf u. dgl.; an Wassergräben und Kanälen.

1. Schlank; gewandt im Gestrüpp „kriechend"; beim Singen meist ruhig. — Hauptsächlich bräunlich:

a) *Kopf gestreift:*
Dunkel gestreifter Scheitel, schwarzer Augenstreif, weißer Überaugenstreif. Bürzel lederbraun. Gesang teichrohrsängerähnlich, aber einzelne Rufe anhaltender wiederholt; gern Balzflug: **Schilfrohrsänger** (S. 130)

b) *Kopf ungestreift:*
Einfarbig rostgelblichbraun. Gesang monoton und rhythmisch auf- und abgehend. Knapp sperlingsgroß[1]: **Teichrohrsänger** (S. 129)
Ebenso, mit Stich ins Olivfarbige (besonders am Bürzel). Gesang sehr abwechslungsreich: **Sumpfrohrsänger** (S. 129)

2. Schwanz rostbraun mit breiter schwarzer Endbinde: **Blaukehlchen** (S. 132)

3. Dickschnäblig; ca. spatzengroß, Hänflingsgestalt (fast nur im Nordosten!) Kopf und U-Seite rot: **Karmingimpel** ♂ (S. 11)

---

[1] Ähnlich, aber größer mit noch einförmigerem Gesang ist der hier seltenere **Drosselrohrsänger.**

Olivbräunlich, Kehle schwach gestreift:

Karmingimpel ♀ oder juv. (S. 11)

4. Von *Grasmücken* ist am ehesten die **Dorngrasmücke** hier anzutreffen; s. S. 27.
5. Von *Meisen* am häufigsten: **Schwanz-**, **Blau-** und **Weidenmeise.** Sehr selten die **Beutelmeise,** s. S. 128, mit hellgrauem Kopf und gelbbraunem Rücken. ad. mit schwarzem Augenstreif.
6. Von den kleinen grünlichen oder bräunlichen *Laubsängern* bewohnt der **Fitis** am regelmäßigsten das Feuchte.
7. Hauptsächlich rostbraun sind **Sprosser** und **Nachtigall,** die bei genügend dichtem Buschbestand hier zu erwarten sind, s. S. 33.
8. Rohrsängerähnlich, grünlichbraun: **Schwirle** s. o.
9. **Rohrammer** mit weißen Schwanzaußenfedern und braunstreifigem Rücken, ♂ mit schwarzem Kopf und weißem Halsring (S. 124).

IV. Abteilung:

Strand- und Wasservögel im Binnenland und am Meer.

Von einer vergleichenden Besprechung aller hierher gehörenden Arten kann abgesehen werden, da sich diese Vögel ökologisch viel besser trennen lassen als die Landvögel und auch nicht so ungeheuer artenreich sind. Die Vergleichstabellen befinden sich unter den einzelnen Gruppen, bzw. findet man nähere Angaben und den wissenschaftlichen Namen in der Bestimmungstabelle selbst.

13. Gruppe: Vögel auf und unmittelbar an Binnengewässern.

A. Vögel an und auf seichten Teichen, kleinen Seen und in flachen Buchten größerer Binnengewässer (Altströme, Seen usw.) einschließlich der Schilfwaldbewohner.

N. B.: Nicht die Vögel des Schlickufers und der meeresnahen Gewässer!

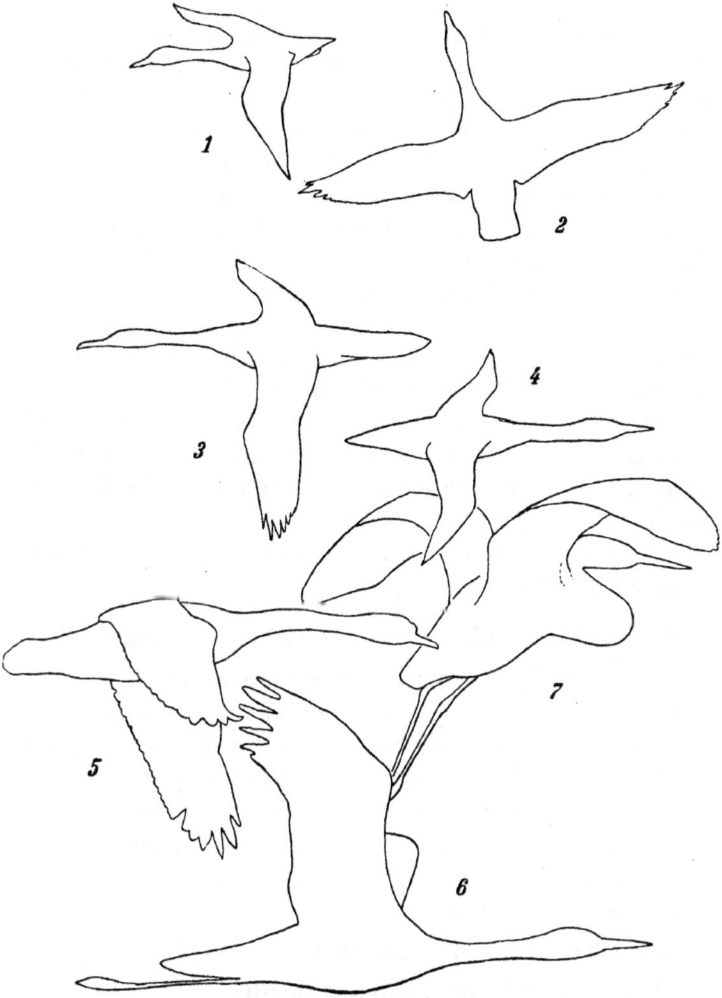

Abb. 4. Flugbildertypen größerer Vögel.
1. Ente. 2. Gans. 3. Kormoran. 4. Seetaucher. 5. Schwan. 6. Kranich 7. Reiher.

An *Brutvögeln* beherbergt wohl jeder einigermaßen vegetationsreiche und freier gelegene[1] Teich: **Bleßhuhn**

[1] Die noch so idyllisch gelegenen Seen und Teiche im Walde

schwarz mit weißer Blesse, entenartig, aber zu den Rallen gehörig; seitlich komprimierter Schnabel), **Stockente** (blauvioletter Spiegel), **Haubentaucher** (langhalsig, unten weiß; Kopfschmuck!) und das etwas verstecktere **Teichhuhn** mit roter Stirnplatte. Im Schilf brüten sicher **Teichrohrsänger** und wohl auch **Drosselrohrsänger,** die mit ihrem ewigen „karre karre kiek" zur Teichstimmung beitragen. **Schwalben** und **Segler,** die über die Wasserfläche jagen, s. S. 35. **Eisvogel** s. S. 223.

Auf und an jedem etwas größeren und schilfreicheren Gewässer findet man noch viele andere Arten, die der Kürze halber leider in tabellarische Übersicht mit B zusammengebracht werden müssen, da sich eine feststehende Grenze zwischen diesen beiden Gruppen nicht ziehen läßt. Arten, die in B vorkommen, können auch in A, wenn auch oft weniger häufig oder fast gar nicht vorkommen. Vögel, die wohl mehr für B charakteristisch sind, tragen hinter dem Namen ein [B].

B. Vögel an, auf und über großen Seen und Haffen.

An Brutvögeln sind die großen Seen oft arm, dafür treiben sich zur Zugzeit wieder recht interessante Arten hier herum. Das reichste Vogelleben herrscht in den Buchten [A]. Tauchende Arten, wie Lappen- und Seetaucher, ferner Tauchenten und Säger ziehen größere Seen kleineren, seichten Gewässern vor. Möwenartige lassen sich auf jenen häufiger sehen, wenn sie auch im Bewuchs kleinerer Teiche brüten.

Bestimmungsübersicht für die 13. Gruppe.

— Kleinvögel[1] (Singvögel) im Schilf:	**A**
an Halmen:	**a** S. 148
am Boden:	**b** S. 149

oder solche, die mit Entengrün (Lemna) bewachsen sind, sind ornithologisch die ärmsten!

[1] Vgl. aber auch Gruppe 14, da sich manche Schnepfenvögel (z. B. Bekassine) im Schilf aufhalten.

— Hühnchenartig aussehende Bodenläufer (Schwanzkippen!), an vegetationsreichen Stellen, im Schilfdickicht (Rallen) oder entenförmig und dann mit weißer Stirn: **B** S. 149

— ± Entenähnlich gestaltete Schwimmvögel im Schilf oder auf der freien Wasserfläche schwimmend (vgl. Abb. 9!): **C**

— ± tief eingesenkt, Schwanz nicht zu sehen; wenn entengroß oder größer: rel. langer, spitziger Schnabel; wenn sehr klein: kürzerer spitziger Schnabel (Taucher): **a** S. 149

— Schwanz fast stets zu sehen, auch wenn er fast im Wasser liegt; Schnabel nicht viel länger oder knapp so lang wie Kopf (Enten u. ä.): **b** S. 153

— Beim Schwimmen liegt der Rumpf nicht sehr tief im Wasser, gern Kopfnicken oder Schwanzkippen; Schnabel nicht platt s. Abb. 7, 1, nicht länger als Kopf. Stirn oft weiß oder rot: **c** S. 163

— Großer, ± dunkler Schwimmvogel, tief im Wasser liegend; Blick schräg nach oben. Im Sitzen auf Baum: langgestreckt, mehr senkrecht. Im Fliegen: fast kreuzförmig; rel. langer Schwanz. (Scharben) (vgl. Abb. 4, 3 u. 9, 1): **D** S. 163

— Gänse: **E** S. 164

— Schwäne (weiß, keine schwarzen Flügelspitzen): **F** S. 164

— Langschnäbelige, reiherartige Vögel im Röhricht. Flug raubvogelartig: **G** S. 165

— Möwenartige Vögel: **H** S. 167

— Raubvögel: **I** S. 167

A. a)

1. *Sperlingsartig;* streifig braun. Kopf markant bräunlich und weiß gezeichnet oder z. T. ganz schwarz mit weißen Halsseiten (♂ Frühjahr). Weiße Schwanzaußenfedern. Zuckt mit Schwanz und sitzt gern auf Spitzen. Ruft zieh: **Rohrammer** (S. 124)
2. *Sänger; hauptsächlich braun. Geschickt an Rohrhalmen kletternd, spitziger Kopf: Rohrsänger*[1]*:*
Oben ungefleckt, etwa starengroß. Rostig-gelblichbraun. Gesang karre karre kiek usw.: **Drosselrohrsänger** (S. 129)
Oben ungefleckt, etwa sperlingsgroß. Rostiggelblichbraun. Gesang ähnlich vorigem, aber mehr Abwechslung und kleinere Intervalle: **Teichrohrsänger**[2] (S. 129)
Oben undeutlich gefleckt, weißer Überaugenstrich, dunkler Augenstreif. Scheitel auf bräunlichem Grund, dunkel gestreift. Bürzel lederbraun. Gesang ähnlich dem des Teichrohrsängers, aber weniger rhythmisch: **Schilfrohrsänger** (S. 130)
Oben längsgefleckt, Gesamtton meist gelblichgrauer, Kopfstreifen wie voriger, aber Scheitelmittenstreif gelblichweiß gegen schwarz abgesetzt. (Nicht häufig!) **Binsenrohrsänger** (S. 130)
Nicht gefleckt. Vogel weniger gelblichrostgrau als dunkelrötlichgrau. Schwanz recht keilförmig. Gesang sörrrr u. ä.; tiefer als Heuschrecke und abgesetzt: **Nachtigallschwirl** (S. 131)
Nur lokal brütend.
3. *Zimtbraun; sehr langer Schwanz. Turner.*
♂ mit schwarzem Bartstreif; grauer Kopf (sehr selten!) **Bartmeise** (S. 128)

[1] Nest zwischen wenigen Halmen, kunstvoll eingewebt, hängend.

[2] Der sehr ähnliche, mehr ins Olivbraune spielende Sumpfrohrsänger ist selten im Schilf. Er liebt Nesselgewirr, Weiden und Getreide.

4 Oft in ungeheuren Massen ins Schilf einfallend (abends) oder vom Nächtigungsplatz aufbrausend: **Star** (S. 6)

(Auch *Schwalben* und *Bachstelzen* nächtigen gemeinsam im Rohr!)

b) Besonders **Blaukehlchen** auf dem Durchzug vgl. S. 132. *Wiesen*- und *Wasserpieper*, **Rohrammer, Schwirle** usw.

B.

Etwa rebhuhngroß; schwärzlich mit weißem Körperseitenstreif und mit roter Stirnplatte (ad.). Die juv. sind düsterbräunlichgrau ohne rot, es bleibt aber das Schwanzmerkmal (hochgestelzt, unten weiß!) und der rel. kurze Schnabel. Beim Schwimmen Kopfnicken und Schwanzkippen. Ruft kürk u.ä.: **Teichhuhn** Gallinula ch. chloropus (L.)

Im vegetationsreichen Teich sehr häufig.

Schwach entengroß, schwarzgrau, ad. mit weißer Stirn. „Kröck", „Kjau" und platzendes „pssi": **Bleßhuhn** (S. 163)

Zwischen Wachtel- und Rebhuhngröße; rel. langer (± roter) Schnabel. Unten dunkelschiefergrau; Bauchseiten schwarz-weiß gebändert; oben düsterbräunlich ohne weiße Fleckung: **Wasserralle** (S. 140)

Etwa wachtel- oder starengroß. Kurzer Schnabel. Oben weißstreifig, unten weiß getüpfelt auf bräunlichem und grauem Grund: **Tüpfelsumpfhuhn** (S. 141)

Etwas kleiner: **Kleines** und **Zwergsumpfhuhn** s. S. 141

[Ungefähr ebenso klein; kohlschwarz, daunig: Dunenjunges der *Wasserralle*. — Die schwarzen Dunenkinder des *Bleßhuhns* haben eine rote Stirn.]

C.

a) Taucher.

Kleiner oder so groß wie Stockente. Außer dem sehr kleinen Zwergtaucher mit weißem Flügelspiegel. Oft Kopfputz: 1

Mindestens reichlich stockentengroß. Kein Flügelspiegel, kein Kopfputz: 2

[Ebenso groß; großer Flügelspiegel; ± schopfiger Kopf fast einfarbig und wie Oberhals gefärbt (vgl. 1): keine Taucher, sondern Säger s. S. 156 u. 162]

1. *Steißfüße* (*Lappentaucher*) vgl. Abb. $9_{3,4,5}$.

Etwa stockentengroß, Rücken ungefleckt schwärzlich graubraun. Schnabelwurzel nicht gelb, sondern ganzer Schnabel ± rot. Weißer Vorderhals. Im Frühling haben die ad. schwarzen Schopf, weiße Augengegend und rostbraun und schwarzen Backenbart. ad. im Herbstkleid mit undeutlicherem Kopfschmuck; weiße Wange gegen die weiße Halsseite durch rostfarbigen Streifen schwach abgesetzt. juv. mit angedeuteten Federohren und dunklen Streifen auf den weißen Kopfseiten. Im Flug (schnurrend, langer Hals vorgestreckt, Beine als Steuer) weiße Flügelschilde auffällig. Rufen arrr und örrr, keckeckeck usw.; Junge piepen: bilíbillí u. ä.: **Haubentaucher**

Podiceps c. cristatus (L.)

Überall häufig.

Etwa nur bleßhuhngroß. Schnabelwurzel gelb. Im Frühjahr rostroter Vorderhals, weißlichgraue Wangen (kein großer Backenbart!), schwarze „Hörner". Herbst und juv.: unten weiß, am Hals rostig überhaucht; juv. an den Kopfseiten ± gestreift. Ruf: keck keck und wieherndes Brüllen: **Rothalstaucher**

Podiceps g. griseigena (Bodd.)

Lokal seltener. Sonst z. T. recht häufig.

Sehr knapp bleßhuhngroß. Von hinten sehr breit erscheinend. Der einfarbige Schnabel erscheint etwas aufgebogen. Im Herbst und juv. (vgl. Abb. 5) weißer Vorderhals, Oberseite schwärzlich, im Frühlingskleid schwarzer Vorderhals, rostgelbes Ohrbüschel und rostbraune Brust- und Bauchseiten. Ruft fü^{dít} oder tjrü^{bí} u. ä.: **Schwarzhalstaucher**

Podiceps n. nigricollis Brehm.

In Mittel-, Ost- und Südostdeutschland

recht häufig; in Nord- und Westdeutschland seltener bzw. fehlend. — Koloniebrüter.

Ebenso groß und ebensolche Gestalt. Schnabel nicht aufgeworfen, an der Spitze und Basis hell. Im Herbst- und Jugendkleid sonst dem vorigen sehr ähnlich, aber vgl. Kopfzeichnung s. Abb. 5. Das selten zu sehende Frühjahrskleid: Vorderhals rostrot, Kopf aber schwarz („Bubenkopfschnitt") mit gelbrötlichem Ohrbüschel. Ruft djyau oder trillert: **Horntaucher**

Podiceps auritus (L.) [B]

Als Wintergast nicht sehr selten, auch im Binnenland erscheinend.

Abb. 5. Köpfe vom Horntaucher (1) und Schwarzhalstaucher (2) im Winterkleid (in Anlehnung an eine Zeichnung von H. Sick).
1. Beachte den bunten, gestreckten Schnabel, die schwarzweiße (kontrastreiche) Zeichnung am Hinterkopf. 2. Aufgeworfener Schnabel, weniger kontrastreiche Zeichnung und kein auffälliger Einschnitt am Hinterkopf.

Viel kleiner (etwa wie Entenkücken[1]). Der kurze Schnabel im Frühjahr an Spitze und Basis hell. Vorderhals nie rein weiß, sondern rostgelblich (Herbst und juv.) oder (Frühling) kastanienbraun. Oberkopf schwarz oder dunkelbräunlich, ebenso die O-Seite. Nie so kontrastreich schwarz-weiß wie Schwarzhalstaucher. Keine Flügelbinde. Gern versteckt und viel

i

unter Wasser. Trillert bjrrrrrrrb; die Jungen trillern glockenrein: **Zwergtaucher**

Podiceps r. ruficollis (Pall.)

Außer in Ostpreußen überall einer der häufigsten Taucher, auch in ganz kleinen Teichen.

[1] Die Größe täuscht auf die Entfernung sehr; manchmal viel größer erscheinend.

2. *Seetaucher*[1].

Sehr reichlich stockentengroß. Schnabel sehr gerade, fast aufgeworfen erscheinend. Im Schwimmen ist der Hals meist S-förmig gebogen, und der Kopf wird schräg nach oben gehalten. U-Seite bei ad. Winter weiß, juv. mit (rötlich) grauem Gurgelband und grauen Halsseiten (weiße Kehle). O-Seite dunkel, mit vielen spitzigen weißen Flecken übersäet (die aber in der Ferne mit der Rückenfarbe zu Grau verschmelzen). Prachtkleid: grauer Kopf mit schwarzweißen Längsstreifen und braunroter Gurgel:

Sterntaucher, **Nord-Seetaucher,**
Colymbus stellatus Pont. [B.]

Ziemlich seltener Gast im Binnenland (auf den Haffen häufiger).

Etwas größer. Schnabel „normal". Im Schwimmen erscheint der ziemlich dicke Hals meist gerade. U-Seite weiß oder am Hals gefleckt (Übergang!). Oben sehr dunkel, mit wenigen weißen Fensterflecken (Übergangskleid!) oder rundlichen Tropfen (Winter) oder schwach hell gerandet bis „marmoriert" (juv.). Im Prachtkleid mit schwarzem Vorderhals und schwarz-weißen Halsseitenstreifen; aschgrauer Oberkopf. Rücken mit weißer Gitterzeichnung:

Prachttaucher, **Polarseetaucher**
Colymbus a. arcticus (L.) [B]

Unregelmäßig auch als Gast im Binnenland erscheinend. Brütet aber schon in Westpreußen, Pommern u. Brandenburg. — (Gänsegroß: **Eisseetaucher,** Irrgast im Binnenland.)

[Ganz und gar entenähnlich, aber (längerer) nicht flacher Schnabel. Schwarz-weiß oder grau mit rot-

---

[1] Keine Schwimmlappen, sondern Schwimmhäute. Schwanzfedern nicht nur „Pinsel" wie bei Lappentauchern. Flugbild: dünner, durchgedrückter Hals, schmale schwirrende Flügel. Kurzer Schwanz (vgl. Abb. 4,4 und 9,8).

braunem Kopf. Weiß im Flügel. Fliegen entenartig: *Säger* s. b.
Fast ganz schwarz oder mit heller U-Seiten-Mitte. Kopf schräg nach oben gehalten. Hals gestreckt; knapp gänsegroß. Rel. langer Schwanz beim Flug sichtbar: **Kormoran** s. D.]

b) Entenähnliche (Abb. 6, 7, 8, 9).

I. Erpel[1] *im Prachtkleid.*

— Größtenteils schwarz: 1
— Schwarz und weiß in fast gleicher Verteilung (ohne Rostfarbe): 2

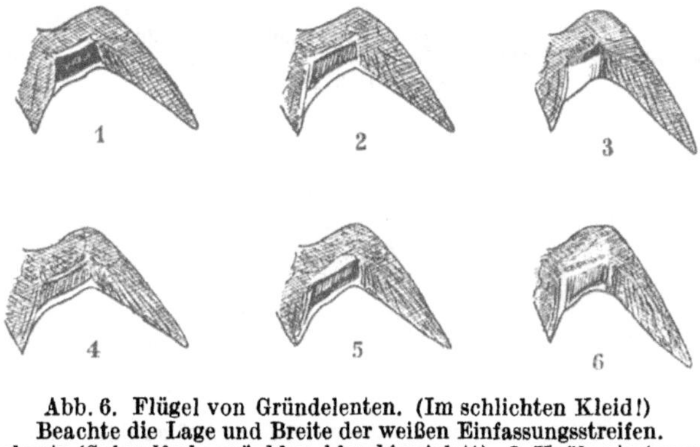

Abb. 6. Flügel von Gründelenten. (Im schlichten Kleid!) Beachte die Lage und Breite der weißen Einfassungsstreifen. 1. Stockente (Spiegelfarbe grünblau, blau bis violett). 2. Knäkente (unauffällig grünlich). 3. Schnatterente (vor dem Weiß schwarz und rotbraun). 4. Spießente (unscheinbar bronzegrün bis bräunlich). 5. Krickente (grün). 6. Pfeifente (unscheinbar grün; Männchen mit mehr weiß an den Vorderflügeldecken!).

— Mit intensiv braunem bis rostrotem Kopf: 3
— Mit zart grauen und bräunlichen Tönungen, ohne rostbraunen oder schwarzgrünen Kopf: 4

[1] Im Frühjahr treten die schlichten ♀♀ ganz hinter den Erpeln (♂ und ♀ halten eng zusammen!) zurück. Das Prachtkleid wird von den meisten Arten etwa von Oktober bis zum Mai getragen. — Im Sommer legen die ♂♂ dann ein weibchenähnliches Kleid an, bei dem jedoch die Flügelfärbung ± bleibt.

— Aschgrau mit dunklem Kopf; ± auffälliger Flügelspiegel: 5
— Dunkler Kopf, weiße Brust, rotbrauner Bauch: 6

Abb. 7. Entenprofile im Vergleich zum Bleßhuhn.
1. Bleßhuhn. 2. Tafelente. 3. Reiherente. 4. Eiderente. 5. Eisente (ähnlich Kragenente). 6. Löffelente

Abb. 8. Kopf von Mittel- (a) und Gänsesäger (b). (Schlichte Kleider.)

1. Mit weißer Stirn. Kopfnicken:
Bleßhuhn (S. 163 u. Abb. 7,$_1$) [1]
Kleiner; mit roter Stirnplatte und weißem U-Schwanz. Schwanzkippen und Kopfnicken: **Teichhuhn** (S. 149) [1]
Tief eingesenkt — große Tauchente [2] —, immerhin wird der spitzige Schwanz öfters sichtbar. Ganz

[1] Keine Ente, sondern Ralle! ♂=♀.
[2] Tauchenten liegen oft tief eingesenkt und suchen ihre Nahrung tauchend; Gründelenten liegen höher und gründeln meist; tauchen selten (vgl. Abb. 9, 6 u. 7)!

schwarz und am Oberschnabel rot, an der Wurzel dieses ± deutlicher Stirnknollen. Füße dunkelgrünlich: **Trauerente**

Oidemia n. nigra (L.) [B]

Im Binnenland eine Seltenheit.

Große Tauchente. — Weißer Augenfleck. Der weiße Spiegel oft nur im Flug zu sehen. Schnabel meist rotgelb, Stirnknollen unauffällig; Füße orangerot: **Samtente**

Oidemia f. fusca (L.) [B]

Unregelmäßiger Durchzügler im Binnenland.

2. Schopf! Bauch und Seiten (Tragfedern[1]) weiß. Rückenfarbe (wenn durch Tragfedern verdeckt, oft nur schmal) schwarz; weißer Spiegel. — Tauchente: **Reiherente**

Nyroca fuligula (L.)

Besonders in Nordostdeutschland. Auf dem Durchzug überall.

Kein Schopf! Schwarz sind Kopf, Brust und After. Mittelpartie weiß; Mittelrücken hell; weißer Spiegel. Tauchente: **Bergente**

Nyroca m. marila (L.) [B]

Auf den Haffen und großen Seen häufiger Wintergast und Durchzügler; weiter im Binnenland (westlich!) seltener erscheinend.

Weiß; Rücken schwarz. Im rundlichen schwarzgrünen Kopf ein weißer Fleck zwischen Schnabel und Auge. Mittelflügel weiß. — Tauchente: **Schellente**

Bucephala c. clangula (L.)

Brütet in Nord-, Ost- und Mitteldeutschland in Baumhöhlen. (Auf dem Durchzug evtl. Winter) überall häufig.

Weit über Stockentengröße, roter gestreckter Schnabel. Schwarz sind: Rücken, Kopf (grün schillernd!) und z. T. Flügel. Weiß: der große Spiegel, der Hals

[1] Die Tragfedern können oft den Flügel ganz verdecken und werden im Schwimmen von den Bauchseiten aus hochgeschlagen.

und die rosig überhauchte U-Seite. Taucht gern. Fliegt entenartig; erinnert aber etwas an Taucher; im Schwimmen „länglicher“ als Ente: **Gr. (Gänse-)Säger**

Mergus m. merganser L. [B]

In Nord- und Ostdeutschland Brutvogel; gelegentlich auch anderswo. Auf dem Durchzug regelmäßig auf größeren Wasserflächen.

Nur ca. stockentengroß, buschiger Kopf schwarz glänzend. Hals weiß. Kropf braun. Sonst ähnlich dem vorigen, nur etwas längerer Schnabel und Doppelspiegel: **Mittel(Zopf-)säger**

Mergus serrator L. [B]

Gelegentlich nicht seltener Brutvogel. Sonst aber im Binnenland auf dem Durchzug nicht häufig.

Nur bleßhuhngroß; mehr weiß als schwarz. Schwarze „Brille“, schwarzer Hinterkopfstreif. Schwimmt höher als die anderen Säger: **Zwergsäger**

Mergus albellus L. [B]

Auf dem Durchzug und als Wintergast auf größeren Seen. Gern bei Schellenten.

Dunkler Ohr- und Halsseitenfleck. Weiße Vorder-, schwarze Unterbrust; sehr viel Weiß auf O-Seite; Schwanzspieß! Schwarze spiegellose Flügel. — Tauchente: **Eisente**

Clangula hyemalis (L.) [B]

Auf den Haffen regelmäßiger Durchzügler und Wintergast. Weiter im Binnenland sehr selten erscheinend.

Über stockentengroß, weiß. Schwarzer Augenstreif. Bauch und Flügel z. T. schwarz. Profil (Abb. $7,_4$)! Grüne Ohrdecken. — Tauchente: **Eiderente**

Somateria m. molissima (L.) [B]

Im Binnenland große Seltenheit.

[Dunkel rostbraun bis schwarzbraun, weißer Flügelspiegel: **Moorente**

Dunkler Kopf, weiß: der lange Hals und die U-Seite. Schwanzspieß. Grauer Rücken: **Spießente**]

3. Brust schwarz, Aftergegend schwarz, Mittelpartie sehr hell. Kein auffälliger Spiegel. — Tauchente:

Tafelente

Nyroca f. ferina (L.)

Wo nicht zu seichtes Wasser, überall[1], zu mindest auf dem Durchzug sehr häufig.

Brust dunkel rostfarbig, Rücken sehr dunkel. Tragfedern rostbräunlich. Spiegel, Steiß und Iris weiß. Kleiner als vorige. — Tauchente: **Moorente**

Nyroca n. nyroca (L.)

Besonders in Nordostdeutschland brütend, anderswo seltener. Auf dem Durchzug überall, wenn auch nie sehr häufig.

Brust hell zimtfarben, Vorderflügeldecken weiß, ebenso Stirn. U-Schwanzdecken schwarz, bauchwärts mit weißem Fleck; sonst zart grau. — Gründelente:

Pfeifente

Anas penelope L.

In Nord- und Ostdeutschland vereinzelt Brutvogel. Als Durchzügler (Wintergast) überall häufig auftretend. Pfeift wibü.

Klein; Brust hell. Spiegel nach weißem Streif grün; grüner Schläfenstreif; ruft halb pfeifend grlühk. Die gelbbraunen (Gegensatz zu Pfeifente!) U-Schwanzdecken nach dem Bauch zu schwarz abgesetzt. — Gründelente: **Krickente**

Anas c. crecca L.

Nicht überall häufiger Brutvogel. Auf dem Durchzug wohl eine der gewöhnlichsten Enten.

[Weißer Bogenstreif am Kopf, Brust so dunkel wie Kopf, Oberflügel aschgrau: **Knäkente**]

Reichlich stockentengroß, Kopf fuchsrot mit hellem Scheitel. Schnabel rot. Schwarze Brust und Bauchmitte. Vorderrücken und Spiegel weiß (sonst an Tafelente erinnernd; weiße Tragfedern aber deutlich

[1] Außer im Westen.

mit dem grauen Rücken kontrastierend). Gründelt mitunter! — Tauchente: **Kolbenente**

Netta rufina (Pall.)

Nur sehr lokal brütend (Lewitz, Bodensee usw.). Auf dem Durchzug äußerst selten, da südlich von uns beheimatet.

4. Klein; weißer Bogenstreif am Kopf. Aschgraue Oberflügel. Dunkler (unauffälliger) weiß gefaßter Spiegel. — Gründelente: **Knäkente**

Anas querquedula L.

Außer in den höheren Lagen wohl überall nächst der Stockente die gemeinste Art; auf dem Durchzug häufig. Die ♂♂ haben einen eigentümlich klappernden Balzlaut (glrrb).

Aftergegend schwarz; vor dem weißen Flügelspiegel schwarzes und rotbraunes Feld. Sonst grau und bräunlich — Gründelente: **Mittel(Schnatter-)ente**

Anas strepera L.

Nicht überall brütend, hauptsächlich in Mitteldeutschland. Auf dem Zug auch anderswo nicht selten.

Weißer, langer Hals (das Weiß zieht sich in dünnem Streif in den Hinterkopf). Dunkler Kopf. Schwanzspieß. Dunkler (grünlicher) Spiegel unauffällig; — Gründelente: **Spießente**

Anas a. acuta L.

Vereinzelt fast überall brütend. Auf dem Durchzug aber überall recht häufig.

[Klein; wenn grüner Spiegel schlecht beleuchtet, fällt nur der vordere weiße Einfassungsstreif auf; rostbrauner Kopf: **Krickente**

5. Weißer Halsring trennt den dunkelgrünen Kopf von der dunkelbraunen Brust. Spiegel blau bis violett, weiß gefaßt. — Gründelente: **Stock(März)ente**

Anas p. platyrhyncha L.

Die häufigste Ente.

Dunkler Kopf, z. T. weißer, langer Hals. — Schwanzspieß. Kein dunkler Rücken und kein farbenprächtiger Spiegel. — Gründelente: **Spießente** (s. o.)

[Klein, weißer Bogenstreif am Kopf: **Knäkente**

Klein, rostbrauner Kopf; grüner Spiegel: **Krickente**
Bräunlichgrau, weißer Spiegel: **Mittelente**]

6. Großer löffelartiger Schnabel, aschblaue O-Flügeldecken, weiße Schultern. — Gründelente:
Löffelente
Spatula clypeata (L.)
Als Brutvogel nicht sehr zahlreich. Auf dem Durchzug überall recht häufig auftretend.

Größer als Stockente. Zimtbraunes breites Band über der Brust greift auf Rücken über. Schwarz-weiße Flügel; weißer U-Rücken: **Brandgans** ad. (s. S. 203)
Sehr selten im Binnenland (♂ fast wie ♀).

Anschließend sei die nur ausnahmsweise auftretende, nordische **Kragenente,** Histrionicus h. histrionicus (L.) erwähnt. Knapp reiherentengroß, recht kurzschnäblig. Äußerst bunt gescheckt: weißes Dreieck zwischen Schnabel und Auge, weißer Oberfleck, weißes Halsband, weißes Brust- und Schulterfeld. Sonst sehr dunkel bleigrau mit rostroten Flanken.

II. Enten und Entenähnliche im schlichten Kleid[1].

— Nicht entenbraun[2], sondern in der Hauptsache sehr dunkelbräunlich, schwarz oder schwarzgrau mit etwas weiß. Kein weißer Spiegel: 1
— Von der bräunlichen bis grauen Gesamtfarbe hebt sich die mehr rostbräunliche Kopffärbung etwas ab; kein weißer Spiegel: 2
— In der Hauptsache schlicht entenbraun[2] oder hellbräunlich mit hellen Wangen: 3
— Grau mit dunklerem (rostbraunerem) vom helleren Unterhals abgesetzten Kopf und mit viel Weiß im Flügel: 4
— Dunkelbräunlich (Kopf oft brauner!) oder schwärzlich mit weißem Spiegel: 5

[1] D. h. (Sommer-), Herbst- und Jugendkleider der ♂♂ und die ♀♀. Beachte die Spiegel-Abbildung 6.

[2] Bezieht sich auf das bräunliche, mit dunklen Federmitten gezeichnete Kleid der meisten Gründelenten ♀♀ (z. B. wie Stockenten ♀).

— Dunkel mit viel Weiß am Hals und Kopf (und U-Seite); kein Spiegel: 6

N. B. Vorkommensbemerkungen u. dgl. s. I.

1. Kopf- und Halsseiten weißlich graubraun, z. T. (bes. juv.) auch am Bauch hell. Kopfkappe wie O-Seite düster braungrau bis bräunlichschwarz. Ca. stockentengroß. — Tauchente: **Trauerente**

Kleiner; U-Seite etwas heller, bes. der Vorderhals fast weiß; schwimmt hoch und mit Kopfnicken, nicht tief im Wasser liegend (Ralle!), so daß Schwanz zu sehen. Weiß an der Stirn. Kein Entenschnabel, nicht platt, sondern „normal", First sehr schwach gebogen (Abb. 7, $_1$): **Bleßhuhn** juv.

2. Gesamtton rostiggraubraun, Spiegel sehr undeutlich. ♂ mit schwärzlicher Brust: **Tafelente**

Weißer Fleck vor (und hinter) dem Auge, Rücken heller als Kopf; weißer Spiegel oft verdeckt: **Bergente**

3. Rel. groß; der blaue bis violette Spiegel weiß gefaßt.— Gründelente: **Stockente**

Schlanker; weißer Spiegel. (Nicht Vorderflügel weiß!) Heller Vorderhals, kein weißer Fleck am Kopf. ♂: Flügel ähnlich wie im Prachtkleid, auch schwarze U-Schwanzdecken. — Gründelente: **Mittel(Schnatter)ente**

Sehr klein; grüner Spiegel vorn breit weiß gefaßt. Unterflügel nicht deutlich schwarzweiß gezeichnet: **Krickente**

Sehr klein; dunkler (grünlicher, unauffälliger) Spiegel vorn und hinten fast gleichmäßig (rel. schmal) weiß gefaßt. Heller Überaugenstrich. Unterflügeldecken sehr dunkel gegen die unten hellen Schwingen abstechend. — Gründelente: **Knäkente**

Fast stockentengroß, unauffälliger Spiegel, Vorderflügel mehr (♂) oder weniger (♀) blaugrau; Seiten grob gefleckt; großer Löffelschnabel. — Gründelente: **Löffelente** (Abb. 7, $_6$)

Etwa stockentengroß, mehr lederbräunlich, U-Seite nicht sehr grob gefleckt. Lang- und dünnhalsig; etwas spitzschwänzig. Weißer Einfassungsstreif des Spiegels am Hinterrand des ausgebreiteten Flügels. — Gründelente: **Spießente**

O-Seite recht düster. Der weiße Bauch (besonders im Flug sichtbar) wird scharf vom dunkelrostgelblichbraunen Kropf und den ebenso gefärbten Seiten hervorgehoben. Vom unauffälligen Spiegel, der hell eingefaßt ist, geht den Armschwingen entlang (nach hinten, beim fliegenden Vogel) ein weißer Streif. Die ♂♂ haben ± weiße Vorderflügel und rostbräunlichen Kopf. — Etwas hochstirnig und kurzschnäblig. — Gründelente: **Pfeifente**

Über Stockentengröße, oft recht dunkel. Der Schnabel scheint in die Stirn ohne Absatz überzugehen. Die dunklen ♂♂ haben noch ± weiß im Flügel (oder auch auf den Schultern) und ± schwarzen Bauch. — Tauchente: **Eiderente** (vgl. Abb. 7, 4)

Gut stockentengroß. Vom dunkelbräunlichen Kopf und Hinterhals stechen die hellen Wangen ab. Spiegel weiß (vgl. Trauerente); Rücken rehbräunlich; Schnabel vorn etwas hakig. (Gründelt auch!) — Tauchente: **Kolbenente**

Große Seltenheit!

4. Knapp stockentengroß, geteilter weißer Spiegel (♂ mit z. T. weiß scheckigem Oberflügel). Ganzer Kopf inkl. Kehle dunkelbraun; Vorderhals ± weiß. Kopf zwar dick, aber nicht schopfig. — Tauchente: **Schellente**

Etwas kleiner; weiß eingefaßter schwarzer Spiegel. O-Flügeldecken ± weiß. Der rostbräunliche Kopf mit dunkler Augengegend und weißem Kinn. Nicht platter Schnabel: **Zwergsäger**

Reichlich stockentengroß; ziemlich langhalsig, tief im Wasser liegend. Schnabel rel. lang; rot. Kopf rostbräunlich mit Doppelschopf. Das Braun des Kopfes und Oberhalses nicht scharf gegen den Unterhals abgesetzt. Kopfform vgl. Abb. 8a. Weißer Flügelschild mit scharfem Teilstrich: **Mittelsäger** (vgl. Abb. 9, 2)

Noch größer, aber wie voriger gefärbt. Das Rostbraun des Kopfes und Oberhalses vom weiß gemischten Vorderhals abgesetzt. Kopf und Schnabel vgl. Abb. 8b. Der weiße Flügelschild ohne deutliche Teilung:
Gänsesäger (vgl. Abb. 9, 2)

Ca. stockentengroß. Aufgeworfener Schnabel. Weiße Wangen und Kehle. Dunkler Kopf und Hals scharf vom weißen Kropf abgesetzt. U-Seite, U-Rücken und Vorderflügel weiß. Flug gänseartig:
Brandgans juv. (S. 203) (sehr selten hier!)

5. Dunkel rostigschwarzbraun; kein Schopfansatz und nichts Weißes am Kopf. ♂ mit weißen U-Schwanzdecken. — Tauchente: **Moorente**

Tragfedern hell bräunlich; Kopf mit Schopfansatz. Oft ein kleiner heller Fleck am Vorderkopf. — Tauchente: **Reiherente** (vgl. Abb. 7, 3)

Kopf nicht schopfig; O-Seite etwas heller als Kopf. Großer weißer Fleck um die Schnabelwurzel und meist ein kleiner in der Ohrgegend (nur beim ♀ ad. sehr auffällig). — Tauchente: **Bergente**

Sehr düster, auch Bauch nicht reinweiß, Rücken so dunkel wie Kopf. — Oft weißer Fleck in der Augengegend (♂ ad. Sommerkleid) oder ein weißer vor und ein grober heller hinter dem Auge (♀ und juv.), ± deutlich ausgebildet. Brust und Seiten sehr dunkel rostbräunlich. Liegt tief im Wasser, gut stockentengroß. — Tauchente: **Samtente**[1]

[1] Ähnlich, aber kleiner und kurzschnäbliger ist die sehr seltene **Kragenente,** die (wie die auch sonst ähnliche Eisente, welche aber weißer ist) keinen weißen Flügelspiegel besitzt.

[Sehr klein, das Weiß im Flügel nicht am Hinterrand (fliegend), sondern in der Mitte: **Krickente**
wenn der grüne Spiegel bei schlechter Beleuchtung nicht zu sehen ist]

[Scharf begrenzte helle Wangen; hellbräunlich, weißer Spiegel: **Kolbenente**]

6. Schwimmt hoch, kopfnickend: **Bleßhuhn**
Dunkle Kopfkappe von hellen Wangen abgesetzt. Große Tauchente: **Trauerente**
Großer dunkler Seitenfleck am weißen Kopf und Hals. Dunkelgraubraunes breites Brustband. Schulterfedern heller vom Rücken und Flügel abstechend und beim ♀ ad. stark rostfarbig gekantet. Das Sommerkleid der ♂♂ ad. ist bis auf den weißen Bauch sehr dunkel schokoladenbraun (Schultern rostbraun) und durch die langen Schwanzspieße gekennzeichnet. — Tauchente: **Eisente** (vgl. Abb. 7, 5)

c) Rallen.

Fast entengroß, schieferschwarz mit weißer Stirn- und Schnabelfarbe; bellende Kröw-Rufe, Kjau, scharfes psi:
Bleßhuhn, Fulica a. atra L. (S. 149)

Ebenso, aber grauschwärzlich mit schmutzig weißer U-Seite und hellem Schnabel. Helle Kopfstreifen. Kopfnicken. Gedehntes fjüiek: **Bleßhuhn** juv. (S. 160)

Kleiner; etwa rebhuhngroß. Kopfnicken. Schwanz oft steil nach oben kippend. Schieferschwarz mit bräunlichem Rücken. Rote Stirnplatte. Schwarz-weißer U-Schwanz; weiße Flankenzeichnung. „kjürrk“:
Teichhuhn ad. (S. 149)

Ebenso groß und dieselben Bewegungen. Düsterbräunlichgrau. Weißer U-Schwanz. U-Seite (besonders Kehle) heller: **Teichhuhn** juv. (S. 149)

D.

ad. schwarz mit grünblauem Glanz. Schnabel etwas hakig. Weiße Wangen. juv. nicht glänzend, unten etwas

schmutzig weiß: **Kormoran** vgl. Abb. 4,$_3$ u. 9,$_1$ (S. 46)
Phalacrocorax carbo subsp. [B]

Unregelmäßiger Durchzügler. Die Form sinensis (Shaw & Nodd.) brütet in einzelnen Kolonien an der Ostseeküste. — Man achte auch auf die kleinere **Krähenscharbe** (S. 207) und die nur taubengroße **Zwergscharbe,** Phalacrocorax pygmaeus (Pall.): Kurzer Schnabel; schwärzlich oder bräunlich; sehr seltener Gast aus dem Südosten.

E.

Wie „wildfarbene" Hausgans, aber schlanker. Kaum im Winter. Schnabel einfarbig rotgelb mit hellem Nagel. Füße fleischrosa; Flügeldecken silbergrau:
Graugans (S. 138)

An Seen, besonders Norddeutschlands, nicht seltener Brutvogel. Auf dem Zug auch anderswo.

Etwas kleiner und bräunlicher, Schnabel schwarz mit breitem rotgelben Mittelband (oder rotgelb mit schwarzem Nagel = „Ackergans"); auch im Winter:
Saatgans (fälschlich Schneegans) (S. 138)

Regelmäßig auf dem Durchzug.

Viel seltener andere Gänse. Siehe S. 138. Zuweilen verirren sich die entenähnlichen stark rostfarbigen *Rostgänse* und die rothalsigen, weißwangigen *Rothalsgänse* zu uns.

Vorsicht: oft entwichene Zoo-Vögel!

F.

An der Wurzel des roten Schnabels ein schwarzer Höcker. Hals meist S-förmig gebogen; Flügel oft gebauscht. Klingelndes Fluggeräusch. juv. mehr fahlgraubraun, Höcker aber schon angedeutet (Haltung!): **Höckerschwan**
Cygnus olor (Gm.)

In Nord- und Nordostdeutschland wild. Auf dem Durchzug gelegentlich anderswo. Allerorts zahm und halbzahm (Abb. 4,$_5$).

Schnabel von der Wurzel (ohne Höcker!) bis zur Mitte gelb, an der Spitze schwarz. Der lange Hals mehr steifer, gänseartig getragen. Keine „Imponierstellung" mit gebauschten Flügeln. Kein klingelndes Fluggeräusch. Dafür schöne „lang-lö"-Rufe: **Singschwan**

Cygnus cygnus (L.)

In Deutschland nur Durchzügler und Wintergast; in Küstennähe (besonders Haffs) häufig, weiter im Binnenland viel seltener.

Ähnlich vorigem, auch in der Haltung; aber kleiner. Das Gelb am Schnabel bleibt auf den Wurzelteil beschränkt, geht also nicht bis zur Mitte: **Zwergschwan**

Cygnus b. bewickii Yarr.

Viel seltener als voriger.

G.

N.B. Der Hals wird bei allen Reiherartigen im Flug eingezogen! (Ausgestreckt: Löffler, Ibis.)

Etwa nur taubengroß, gewandt in den Halmen kletternd („harfend"); Rücken schwarz (ad.) oder dunkel bräunlich (juv.); sonst fahlgelblichgrau mit hellem Flügelschild. juv. mehr bräunlich, Hals (auch beim ♀ ad.) mehr streifig. — Flug taubenähnlich, aber breitere Flügel und lange Beine. Der sonst kurz erscheinende Hals kann unglaublich verlängert werden („Pfahlstellung"): **Zwergrohrdommel**

Ixobrychus m. minutus (L.)

In jedem größeren Schilfbestand Sommervogel; ist aber sehr versteckt und wird daher oft übersehen. Ruf: leise „rur", „gäg, gagag".

Etwa haushuhngroß (natürlich hochbeiniger und langhalsiger!). — Fahl gelbbraun, dunkel längsgestreift, wie vorjähriges Schilf mit Schlagschatten! Durch den Paarungsruf, der dumpf wie (ü) bwumb, bwumb . . klingt und der besonders an schwülen Tagen (oder Nächten!) zu hören ist, verrät sich die: **Große Rohrdommel**

Botaurus s. stellaris (L.)

In ausgedehntem Schilf und besonders Kolben-

rohrbeständen. Flug wie Bussard, aber weniger segelnd als gleichmäßig rudernd.

Ähnlich, aber mehr dunkelgraubraun mit hellen Längsflecken. Schwarze Schwingen mit weißen Tropfenflecken: **Nachtreiher** juv. s. unten.

Krähengroß. juv. rostgelblich mit dunklen Längsflecken. Weiß: Bauch, Flügelspitze und Schwanz. ad. mit dickem Halsgefieder; weißem Flügel, Schwanz und Bauch. Oben ockergelblich: **Rallenreiher**

Ardeola ralloides (Scop.)

Seltenheit (S. 234).

Dommelartige Gestalt, aber auch auf Bäumen ruhend. Ganze O-Seite schwarz. Flügel und Schwanz aschgrau; weiße U-Seite (ad.). Jüngere oben düster graubraun; Hals bräunlich gefleckt: **Nachtreiher**

Nycticorax n. nycticorax (L.)

Flug bussard- bis eulenartig. — Seltner Brut- und Gastvogel.

Groß, grau mit schwarzen Flügeln; weißer (ad.) oder weißgrauer (juv.) Vorderhals. **Fischreiher** (S. 47)

Ähnlich, aber kleiner; dommelartiges Benehmen. Rostbräunlich (juv.) oder purpurbraun am Hals und Flügelbug, sonst grau: **Purpurreiher**

Ardea p. purpurea L.

Seltenheit. (Nur in Südbayern regelmäßiger Durchzügler.)

Hauptsächlich weiß:

Fast fischreihergroß. Schnabel gelb und schwarz:

Silberreiher, Egretta a. alba (L.)

Sehr seltener Gast.

Schwach rohdommelgroß. Schnabel schwarz. Schopf:

Seidenreiher, Egretta g. garzetta (L.)

Sehr seltener Gast.

Hals im Flug ausgestreckt[1]! Breiter Löffelschnabel (Schopf): **Löffler,** Platalea l. leucorodia (L.

Seltener Gast.

---

[1] Systematisch zu den Ibissen gehörig (Anatomie, Fütterung usw.). Den Sichler s. S. 187.

H.

Als Brutvogel an vegetations(bülten-)reichen Teichen und Seen: **Lachmöwe.** Im Sommer mit schwarzbrauner Maske; rote Schnabel- und Fußfärbung. Im Winter nur mit dunklem Kopffleck. Flügelspitze schmal schwarz nach weißem Vorderrand. juv. mit brauner Scheckung und schwarzer Schwanzendbinde. — Nur lokal in Ostpreußen brütet die kleine **Zwergmöwe,** mit im Alter fast schwarzen U-Flügeln und weißer Flügelspitze. juv. mit schwärzlicher Zeichnung auf grauem Grunde. — Von den gabelschwänzigen *Seeschwalben* brüten an stehenden Gewässern z. T. recht häufig: die sehr düstere **Trauerseeschwalbe,** Chlidonias n. nigra (L.) und die helle (weiß, schwarze Kopfkappe) **Flußseeschwalbe.** Seltener die kleine weißstirnige **Zwergseeschwalbe.** — Die dunklen Binnenseeschwalben sind nach der Übersicht zu unterscheiden (S. 212). Als Durchzügler können im Binnenland natürlich auch noch fast alle Seemöwen und Seeschwalben auftreten. (Vgl. Tab. S. 187.)

I.

Raubvögel s. S. 236. — Am Teich oder See — im Schilf — brütet häufig die **Rohrweihe.** Braun (♂ mit etwas grau), kein weißer Bürzel. Gelegentlich zeigt sich auch der **Fischadler** hier zum Fischfang. **Baumfalken** jagen gern nach Libellen, und selbst im Winter trifft man oft den **Wanderfalken** an, der auf Krickenten u. dgl. Jagd macht. — (Kuckuck vgl. S. 37.)

14. Gruppe: Vögel am baumarmen, schlickigen, kiesigen oder sandigen Ufer der Binnengewässer oder auf abgelassenen Teichen.

Der Mittel- und Süddeutsche versäume nicht die Gelegenheit, an abgelassenen Teichen Stelzvögel (um solche handelt es sich vornehmlich) zu beobachten; der Norddeutsche muß die flachen, schlickigen oder sandigen Seenränder absuchen und wird nur dann große Beute machen können, wenn das Gebiet frei liegt. Auf trocknem Schlick, Sand und Geröll brüten Regenpfeifer. Im übrigen beobachten wir im April und Mai und mehr noch Ende Juli

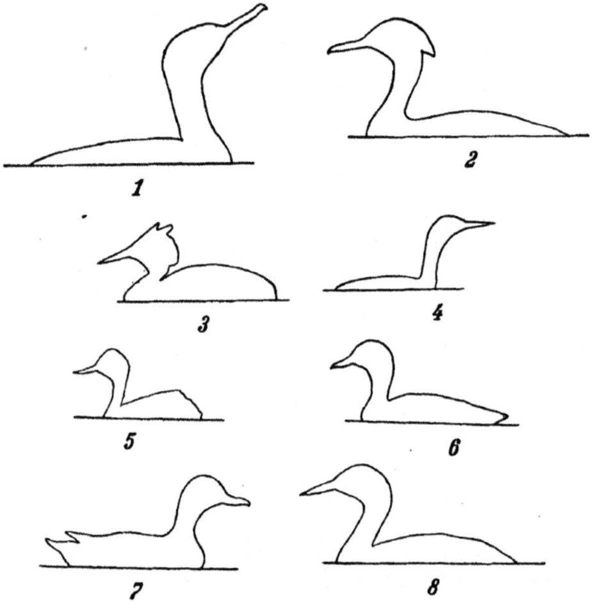

Abb. 9. Typische Gestalten schwimmender Vögel.
1. Kormoran. 2. Säger (ohne Schopf: Gänsesäger-♂). 3. Haubentaucher. 4. Rothalstaucher (auch beim kleineren Zwergtaucher und beim Haubentaucher mitunter ähnliche Haltung zu beobachten). 5. Schwarzhalstaucher. 6. Tauchente (z. B. Tafelente). 7. Gründelente (z. B. Stockente). 8. Seetaucher (z. B. Polartaucher).

=Prachttaucher

bis Ende Oktober (November!) wohl nur durchziehende Arten, Vögel also, die bei der Reise — die meisten Vögel ziehen auch nachts — Rast an nahrungsversprechenden Gebieten machen und hier oft wochenlang bleiben (vgl. Abb. 11).

A. Die Typen der in Frage kommenden Vögel.

1. *Singvögel* zur Nahrungsaufnahme, z. B. Stelzen, insbesondere die *Bachstelze* (weiß-grau-schwarz mit Wippschwanz), evtl. *Blaukehlchen.* Gelegentlich *Krähen* und *Stare. Pieper* (bes. Wiesen- und Wasserpieper) s. S. 126.

2. *Stelzvögel* (Limicolen), ± schlanke schnepfenartige Vögel; oft langbeinig oder langschnäblig (vgl. Abb. 13).

3. *Reiherähnliche* und *Möwen* nur gelegentlich.

4. *Ruhende Schwimmvögel* (Enten, Gänse s. Gr. 13).

B. Allgemeine[1] Verteilung der Stelzvögel auf den Lebensraum (Biotop).

1. *Schlickboden* (feucht)!: Alpenstrandläufer, Bogenschnäbliger Strandläufer, Knut, Zwerg- und Temmincks-Strandläufer, Kiebitz, Kiebitzregenpfeifer, Goldregenpfeifer, Sand- und Flußregenpfeifer, Rotschenkel, Bruchwasserläufer, Waldwasserläufer, Grünschenkel, Dunkler Wasserläufer, Kampfläufer, Brachvogel.

2. *Begraster* (oder anderweitig mit Pflanzen bestandener) *Schlammboden mit einige cm hohem Wasser* (auch Genist und Spülicht): Bogenschnäbliger Strandläufer, Temminckstrandläufer, Zwergstrandläufer, Alpenstrandläufer, Wassertreter, Sumpfläufer, Kiebitz, Rotschenkel, Dunkler Wasserläufer, Bruchwasserläufer, Waldwasserläufer, Grünschenkel, Kampfläufer, Limosen, Brachvogel, Sumpfschnepfen.

3. *Sandufer:* Alpenstrandläufer, Zwergstrandläufer, Temmincksstrandläufer, Bogenschnäbl. Strandläufer, Knut, Sanderling, Sand- und Flußregen-

---

[1] Bei einseitiger Beschaffenheit des Rastplatzes lassen sich die Vögel auch notgedrungen an weniger zusagenden Örtlichkeiten nieder.

pfeifer, Gold- und Kiebitzregenpfeifer, Steinwälzer, Flußuferläufer, Rotschenkel.

4. *Kiesgeröll-* bzw. *Schotterstrand:* Alpenstrandläufer,

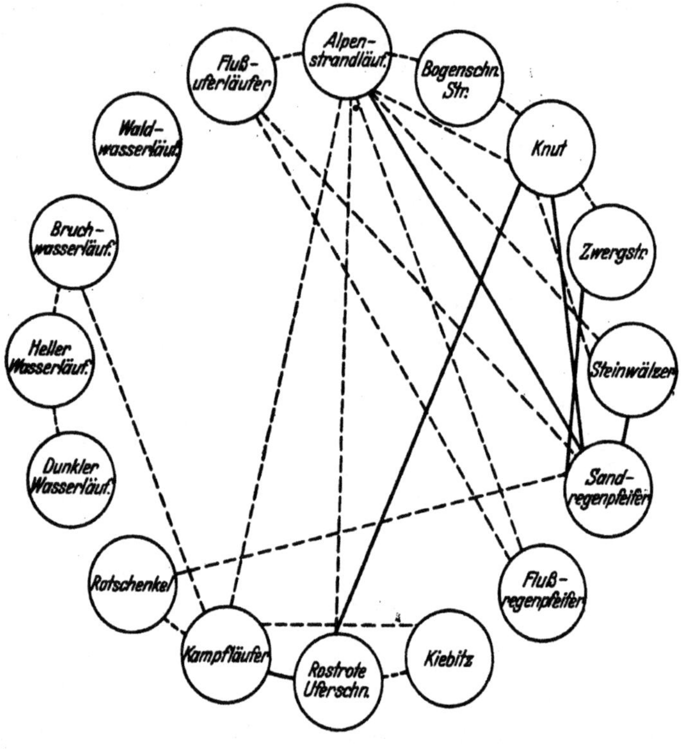

Abb. 10. Schematische Darstellung der Mischgeselligkeit einiger Limicolen. Die Verbindungslinien zeigen an, welche Arten besonders gern beim Rasten und lokalen Platzwechsel zusammenhalten.
Gestrichelte Linie: nur lose Bindung und kaum in etwa 50% aller Fälle zu beobachten. Ausgezogene Linie: engere Bindung, mindestens in 50% aller Fälle ist Vergesellschaftung zu beobachten. Beachte die isolierten und die stark sozialen Arten! Vergesellschaftungen, die relativ selten sind (etwa unter 20%), sind außer Acht gelassen.

Zwergstrandläufer, Knut, Sanderling, Steinwälzer, Sand- und Flußregenpfeifer, Rotschenkel, Flußuferläufer.

5. *Algenbewachsene Steine* (*Dämme, Mauern*) *und*

Pfähle: Alpenstrandläufer, Steinwälzer, Sand- und Flußregenpfeifer, Rotschenkel, Flußuferläufer.

C. Die Hauptdurchzugszeiten der Stelzvögel im Binnenland.

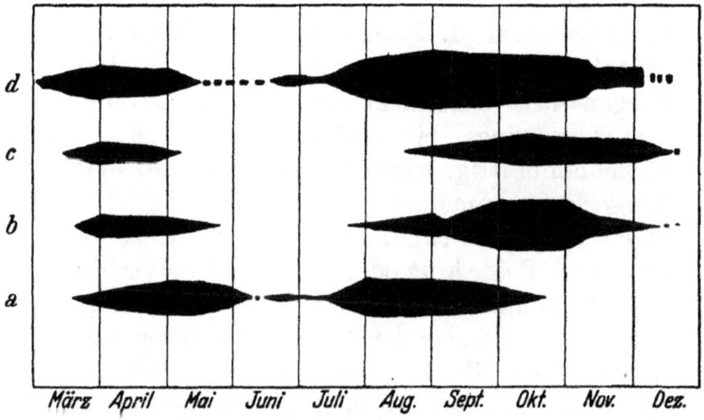

Abb. 11. Gehäuftes Auftreten einiger Limicolengruppen während des Durchzuges (fürs Binnenland). Die März- und Dezembertermine verschieben sich natürlich bei ungünstiger Witterung (Frost!).

a) Wasserläufer, Brachvögel und Limose. b) Strandläufer und kleine Regenpfeifer. c) Große Regenpfeifer. d) Kiebitz.

Bestimmungsübersicht der Stelzvögel am Teich- und Binnenseeufer, auf Schlick, Sand, Grasufer und Geröllstrand.

Allgemeine Charakteristik der Stelzvögel:

Durch die ± schmalen, z. T. stark gewinkelten und sogar fast sichelförmig ausgebildeten Flügel wird ein schneller, gewandter Flug (kein längeres Gleiten!) gewährleistet. Schwanz nie sonderlich lang. Bürzel bei vielen Arten weiß. Beine und Schnabel mitunter lang.

— Stelzvögel schlank, Beine ± hoch (manchmal auffällig gefärbt). Schnabel schlank, ca. kopflang oder länger. Bewegung ruhiger, nicht hastig trippelnd, sondern mehr stelzend (schreitend).

Etwa lerchen- bis knapp taubengroß: I

Tauben- bis krähengroß, sehr langer Schnabel II

— Stelzvögel mehr gedrungen, Beine nicht besonders hoch (meist unauffällig gefärbt). Schnabel reichlich kopflang oder kürzer. Bewegung: hastig hin und her trippelnd; bei der Nahrungssuche tief bohrend. Beim Stehen etwas buckelige Gestalt, Körper nicht ganz waagerecht gehalten. Fliegen oft in dicht zusammenhaltenden Trupps. Knapp sperlings- bis reichlich drosselgroß: III

— Strandläuferartig, zierlich. Korkartig auf dem Wasser schwimmend: IIIa

— Stelzvögel etwas rundlich (besonders Kopf) erscheinend, Beine kurz oder mäßig hoch, oft schön gefärbt. Schnabel kürzer[1] als Kopf. Bewegung: Ein „Rollen“, wobei der Körper etwa horizontal liegt und die Beine in trommelschlägelartiger Bewegung sind. Bohren nicht so tief im Schlamm. Beim Stehen: geduckt, Körper, außer bei der Nahrungssuche, $\pm$ waagerecht. Rascher Flug; nur beim Kiebitz — breite Flügel — wuchtelnd. Etwa lerchen- bis taubengroß: IV

— Reichlich taubengroß, Schnabel lang: V, VII

— Stelzvögel meist am Boden gedrückt, sehr langer Schnabel, kurze Beine. Rücken mit hellen Streifen. Flug zuweilen im „Zickzack“: VI

I. Wasserläufer. (O-Seite bräunlich, grau bis schwärzlich. U-Seite meist $\pm$ weiß.) Vgl. Abb. 12, 13.

Zu den in der Tab. S. 173—175 aufgezählten Arten noch der sehr selten als Irrgast erscheinende sibirische **Terekwasserläufer,** Terekia cinerea (Güld.): Größe und Färbung ähnlich Flußuferläufer, aber der aufgebogene Schnabel fast doppelt so lang wie Kopf. Bürzel und Schwanz grau, O-Seite graubraun mit dunklen Streifenflecken, besonders an der Schulter. Flügelbinde. U-Seite ab Kropf weiß.

[1] Mit Ausnahme des Austernfischers.

Größe, Schnabel, Beine	Bürzelgegend	Flügel-abzeichen	Ruf und besondere Kennzeichen	Art
ca. lerchengroß, Schnabel ca. kopflang, Beine rel. niedrig, (rötlich)grau.	an den Seiten weiß, in der Mitte bräunlich.	schmale, weiße Flügelbinde.	hell und dünn hídididi oder hīdjēt. Zuckender Flug mit wenig geknickten Flügeln. Steißwippen im Sitzen. O-S. und Kropf braungrau, Bauch weiß.	**Flußuferläufer**[1], Tringa hypoleucos L.
reichlich lerchengroß. Schnabel etwas länger als Kopf. Beine mittelhoch, grünlichgelb.	ganz weiß, vom bräunlichen Rücken abgesetzt. Mehrere blasse Schwanzbinden.	keine. U-Flügel hell.	schnell und hastig gib gibib ... Auch trüdelnd djille djille (Frühjahr). O-Seite mit hellen Rändern (im Frühjahr gitterartig).	**Bruchwasserläufer,** Tringa glareola L.
ca. Drosselgröße. Schnabel etwas länger als Kopf. Beine rel. niedrig; bleigrau.	ganz weiß. Der weiße Schwanz mit wenigen schwarzen Binden. Bürzel scharf gegen die fast schwarze O-Seite abgesetzt.	keine. U-Flügel dunkel.	Metallisch flötend dlüíht (it, it ...) oder büítitititit. Flügel stark geknickt, Flug etwas wuchtelnd. Die kleinen weißen Punkte auf der O-Seite verschmelzen mit der Rückenfarbe.	**Waldwasserläufer,** Tringa ochropus L.

[1] Beachte Unterschied zu Terekia, S. 172.

Größe, Schnabel, Beine	Bürzelgegend	Flügelabzeichen	Ruf und besondere Kennzeichen	Art
ca. Bruchwasserläufergröße, zierlich. Schnabel etwas länger als Kopf. Beine auffällig hoch.	weiß. Schwanz auf Weiß nur schwach gezeichnet.	Schwach angedeutete Binde. U-Flügel hell.	Melodisch, etwas schwächlich djidjidjidji. Oben hellbräunlich, dunkel gefleckt (Frühj.) oder grau (Herbst). Unten weiß, im Herbst auch Kropf.	**Teichwasserläufer,** Tringa stagnatilis (Bechst.). **Seltener südlicher Gast**
♀ knapp Drossel-, ♂ stark Drossel- bis knapp Turteltaubengröße. Schnabel nur etwa kopflang. Beine rel. hoch, gelblichgrau bis gelbrötlich.	seitlich weiß; in der Mitte zieht sich ein dunkler Streif bis zum Schwanz.	schmale, weiße Flügelbinde. U-Flügel weiß.	meist stumm. Sonst: leises, heiseres gagagag. Oben braungrau, dunkel gefleckt (Herbstkleid) oder dunkel mit lehmgelben Rändern (juv.). U-Seite grau und weiß oder rostgelblich (juv.).	**Kampfläufer,** Philomachus pugnax (L.), ♀ ad. oder juv. (♂ und ♀) bzw. ♂ im Herbstkleid.
Sehr stark drossel- bis fast täubchengroß. Schnabel nur etwa kopflang. Beine rel. hoch, gelbrötlich.	dasselbe.	dasselbe.	dasselbe. Mit schwärzlichblauer, weißer, scheckiger, brauner, gelblicher oder andersfarbiger Halskrause und mit Ohrfederbüscheln.	**Kampfläufer** (Kampfhahn), ♂ im Balzkleid.

Stark drosselgroß. Schnabel länger als Kopf, z.T. rot. Beine rel. hoch, leuchtendrot, juv. gelbrot.	weiß.	breiter weißer Flügelschild am Hinterrand des ausgespannten Flügels.	melodisch und weich djüdüdü, djűü u. ä. — Oben dunkelbraun mit rostigen Säumen (juv.), graubraun mit schwarzen Stricheln und Bändchen (ad. Herbst) oder braun mit dunklen Flecken (ad. Frühj.). U-Seite ± weiß, im Frühjahr stark gefleckt.	**(Kl.) Rotschenkel,** Tringa t. totanus (L.)
Misteldrossel- bis knapp turteltaubengroß. Schnabel länger als Kopf. Beine rel. hoch; rot.	weiß. U-Rücken in der Mitte streifenförmig weiß.	keine. U-Flügel hell.	fast einsilbiges kjuit (selten rauhes Gackern). ad. im Frühjahr: schieferschwarz mit hellen Federrändern.— juv.: dunkelbräunlichgrau, U-Seite stark verwaschen, gefleckt. — ad. im Herbstkleid oben graubraun, unten fast weiß.	**Dunkler Wasserläufer (Gr. Rotschenkel),** Tringa erythropus (Pall.).
Ebenso groß. Schnabel länger als Kopf, etwas aufgeworfen. Beine rel. hoch; grünlich.	weiß. U-Rücken keilförmig weiß ansetzend.	keine. U-Flügel hell.	melodisch, aber etwas hart kjükjükjü. Oben lichtgraubraun, ebenso Kropf (juv.) ad. Herbstkleid unten fast weiß. ad. Frühj. oben dunkel, unten gefleckt.	**Heller Wasserläufer** (Grünschenkel, Glutt), Tringa nebularia (Gunn.)

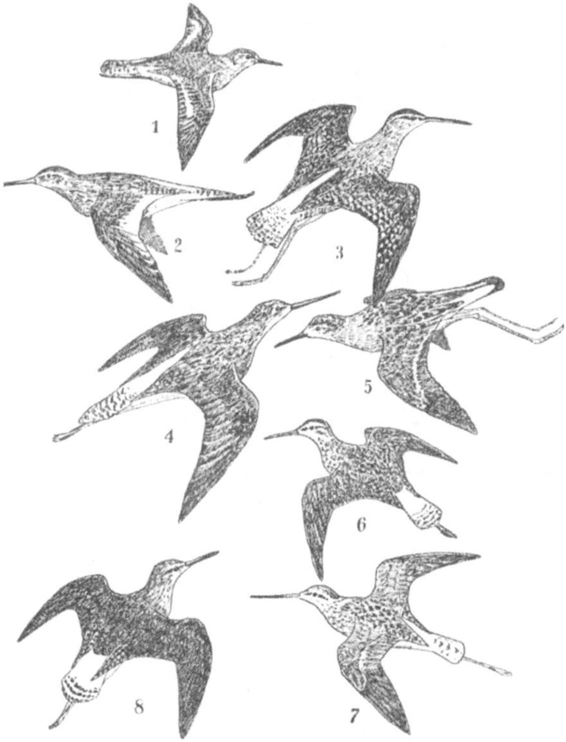

Abb. 12. Flugbilder der Wasserläufer.
1. Flußuferläufer. 2. Rotschenkel. 3. Dunkler Wasserläufer. 4. Heller Wasserläufer. 5. Kampfläufer. 6. Bruchwasserläufer. 7. Teichwasserläufer. 8. Waldwasserläufer. — (Unter Benutzung von Kirchner.)

II. Limosen und Brachvögel. (*Limosen:* Graubraun, unten weißlich im Herbst. Im Frühjahr stark mit Rostrot gemischt, bei lapponica-♂ ganze U-Seite rostrot. — *Brachvögel*[1]*:* Braunfleckig.) (Siehe Tab. S. 178)

[1] Der sehr selten als Irrgast erscheinende südliche **Dünschnäblige Brachvogel,** Numenius tenuirostis Vieill., ähnelt

III. Strandläufer. (Alle mit weißer Flügelbinde. Im Herbstkleid unten ± weiß. Oben braun, grau mit schwarzen oder rostbraunen Flecken oder ähnlich.) (Siehe Tab. S. 179 bis 182.)

Beachte: Strandläufer zum *Schein* sind: 1. **Flußuferläufer** (Flügelbinde, in der Mitte dunkler Bürzel), aber zuckender Flug und Körperwippen im Sitzen (s. I.). 2. **Wassertreter,** sanderlingähnlich, aber meist mit Bogenstreif am Kopf s. IIIa. 3. **Steinwälzer** mit schwarzem Hufeisenfleck auf weißem Bürzel und mit viel Weiß im Flügel. Scheckig dunkle Brustzeichnung. Steht systematisch dem Austernfischer nahe (s. IV.).

IIIa. Wassertreter. (Flügelbinde; in der Mitte dunkler Bürzel. U-Seite meist z. T. weiß.)

Ca. lerchengroß. Schnabel dünn und schwarz, etwa kopflang. Beine bleigrau (mit Schwimmläppchen!). juv.: unten ganz weiß oder mit hellgrauer, ± rostgelblich überlaufener U-Seite, auf der Fleckchen deutlich werden; Kopf vorn weiß. Dunkler Hinterkopf, dunkler, gebogener Ohrstreif O-Seite schwärzlich mit V-förmig angeordneten rostgelben Streifen (evtl. mit grau). ad. im Herbst: Oben aschgrau, weißer Vorderkopf. ad. im Frühjahr: weiße Kehle und rußschwarzer Oberkopf. Rostbraunes Gurgelband. O-Seite dunkel mit braunen Rändern, U-Seite nur teilweise weiß. Stimme: prĭt, t chrĭtt:

Schmalschnäbliger Wassertreter

Phalaropus lobatus (L.)

Selten im Binnenland erscheinend.

Ca. drosselgroß (etwas größer als Alpenstrandläufer). Schnabel kräftiger (platter!), gelb. Beine bei ad. gelblich. Sonst ähnlich vorigem, juv. unterseits stärker gelbbräunlich und gefleckt, Ohrstreif und Hinterkopf nicht so markant dunkel gegen hell abgesetzt; ad. im Herbst noch weißer und hellgrauer. ad. im Frühjahr: weiße Wangen

---

dem Gr. Br., ist aber kleiner und heller und hat drosselartig getupfte U-Seite.

Größe, Schnabel	Schwanzzeichnung usw.	Flügelabzeichen	Ruf und besondere Kennzeichen	Art
Ca. taubengroß. Schnabel gerade.	Der schwarze Schwanz sticht vom weißen Bürzel ab.	weißer Flügelschild.	Gackern und gjetto, lödjo, kjíüh u. a. m. ad. Prachtkl. mit rostfarbiger Brust.	**Schwarzschwänzige Uferschnepfe** Limosa, l. limosa (L.)
Knapp taubengroß. Schnabel gerade, sanft aufgeworfen.	der graumelierte Schwanz wenig, vom fast weißen Bürzel abgesetzt.	schmale helle Flügelbinde.	heiser und rauh gewắg, hīhắg, hähehäg usw. ♂ ad. im Prachtkl. unten rostrot, juv. rostgelblich und in der Hauptsache grau, winters unten hell.	**Rostrote Uferschnepfe (Pfuhlschnepfe),** Limosa l. lapponica (L.) **Im Binnenland selten.**
Ca. krähengroß. Schnabel stark abwärts gebogen.	heller Bürzel. Schwanz auf weißem Grund gleichmäßig dunkel quergebändert.	keine auffälligen (heller Flügelhinterrand).	vollflötend: tjoi djoi, tlöüh, tlaüiehd u. a. „wässeriger" Paarungstriller.	**Großer Brachvogel,** Numenius a. arquata (L.).
Ca. taubengroß. Schnabel abwärts gebogen, nicht mehr als doppelt kopflang.	heller Bürzel. Schwanz auf hellem Grund unscharf quergebändert.	keine auffälligen.	nicht sehr schneller Roller: wie dütütütütüti tüt, püjüjüjüjüjüjüt oder bloß fünfmal. (Dunkler Scheitel mit hellem Mittelstreif!) Flügelschläge schneller als bei vorigem, mehr limosenartig.	**Regenbrachvogel,** Numenius ph. phaeopus (L.). **Im Binnenland selten.**

Größe, Schnabel, Beine	Bürzel bzw. O-Schwanzdecken	Besondere Kennzeichen	Ruf	Art
Ca. starengroß. Schnabel etwas länger als Kopf, fast gerade oder sanft abwärts gebogen. Beine schwärzlich.	seitlich weiß, in der Mitte dunkel.	Kehle und Kropf gefleckt, U-Seite sonst weiß. *ad. im Sommer* mit schwarzem Bauch; oben fleckig rostbräunlich. *ad. im Herbst* oben graubraun, *juv.* bräunlich, dunkel gefleckt, weißliche Schulterstreifen.	schwirrend, t iii/rrrr oder tjrrih fast seglerartig oder trrǘi.	**Alpenstrandläufer,** Calidris a. alpina (L.). **Häufig. Die kurzschnäblige schinzi (Brehm) brütet an unseren Küsten und stellenweise im Binnenland (z. B. Müritz, Dümmer).**
Ca. starengroß. Schnabel etwas länger als Kopf, sanft abwärts gebogen. Beine schwärzlich, höher als bei alpina.	weiß oder grauweiß.	*ad. im Herbst:* oben graubraun, hell gerändert; Kropf schwach gefleckt. *juv.*: ähnlich, oben deutlicher gerändert. Kropf zart rostfarben, kaum gefleckt. *ad. im Prachtkleid:* unten dunkel rostrot, oben scheckig schwarz, rostgelb und grau.	weich u. hell djúrri, drüit dúrritit, dírrit u. ä.	**Bogenschnäbl. Strandläufer,** Calidris ferruginea (Brünn.). Hier nur regelmäßig Durchzügler.

Größe, Schnabel, Beine	Bürzel bzw. O-Schwanzdecken	Besondere Kennzeichen	Ruf	Art
Reichlich drosselgroß, etwas gedrungen, Schnabel etwa kopflang, fast gerade. Beine schwärzlich oder bei juv. schmutzig gelb.	hell „gewässert“.	*juv.*: oben grau mit Halbmondrändern, unten hell, z. T. schwach drosselartig gefleckt. *ad. im Herbst:* ähnlich, ohne deutliche Ränder. *ad. im Prachtkleid:* unten rostrot, oben schwarz und rostig gefleckt. Reste des rot. Bauches oft noch im Herbst.	tuíh oder wädŭét bzw. tjwíedewät, ŭítĕt u. ä.	**Isländischer Strandläufer (Knut),** Calidris c. canutus (L.). Im Binnenland selten, in Küstennähe häufig durchziehend.
Ca. drosselgroß, Schnabel kaum länger als Kopf, etwas abwärts gebogen, Wurzel gelb. Beine gelb bis orange, sehr kurz.	seitlich weiß, in der Mitte schwarz.	dunkel schiefergrau bis schwärzlichbraungrau. Weiße Halbmondflecken am O-Flügel. U-Seite bis zur Brust ziemlich stark (oft verwaschen) dunkel gefleckt.	pfeifend wiet wet wieht u. ä.	**Meeresstrandläufer,** Calidris m. maritima (Brünn.) Große Seltenheit im Binnenland.
Ca. rotkehlchengroß, Schnabel nicht länger als Kopf, fast gerade. Beine dunkel.	seitlich weiß, in der Mitte dunkel. (Schwanzaußenfedern weißlichgrau.)	helle Rückenstreifen (V-förmig). Oben rostbräunlich (juv., ad. Frühjahr) od. graubraun (ad. Herbst) Das blasse Rost- od. Graubraun der Kropfseite nicht scharf von der sonst weißen U-Seite abgesetzt. Weiße Flügelbinde unscharf.	klirrend dirrr dít dit oder leises pit pité pit, bit bit bitbit bit.	**Zwergstrandläufer,** Calidris minuta (Leisl.). Regelmäßig Durchzügler, wenigstens im Herbst.

Ca. rotkehlchengroß. Schnabel nicht länger als Kopf, fast gerade. Beine dunkel gelblichgrün bis gelb.	seitlich weiß, in der Mitte dunkel. (Schwanzaußenfedern weiß.)	keine hellen Rückenstreifen. ad. Herbst, juv. mausgrau; ad. Frühjahr grau mit rostgelblichen Rändern. (Kehle und) Kropf graubraun, ± scharf von der sonst weißen U-Seite abgesetzt. Flügelbinde deutlich.	hart schwirrend (grillenähnlich): tirr.	**Grauer Zwergstrandläufer** (Temmincksstrandläufer) Calidris t. temminckii (Leisl.). Nicht selten durchziehend.
Ca. lerchengroß. Schnabel etwas kürzer als Kopf. Beine schwarz, ziemlich niedrig. (Gang: fast rollend!)	seitlich weiß, in der Mitte dunkel.	stets sehr hell! Flügelbinde durch schwarze Einfassung deutlicher gemacht. *juv.*: oben grau mit dunklen Rändern, unten bis auf die rostfarbig angehauchte Kropfpartie rein weiß. *ad. im Herbst:* ähnlich, oben matter grau, unten ganz weiß. Schwarzer Vorderflügelrand. *ad. im Prachtkleid* ähnlich jungen Alpenstrandläufern, aber außer Schnabelkennzeichen und Ruf: die hellrostfarbige Kehl- und Kropffärbung (mit schwarzen Fleckchen) scharf von der sonst ganz weißen U-Seite abgesetzt.	pit, bjĭt usw.	**Sanderling,** Crocethia alba (Pall.). Im Binnenland selten erscheinender nordischer Gast. (Regelmäßiger Küstenbesucher).

Größe, Schnabel, Beine	Bürzel bzw. O-Schwanzdecken	Besondere Kennzeichen	Ruf	Art
Ca. sperlingsgroß. Schnabel etwa kopflang, sanft abwärts gebogen. Beine grünlichschwarz, niedrig.	wenig weiß an der Seite, in der Mitte dunkel.	sehr dunkel rostbräunlich, helle Rückenstreifen, weißer Bauch. **Doppelter Überaugenstreif.** Verwechseln **kann man ihn mit dem Zwergstrandläufer,** aber der Sumpfläufer ist dunkler, **hat streifigen Kopf und gefleckten Kropf.** Mehr gedrückt **am** Boden! Ferner zu verwechseln mit der Zwergschnepfe, **aber** der Sumpfläufer ist kleiner u. hat einen sehr viel kürzeren Schnabel und nicht ganz so dunkeln Rücken. Von jungen Alpenstrandläufern unterscheidet ihn der aufrechte, stelzende Gang, der Streifenkopf, die dunklere Färbung und der Mangel einer Flügelbinde.	gepreßt tjerr rĭ oder gequetschtes drrüid, drrīd; ferner klirrend trrr, trrk.	**Sumpfläufer,** Limicola f. falcinellus (Pont.). Im Binnenland sehr selten erscheinend, eher noch im Nordosten.

und Kehle, ganze U-Seite rostrot; oben schwarz mit rostgelben Fleckenrändern. Stimme: hiew u. ä., auch hjika:

Plattschnäbliger Wassertreter
Phalaropus fulicarius (L.)
Im Binnenland sehr selten erscheinend.

IV. Regenpfeifer.

Die kleineren Arten vorwiegend sandgraubraun mit weißem Bauch und mit ± deutlicher weißer Hals- und schwarzer Kropfbinde. — Die größeren Arten im Prachtkleid mit schwarzer, weiß gefaßter U-Seite. Alle haben einen wenigstens seitlich hellen Bürzel, der zur Bestimmung aber nicht ausschlaggebend ist. — Abweichend, aber doch hierher gehörig: Austernfischer und Steinwälzer; letzterer erinnert mehr an Strandläufer und fällt durch die Scheckung und den schwarzen v-Fleck auf weißem Bürzel sehr auf. — Mornell und Triel sind weggelassen, weil sie andere Lebensräume beanspruchen. — Außer den angegebenen Rufen haben viele Arten noch eine Art Balzgesang! (Siehe Tabelle S. 184 u. 185.)

Irrgast ist die **Brachschwalbe** (Anhang 2), die die Kennzeichen von Seeschwalbe und Regenpfeifer in sich vereint. Tief gegabelter Schwanz, lange weiße O-Schwanzdecken. Oben grau oder bräunlich, bes. ad. mit schmal schwarz gerandeter rostgelber Kehle. Ruf „Kirrja“.

V. **Austernfischer,** Haematopus o. ostralegus L.

Der überkopflange Schnabel des reichlich kiebitzgroßen Vogels ist rot (bei juv. mehr bräunlich). U-Seite bis zur Brust schwarz, dann weiß. Oben schwarz. Auffälliger weißer Flügelschild, Schwanzwurzel weiß. Füße nicht hoch, rot bis bräunlichrotgrau (juv.). juv. und Herbstvögel mit weißlichen Federn an der Kehle. Der Ruf ist laut quiehp, pülieht und auch kurze Stoßlaute wie plit, plit plit, die zur Paarungszeit in einen Roller übergehen. — Im Binnenland selten.

Größe, Schnabel, Beine	Flügelbinde	Besondere Kennzeichen	Ruf	Art
Ca. taubengroß. Schnabel kurz, Beine rot.	keine. Die breiten geknickten Flügel nur am Ende weiß.	Federholle (bei ad. sehr lang) Oben grünschwarz, unten bis auf dunkles Kropfband weiß. ad. im Frühjahr auch schwarze Kehle. Flug gaukelnd.	knui, kīĕwiet u. ä.	**Kiebitz,** Vanellus vanellus (L.).
Ca. drosselgroß. Schnabel für Regenpfeifer rel. lang, etwas aufgeworfen. Beine gelb bis gelbrot.	sehr breite weiße außer einem schmalen weißen Schulterstreif.	buntscheckig. Bürzel weiß mit schwarzem Hufeisenfleck. ad.: oben rostbraun mit breiten schwarzen Streifen. Kropf und Brust schwarz und weiß, grob scheckig. juv.: oben mehr dunkel, rostgraubraun gerändert. Dunkles Brustband.	kikikiki, khy̆a u. a.	**Steinwälzer,** Arenaria i. interpres (L.). Im Binnenland recht selten.
Ca. drossel- bis fast turteltaubengroß. Schnabel kurz, schlank. Beine rel. hoch, dunkel.	eine kurze weiße.	Achselfedern weiß. Ganze O-Seite grünlichgelbbraun bis graubraun erscheinend (fleckig): juv. und ad. Herbst. Das Prachtkleid oben schwarz und gelb getüpfelt, unten schwarz, seitlich weiß gefaßt.	flötend tlüh, tj͡üih.	**Goldregenpfeifer** Charadrius a. apricarius L. Regelmäßiger Durchzügler.

Fast kiebitzgroß. Schnabel kurz, kräftiger. Beine rel. hoch, dunkel.	eine kurze weiße, durch einen schwarzen Streif hervorgehoben.	Achselfed. schwarz. Oben dicht schwarzweiß gefleckt (wirkt bräunlich granitgrau). Heller Bürzel und gebänderter Schwanz. Prachtkleid unten schwarz, weiß gegen O-Seite abgehoben. Bei juv. und ad. im Herbst dunkler Ohrfleck.	geschlungen. Flötenpfiff: tlfeüh, tjieyh u. ä.	**Kiebitzregenpfeifer,** Squatarola s. squatarola (L.). Regelmäßiger Durchzügler.
Ca. lerchengroß. Schnabel kurz, gelb m. schwarzer Spitze. Beine gelb bis orange.	eine weiße.	im Prachtkleid breites schwarzes Brust- und weißes Halsband. Ersteres bei juv. und ad. Herbst nicht geschlossen und mehr dunkelgrau.	bjüýp oder büíb.	**Halsband (Sand) regenpfeifer,** Charadrius h. hiaticula L. bzw. h. tundrae (Lowe).
Knapp lerchengroß. Schnabel schwarz, höchstens an der Wurzel gelblich. Beine gelblich.	keine deutliche.	im Prachtkleid etwas schmäleres Brustband als voriger, sonst ähnlich vorigem.	píu, djía.	**Flußregenpfeifer,** Charadrius dubius curonicus (Gm.).
Knapp lerchengroß. Schnabel schwarz. Beine schwarz	eine weiße.	nie Brustband! Auß. Kropfseiten unten ganz weiß. Hinterkopf zuweilen isabellrötlich.	gegegegeg pjüit oder tjip. klirrend bjürr	**Seeregenpfeifer,** Charadrius a. alexandrinus L. Im Binnenland Seltenheit.

VI. Sumpfschnepfen (s. S. 139).

VII. Schwarzweiße Langbeiner (ca. taubengroß). Nur ausnahmsweise erscheinen im Binnenland: **Säbelschnäbler** (S. 200) mit langem, spitzenwärts aufgebogenen schwarzen Schnabel, grauen oder dunklen Langbeinen, weißem, auf Flügel und O-Kopf schwarzgezeichneten (schwarze Flügelspitzen!) Gefieder und **Stelzenläufer,** Himantopus h. himantopus (L.). Dieser wie ein Miniaturstorch anmutende sehr seltene südöstliche Gast hat im Alter grotesk hohe, rote Beine und langen geraden, schwarzen Schnabel. Weiß mit schwarzem (juv. bräunlichem) Mantel (Flügel und Oberrücken) und hellgrauem Schwanz. Ad. im Winterkleid mit grauem Hinterhals. Ruf: Kjoit und Gackern.

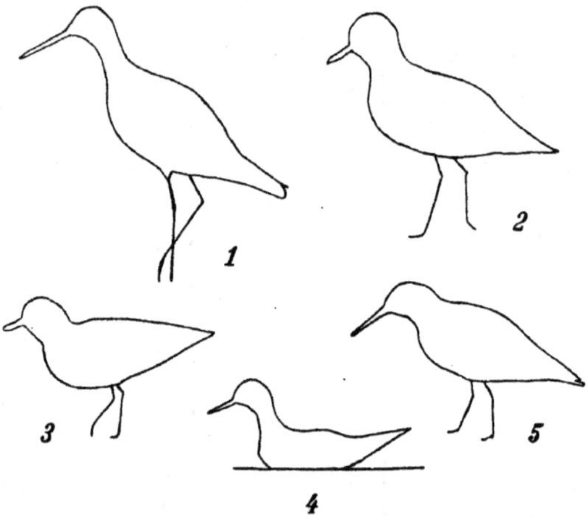

Abb. 13. Typische Gestalten einiger Limicolen.
1. Wasserläufer — Limosentyp (z. B. dunkler Wasserläufer). 2. Großer Regenpfeifer-typ (z. B. Kiebitzregenpfeifer). 3. Kleiner Regenpfeifer-typ (z. B. Sandregenpfeifer). 4. Wassertreter. 5. Strandläufertyp (z. B. Alpenstrandläufer)

Bestimmungsübersicht der übrigen in Frage kommenden Vögel.

(Auf die Singvögel wurde schon im Anfang hingewiesen.) Reichlich brachvogelgroß; Bogenschnabel, hochbeinig. Einfarbig düsterbraun (juv.) oder rostbraun mit Metallglanz: **Sichler** (Ibis)

Plegadis f. falcinellus L.
Gelegentlicher Gast.

Grauer Reiher zeigt sich nicht selten hier; ebenso ruhende Möwen (s. S. 187), Gänse (s. S. 138). Sehr selten: *Purpurreiher*, *Löffler* (S. 166) oder gar *Flamingo*.

15. Gruppe: Vögel am Meeresstrand.

Nord- und Ostsee sind ornithologisch recht verschieden, eine Tatsache, die ihren Hauptgrund in der hier vorhandenen, dort fehlenden Gezeitenerscheinung hat. Die durch das abströmende Wasser freigelegten Watten (Sand- und Schlickflächen) der Nordsee bieten vielen — besonders Stelzvögeln — ausgezeichnete Ernährungs- und Rastgelegenheit, die zu Massenansammlungen zur Zugzeit führt. An der Ostseeküste fehlen diese Arten natürlich nicht, sie ziehen wohl auch ebenso stark durch, aber sie sehen sich nicht veranlaßt, dort lange zu rasten, wo die Ernährungsmöglichkeiten schlechter sind. Hier wird man Sandbänke (z.B. die Werderinseln) aufsuchen müssen, um viel zu sehen.

Überall am Strand, im Hafen usw. zeigen sich Angehörige aus der *Möwengruppe*. S. Sammelbestimmungstabelle S. 187.

Bestimmungstabelle der Möwenartigen (außer Raubmöwen).

Schnabel kräftig. Schwanz hinten fast gerade, nie tief gegabelt (vgl. Abb. 14): A. Möwen

Schnabel pfriemenförmig, schlanker Schwanz gabelig ausgeschnitten (vgl. Abb. 14): B. Seeschwalben

A. Möwen.

Vogel in der Hauptsache zart blaugrau und weiß: *I. graumantelige, alte Möwen*

Vogel weiß mit schwarzem Mantel: *II. schwarzmantelige, alte Möwen*

Vogel bräunlich oder grau (bzw. weiß) mit brauner oder schwärzlicher Zeichnung: *III. unausgefärbte Möwen*

Abb. 14. Flugbild einer Möwe (links) und einer Seeschwalbe (rechts).

I.

1. Rumpf amsel- bis taubengroß, leuchtend rote Beine: 2
— Knapp krähen- bis reichlich bussardgroß, Füße nicht leuchtend rot: 3
2. Flügelspitze nach weißem Feld schwarz[1], Unterflügel hellgrau: **Lachmöwe** (S. 195) (im Sommer mit dunkelbrauner Maske)
— Flügelspitze nach grau weiß[1]. Unterflügel fast schwarz, Flug gaukelnd: **Zwergmöwe** (S. 195) (im Sommer mit schwarzem Kopf)
3. Schnabel gelb oder grau mit gelber Spitze, *ohne* rot, Füße grünlich gelb bis bleigrau: **Sturmmöwe** (S. 195)
— Füße nie grünlichgelb oder bleigrau: 4

[1] Flügelspitze weiß, schmaler schwarzer Handflügel-Vorderrand. Sonst wie Lachmöwe, aber ganzer Kopf schwarz: **Schwarzkopfmöwe** (S. 197).

4. Bussardgroß, Flügelspitze schwarz und weiß, Beine fleischfarben: **Silbermöwe** (S. 194)
— Flügelspitze entweder weiß oder schwarz: 5
5. Flügelspitze des reichlich silbermöwengroßen[1] Vogels weiß: **Eismöwe** (S. 197)
— Vogel kleiner (knapp krähengroß), Flügelende schwarz, an der Spitze ohne weiß: **Dreizehenmöwe** (S. 197)

II.

1. Füße weißlich fleischfarben, oft schwach ins gelbliche oder bläuliche ziehend, Schnabel sehr kräftig: **Mantelmöwe** (S. 198)
— Füße quittegelb, Schnabel proportionsgemäß: **Heringsmöwe** (S. 198)

III.

1. Möwe ± grau mit schwärzlicher Zeichnung, bes. mit dunklem Flügellängsstreif: 2
— Möwe mit mehr oder weniger braunen Federpartien: 3
2. Rumpf nur schwach taubengroß (Flügelspannung weiter!), Rücken grau (ältere!) oder schwarzbraun: **Zwergmöwe** (S. 196)
— Tauben- bis krähengroß, schwarzer Nackenring, oben grau: **Dreizehenmöwe** (S. 196)
3. Taubengroß. Das Braun bedeckt den Körper weniger flächenhaft als breitstreifig oder scheckig; weißer Handflügelvorderrand[2]; Unterseite weiß; Beine rötlichgrau bis gelbrot: **Lachmöwe** (S. 196)
— Das Braun bedeckt den Körper mehr flächenhaft, Unterseite mehr oder weniger gefleckt, Beine nicht rotgelb: 4

---

[1] Nur reichlich sturmmöwengroß: **Polarmöwe** (S. 197).
[2] Kein solcher, vor der schwarzen Flügelspitze weiße, ± verdeckte Streifen. Dunkler Augenstreif: **Schwarzkopfmöwe** (S. 197)

4. Krähengroß, Oberseite fahl graubraun, Unterseite spärlich, in der Mitte gar nicht gefleckt: **Sturmmöwe** (S. 194)
— Etwa bussardgroß oder größer, dicht fleckig braun oder hellbraun: 5
5. Schnabel des sehr großen Vogels auffallend stark, hakig, Körper dunkelbräunlich gefleckt: **Mantelmöwe** (S. 199)
— Dunkle Fleckung, Schnabel schwächer, proportionsgemäß, oder Vogel sehr matt gefleckt mit großem Schnabel: 6
6. Oberseite erscheint bedeutend dunkler als Unterseite; wenn unten fast weiß: oben mit schwarz gemischt: **Heringsmöwe** (S. 199)
— Oberseite und Unterseite mehr gleich im Helligkeitswert oder wenn unten hell (ältere!), oben stark mit grau gemischt: 7
7. Flecke des sehr großen[1] Vogels verwaschen und sehr hell: **Eismöwe** (S. 197)
— Flecke nicht verwaschen, oben und unten dunkel gefleckt: **Silbermöwe** (S. 199)

B. Seeschwalben.

1. Rumpf schwärzlich, Flügel grau: 2
— Rumpf nie schwärzlich. Unterseite weiß oder fast weiß: 3
2. Oberschwanzdecken und Schwanz grau: **Trauerseeschwalbe** ad. (S. 212)
— Oberschwanzdecken (und Schwanz) weiß: **Weißflügelseeschwalbe** ad. (S. 212)
3. Schwanz flach gabelig, Oberseite aschgrau bis dunkel graubraun. Stirn weiß; Kopfkappe und Ohrgegend dunkel: **Trauer-**, **Weißflügel-** und **Bartseeschwalbe** (Winter und juv. s. S. 212)

[1] Kleiner als Silbermöwe: **Polarmöwe** S. 197.

— Schwanz stark ausgeschnitten. Oberseite möwenblau, auch gefleckt. Kopfkappe reicht kaum bis zum Ohr, kein Kropfseitenfleck, Stirn fast nur im Winterkleid und bei juv. weiß: 4

4. Stirn weiß, Oberseite mehr oder weniger gefleckt (bräunlich): *Junge Seeschwalben* vgl. S. 209 ff.

— Schwarze Kopfkappe, zart möwenblaue Oberseite (*alte Seeschwalben*): 5

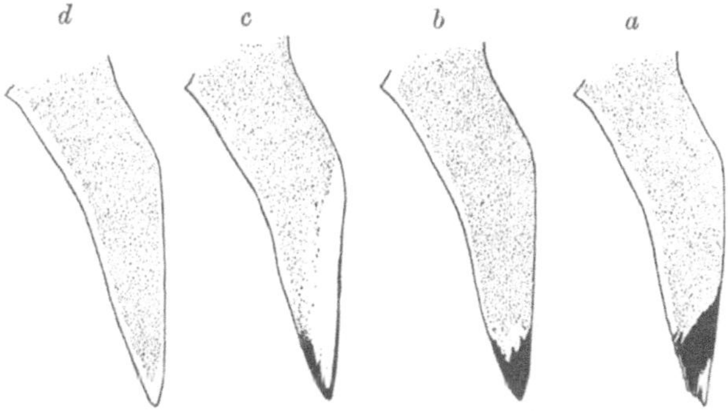

Abb. 15. Schematisierte Flügeltypen alter Möwen.
a) Silber- oder Sturmmöwe. b) Dreizehenmöwe. c) Lachmöwe. d) Zwergmöwe. Beachte die verschiedene Verteilung von schwarz, weiß und grau an der Flügelspitze.

5. Schnabel rot oder (rot)gelb: 6

— Schnabel schwarz: 8

6. Schnabel orange, Stirn weiß. Sehr viel kleiner als Lachmöwe: **Zwergseeschwalbe** (S. 211)

— Schnabel rot, höchstens mit kleiner schwarzer Spitze: 7

7. Schnabel schlank. Vogel zierlicher, aber kaum kleiner als Lachmöwe:
Fluß- und **Küstenschwalbe** s. S. 210

— Schnabel kräftig. Deutlich größer als Lachmöwe. Schopf: **Raubseeschwalbe** (S. 211)

8. Schnabel mit roter Wurzel. Auffällig lange Schwanzspieße: **Paradiesseeschwalbe** (S. 211)
— Schnabel ganz schwarz: 9
9. Schnabel gestreckt (mit gelber Spitze). Schopf. „kirreck“: **Brandseeschwalbe** (S. 209)
— Schnabel möwenartig, kräftig und ziemlich kurz. Kein Schopf. Nicht so scharf rollende Schreie: **Lachseeschwalbe** (S. 210)

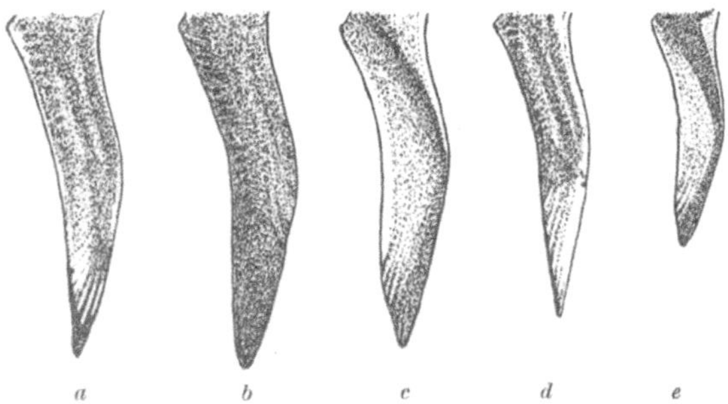

Abb. 16. Flügel junger Möwen.
a) Schwarzkopfmöwe; b) Sturmmöwe (ähnlich andere Großmöwen); c) Dreizehenmöwe; d) Lachmöwe; e) Zwergmöwe.

A. Vögel auf reinem Sandstrand und der Vordüne.

— Singvögel: **1**
— Möwen und Seeschwalben: **2**
— Stelzvögel (Strandläufer, Regenpfeifer usw.): **3**
— Hühner- oder Taubenartige, langschwänzig (Flughühner!): **4**
— Raubvögel s. S. 236.

1. Langer Wippschwanz, Wange weiß, an Kopf und Kehle ± schwarz, Rücken grau: **Weiße Bachstelze** (S. 124)
Ebenso, Rücken aber ± schwarz: **Trauerstelze** (S. 124) (seltener)
U-Seite gelb oder weißlichgelb, Rücken grünlich,

bei juv. braungrau. Schwanz nicht so lang wie bei vorigen, aber auch wippende Bewegungen. In Dünen (Strandhafer) brütend: **Schafstelze**

Beachte die verschiedenen Rassen! (S. 125.)

Grünlichgraubraun, dunkel gefleckt. Zierlich. Ruf: ist, ist, zirrb. Weiße Schwanzaußenfedern:

Wiesenpieper (S. 126)

Brütet häufig in Dünen.

Ähnlich; grauer; Schwanzaußenfedern hellbraungrau:

Felsenpieper (S. 127)

Gern auf Steinen.

Auf dem Durchzug gelegentlich auch **Rotkehl-** und andere **Pieper** (s. S. 126).

Steif sitzend, rel. kurzschwänzig. Ruckende Bewegungen. Ca. sperlingsgroß; weißer Bürzel, schwarze Schwanzendbinde: **Steinschmätzer** (S. 99)

Feldlerchen brüten an der Festlandsküste oder auf größeren Inseln. Ebenso die dann anschließenden Wiesenvögel (s. Gr. 7).

Im Spätherbst und Winter bzw. Vorfrühling zeigen sich zuweilen auch noch andere Arten ± regelmäßig hier.

Etwa Haubenlerchengestalt, etwas länglicher; schwarzes Brustband und schwarze Ohrdecken. Kehlfärbung hellgelblich; schwarze Federhörnchen. Sonst isabellbräunlichgrau. Lockton tititü u. ä.:

Ohrenlerche (S. 99)

Ca. sperlingsgroß; weißer Mittelfügel (ad.) oder weiße Flügelbinde[1] (juv.). U-Seite z. T. weiß. Bräunliche Ohr- und Kropfgegend. Gelber Schnabel:

Schneeammer (S. 97)

Hänflingsartig, in Trupps. Leinzeisigartiges tschättöttschättoi. Nußbräunlich, Schnabel wachsgelb. Bürzel bei ♂ ad. rosenrot, sonst hellrostgelblich. Schmale

[1] Ohne weiß im Flügel, mit auf rostbraunem Grund dunkelgefleckten Flanken und ohne Brustband: **Spornammer** (S. 97).

Schwingensäume, keine auffälligen weißen Schwanzfederränder: **Berghänfling** (S. 12)

2. Möwen und Seeschwalben.

Im Nordseegebiet überwiegt die **Silber-**, im Ostseegebiet die **Sturmmöwe**, die **Lachmöwe** ist an beiden Küsten sehr häufig. Ferner sind mehr als Gäste häufig: **Mantel-** und **Heringsmöwen.** Letztere hauptsächlich im Herbst.

Im Alterskleid heben sich zwei Gruppen heraus: a) weiße mit blaugrauem Mantel, b) weiße mit schwärzlichem Mantel. Zu a: aa) Zwei im Sommer dunkelköpfige: Lachmöwe, Zwergmöwe, bb) die weißköpfigen (Sturm-, Silber-, Dreizehn- und Eismöwe). Im Winter haben aa) nur dunkle Kopfseitenflecke, bb) sind bräunlich gestrichelt, juv. von a) und b) bräunlich gefleckt, mit dunkler Schwanzendbinde (außer Eismöwe). Dreizehen-

	Sturmmöwe, Larus c. canus L. (ca. krähengroß) ad.	**Silbermöwe,** Larus a. argentatus Pont. (ca. bussardgroß) ad.
Schnabel:	Gelblich oder grau (Winter), nie mit rotem Fleck an der Spitze des U-Schnabels.	kräftig. Gelb mit hochrotem Fleck an der Spitze des U-Schnabels.
Füße:	Gelblich oder grünlich bis grau.	blaß fleischrosa, selten etwas ins Gelbliche spielend.
	juv.	juv.
	Oben ziemlich gleichmäßig fahlgraubraun. Unten bis auf undeutliche Seitenflecke weiß. Dunkle Schwanzendbinde abstechend.	Oben auf fast rostbräunlichem Grund dunkel gefleckt. Unten stark gefleckt; wenn weniger (II. JK.) oben mit blaugrauen Flächen. Endbinde nicht sehr scharf oder in Flecken (I. JK.) aufgelöst.

und Zwergmöwenjuv. nicht grau und braun, sondern grau und schwärzlich gezeichnet. Zu b: Mantel- und Heringsmöwe.

Gegenüberstellung ähnlicher Möwenkleider (Abb. 15, 16): (s. Tab. S. 194, 195).

Im Herbst kommen dann auch noch **Zwergmöwen,** Larus minutus Pall. dazu, die im Alter durch die dunklen U-Flügel und die weiße, **ziemlich stumpfe,** Flügelspitze gekennzeichnet sind. Im Frühjahr schwarzer Kopf. Oben

	Lachmöwe, Larus r. ridibundus L. (ca. taubengroß)[1] ad.	**Sturmmöwe,** Larus c. canus. L. (ca. krähengroß) ad.
Flügel:	Von innen nach außen: graublau, weißes keilförmiges Feld, dann schmale schwarze Spitze.	Von innen nach außen: graublau nach der Spitze schwarz, dann weiß.
Beine:	rot.	gelblich od. grünlichgrau.
Bemerkungen:	ad. im Frühjahr mit dunklem Kopf. Im Winter dunkler Ohrfleck.	Weißer Kopf im Winter graubraun gestrichelt.
	juv.	juv.
	Streifig braune Federpartien auf grau. U-Seite ungefleckt weiß. Heller Flügelvorderrand. Schon im 1. Winter oben immer „möwenblauer“ werdend.	flächenhaft dunkel fahlbraungraue Federpartien auf mehr (ältere) oder weniger (jüngere) grauem Grund. U-Seite weiß, rahmfarbig überflogen; jüngere seitlich gefleckt.

sind die juv. schwarz gezeichnet auf hellgrauem Grund. (Unterscheidung nach Gegenüberstellung, S. 196 und Abb. 15, 16.)

[1] Die angegebene Größe heißt Rumpfgröße; durch die langen Flügel erscheinen die Möwen größer.

		Lachmöwe	Zwergmöwe	Dreizehenmöwe
Möwenblaue Flügeloberseite	ad.	mit weißem Vorderrand und schwarzem Ende	mit weißem Endsaum	mit schwarzem Ende, kein weißer Vorderrand
	juv.	mit 2—3 unscharfen braunen Längsstreifen, dunkle Spitze, weißer Vorderrand. I. JK. noch weniger braun.	schwarzer Längsstreif wendet sich schwachbogig zur Spitze; kein weißer Vorderrand	fast wie Zwergmöwe
U-Flügel	ad.	hell (unbeschattet!)	sehr dunkel	hell
Rücken	ad.	möwenblau	möwenblau	(tiefer) möwenblau
	juv.	bes.O-Rücken viel brauner als grau. I. JK. schon fast wie ad.	schwärzlichbraun m. hellen Rändern. I. JK. nach scheckigen Übergängen (bes. am Nakken hält sich ein dunkler Fleck!) wie ad.	möwenblau mit scharf begrenztem braunschwarzen Nackenhalbring.
Flug und Flügelform		Fester Flügelschlag bei mehrspitzigem Flügel. — Stoßtauchen flach und seltener	weicherer Schlag, Gaukelflug. Flügelspitze abgerundet. — Stoßtauchen kräftig und häufig	rudernder, aber auch sehr wendiger Flug. Flügelform ähnlich Sturmmöwe.
Kopf		nur bei der alten Lach- und Zwergmöve im Sommerkleid braunschwarz bzw. schwarz. Winterkleider und juv. nur mit dunklem Ohrfleck oder dunkler Hinterkopftönung.		

Ein sehr seltener mittelländischer Gast ist die **Schwarzkopfmöwe,** Larus melanocephalus Temm. — ad. wie Lachmöwe, jedoch ganz schwarzer Kopf (nicht schwarzbraune Maske!) und weiße Flügelspitze mit schmalem schwarzen Handflügel-Vorderrand. juv. ähnlich Lachmöwe (vgl. Abb. 16 u. S. 196), aber nicht nur dunkler Ohrfleck, sondern Augenstreif und kein weißer Handflügel-Vorderrand. Dafür weiße Innenfahnen der Handschwingen, vor der Spitze ein heller Spiegel.

Ein häufiger Wintergast ist die **Dreizehenmöwe,** Rissa t. tridactyla (L.).

Kennzeichen: ad.: Flügelspitze schwarz (nicht weiß nach schwarz). Beine recht dunkel. Schnabel gelb. Gut lachmöwengroß. juv.: blaugrau mit schwarzen Flügelstreifen und mit einem scharf von grau und weiß abgesetzten schwarzen Nackenfleck (vgl. Gegenüberstellung, S. 196 und Abb. 15, 16).

Ein seltenerer Wintergast ist die **Eismöwe,** Larus hyperboreus Gunn.

Kennzeichen: über Silbermöwengröße. ad. wie Silbermöwe, aber heller und ohne schwarz im Flügel; ganz weiße Schwingenspitzen! juv. verwaschen hellbraungrau gefleckt, hell bräunliche Flügelspitzen; kein dunkles Schwanzende.

Recht selten erscheint die **Polarmöwe,** Larus glaucoides Meyer.

Kennzeichen: reichlich sturmmöwengroß, schlank. ad. oben sehr hell blaugrau, ganze Handschwingen weiß (nicht bloß Spitze wie bei Eismöwe). juv. sehr hell verwaschen bräunlich gefleckt. Schwingenspitze nach dunklem Rändchen weiß.

Oft das ganze Jahr treiben sich herum[1] zwei große schwarzmantelige Möwen mit im Alter gelbem (an der Spitze rot gefleckten) Schnabel. (siehe Tabelle S. 198).

Da die Jungenkleider der drei häufigsten Großmöwen (Mantel-, Herings- und Silbermöwe) immer wieder, auch von guten Orni-

[1] Heringsmöwe ist sporadischer Brutvogel an der deutschen Küste in der Form Larus fuscus graellsii Brehm mit dunkel schiefergrauem Mantel.

	Mantelmöwe, Larus marinus L.	**Heringsmöwe,** Larus f. fuscus[1] L.
ad.:	Hell fleischfarbige Füße, oft mit Stich ins Gelbliche oder Bläuliche.	leuchtend gelbe Füße.
juv.:	Schnabel sehr hoch und kräftig. I. JK. mit weißlichen Rückenfederrändern. Bei II. und III. JK. schon schwarze Flächen.	Schnabel nicht besonders kräftig, proportionsgemäß. I. JK. ohne auffällige helle Ränder. Recht düster, auch die U-Seite und besonders die Flügelspitzen. Später schwarze Flächenflecke auf Rücken.

thologen verwechselt werden, seien noch einige Unterscheidungsmöglichkeiten angegeben, die allerdings nicht leicht kurz zu beschreiben sind (siehe Tabelle S. 199).

Die düsterbräunlichen **Raubmöwen** mit verlängerten Mittelschwanzfedern s. Gr. 16, ebenso die *Seeschwalben*, die sich weniger auf dem Sand, als fliegend über dem Wasser aufhalten. Es ruhen hier gelegentlich allerdings alle Arten und es brüten auch **Fluß-** und **Küstenseeschwalbe**, ebenfalls **Zwergseeschwalbe** hier, aber es sei nur auf die Tabelle verwiesen. Die reichlich sturmmöwengroße schwarzbeinige und rotschnäblige **Raubseeschwalbe** ist selten; an dem reiher- oder häherartigem Krächzen aber leicht zu erkennen. Im Spätsommer stets welche auf Hiddensee.

3. Stelzvögel.

Sand- oder **Halsbandregenpfeifer,** Charadrius h. hiaticula L.

Kennzeichen: Ca. lerchen- bis drosselgroß. „Rollender" Gang. Schwarzes Brust- und weißes Halsband. Weiße Flügelbinde. Gelbe Füße. Im Herbst und bei juv. ist das Brustband nicht geschlossen. — Ähnliche: **Seeregenpfeifer,** Charadrius a. alexandrinus L. ist unten ganz

[1] Siehe Note 1, S. 197.

Silbermöwe juv.	Heringsmöwe juv.	Mantelmöwe juv.
I. JK.: Mantel dunkel bräunlich mit schmalen hellrostgelblichen Federrändern. U-Seite gefleckt, nicht sehr verwaschen. Schwanz mit schwärzlichemEndband (unscharf). Flügelspitzen[1] bräunlich-schwarz.	I. JK.: Ähnlich Silbermöwe, aber etwas düsterer. U-Seite grob verwaschen, dunkel gefleckt. Flügelspitzen[1] fast schwarz.	I. JK.: Die dunkelbräunlich. Mantelfedern haben zakkige weißliche Säume, wodurch die Rückenfärbung oft recht hell erscheint. Schwanzende marmoriert-schwarz (unscharf!). Flügelspitzen bräunlich-schwarz.
II. JK. und folg. Kl.: Rücken immer mehr mit hellgrau gemischt, wobei die U-Seite immer weißer wird. — In diesem Kleid der Mantelmöwe im I. JK. ähnlich!	II. JK. und folg. Kl.: Rücken immer mehr mit schwarz gemischt, wodurch die O-Seite recht dunkel und derKontrast zur weißeren U-Seite stärker erscheint.	II. JK. und folg. Kl.: Immer mehr mit schwarz gemischt;derHeringsmöwe recht ähnlich, aber andere Figur (s. u.).
Schnabel: kräftig, aber nicht übermäßig hoch und stark.	Schnabel wie Silbermöwe.	Schnabel sehr kräftig und hoch.
Flügel und Flug: nicht besonders breite Flügel. Flug ruhig, Flügel nicht sehr stark abwärts gebogen.	Flügel rel. schmal erscheinend.	Flügel breit erscheinend; sehr langsamer Flug, Flügel abwärts gebogen (reiherartig).

weiß, nur Kropfseiten dunkel. Füße schwarz. Nicht so typisch auf Sand (an der Ostsee selten). — Stimme:

[1] Bei der Heringsmöwe sind alle Schwungfedern einfarbig braunschwarz bis auf einen schmalen Endsaum. Bei der Silbermöwe sind alle inneren (von der 6. von außen) Schwungfedern ± deutlich heller gezeichnet. Fast stets ein länglicher, heller Fleck an der Außenfahne vor der Spitze.

büip u. ä. — Vorkommen: Sehr häufiger Brut- und Durchzugsvogel (s. auch S. 185).

Die großen Regenpfeifer (**Kiebitz-** und **Goldregenpfeifer**) sind nur auf dem Durchzug hier (s. S. 184, 185).

Häufiger Herbstdurchzügler und vereinzelter Brutvogel ist der **Steinwälzer,** Arenaria i. interpres (L.). Buntscheckig, dunkle Brust; weißer Schulterstreif und weißes Flügelband. Bürzelgegend weiß, darauf scharf abgesetzt ein schwarzer, hufeisenförmiger Fleck.

Austernfischer, Haematopus o. ostralegus L.

Kennzeichen: ca. kiebitzgroß, schwarz-weiß, weißer Flügelschild. Roter (ad.) Schnabel lang. — Stimme: laut plit, plit, quiehp — pülieht . . . pürr. — An der Nord- und westlichen Ostsee sehr häufig, östlich seltener.

Von den *Strandläufern* (s. S. 176), die mehr trippeln als „rollen", zeigen sich wohl alle auch hier, die auf dem Schlickwatt typisch sind. Außer **Alpenstrandläufer, Zwergstrandläufer** und **Knut** halten sich mit Vorliebe die sehr hellen **Sanderlinge,** Crocethia alba (Pall.) hier auf. — Von den *Wasserläufern* sieht man auf reinem Sandstrand fast nur regelmäßiger den **Flußuferläufer** (zuckender Flug!) und evtl. den **Rotschenkel.** — Der schwarz-weiße **Säbelschnäbler,** Recurvirostra a. avosetta L. mit nach oben gebogenem Schnabel brütet vereinzelt auf Nord- und Ostseeinseln (z. B. Texel, grüne Insel, Hiddensee, vor Zingst).

4. Sandgelblich mit dunklem Bauchschild, Schwanzspieß. Taubenartiger Flug: **Steppenhuhn** (S. 101)

In manchen Jahren invasionsartig auftretend, sonst sehr seltener Irrgast.

5. An Steilküsten. Kleine bräunliche Schwalbe, die in Löchern brütet: **Uferschwalbe** (S. 36)

An Kreideküsten brüten auch gelegentlich *Mehlschwalben.* Ihre kugligen Nester sind an die Wand unter Felsnasen geklebt (S. 36).

B. Vögel auf Schlickflächen und auf dem Watt bei Ebbe.

1. Vogel langflüglig mit ruhigem Fluge, rel. kurzem Hals und Schwanz; Schwanz gerade abgeschnitten: *Möwen* s. S. 194.
Schwanz ausgeschnitten; kräftige, ruckende Flügelschläge; stoßen ins Wasser: *Seeschwalben* s. S. 209.
Schwanz stark abgerundet oder mit verlängerten Mittelfedern: *Raubmöwen* s. S. 213.
2. Vogel ca. krähengroß oder taubengroß, hochbeinig. Mit sehr langem, abwärts gebogenen Schnabel; bräunlich: *Bruchvögel* (S. 178)
3. Vogel ca. taubengroß, schwarz-weiß; hochbeinig. Ruf: bjüt u. ä. Dunkler langer, aufwärts gebogener Schnabel. Im kiebitzartigen Flug sind die Beine lang nach hinten gestreckt und der Hals ist eingezogen: **Säbelschnäbler** (S. 200)
4. Vogel ca. kiebitzgroß, schwarz-weiß; rel. niedrige Beine; langer kräftiger (roter) Schnabel. Breiter weißer Flügelschild. Fast entenartiger Flug; Ruf laut plüt, pliep u. ä.: **Austernfischer** (S. 200)
5. Vogel ca. taubengroß, hochbeinig, sehr langer gerader Schnabel. ♂ ad. im Frühjahr unten rostrot, ♀ rostgelblich; juv. schwach rostgelblich und ad. im Herbst hell, oben graubraun; schmale helle Flügelbinde. Weißer, dunkel gebänderter Schwanz und weißer Bürzel: **Rostrote Uferschnepfe** (S. 178)
[Schwanz schwarz, weißer Flügelschild: **Schwarzschwänzige Uferschnepfe**]
6. Vogel ca. rotkehlchen- bis stark drosselgroß, oft in großen Scharen auf dem Watt. Bohren nach Futter, beim Stehen nicht ausgesprochen horizontale Körperlage. Gang trippelnd: *Strandläufer* (vgl. S. 176)

Besonders **Alpenstrandläufer** und **Sanderling.** Dazu noch ein Strandläufer zum Schein: Ca. drosselgroß;

buntscheckig, schwarze Brust (und schwarz-weiße Kehlzeichnung bei ad.), die schwarz- und rostfarbige O-Seite mit weißen Schulterstreifen und breiter, weißer Flügelbinde. Beine gelb bis gelbrot; auf dem weißen Bürzel schwarzer Halbmondfleck:
Steinwälzer (S. 200) (Regenpfeifer!)

7. Kurzschnäblig, ca. lerchen- bis fast kiebitzgroß. Rundlicher Kopf, rollender Gang: *Regenpfeifer* (S. 183)
Ca. lerchen- bis drosselgroß.
Füße gelb, Brustband bei ad. im Frühjahr geschlossen, sonst fast geschlossen. Ruf bjüíp:
Sandregenpfeifer (S. 198)
Füße schwarz, kein Brustband. Nur schwärzliche Kropfseiten. Ruf gegegeg oder tjip:
Seeregenpfeifer (S. 198)
Dunkles Brustband, scheckige Kehlzeichnung. Weißer Schulterstreif, breites weißes Flügelband. Bürzel weiß mit schwarzem Halbmondfleck: **Steinwälzer** (S. 200)
Über drosselgroß.
Weiße Achseln: **Goldregenpfeifer** (S. 184)
Schwarze Achseln: **Kiebitzregenpfeifer** (S. 185)

8. Schlank, meist hochbeinig; mehr stelzender Gang; oft Körper- oder Kopfwippen. Ca. lerchen- bis stark drosselgroß: *Wasserläufer* (S. 172)
Rote Beine, weißer Flügelschild: **Rotschenkel** (S. 175)
Klein; ziemlich niedrig. Körperwippen. Helle Flügelbinde, Bürzel in der Mitte dunkel. Zuckender Flug:
Flußuferläufer (S. 173)
(Andere Wasserläufer s. Gruppe 14, S. 172.)

9. *Reiher* (Hals im Flug eingezogen!), s. S. 166.

10. *Gänse.* — (**Schwäne** und **Enten** s. Gruppe 16 und 13)
Hauptsächlich „gänsegrau;" Schnabel einfarbig rötlich gelb: **Graugans** (S. 138)
Schnabel schwarz, in der Mitte gelbrot: **Saatgans** (S. 138)
Kurzer Schnabel schwarz, in der Mitte rosa, Füße ebenso: **Kurzschnabelgans** (Selten!) (S. 138)

Stirn weiß, fast saatgansgroß: **Bleßgans** ad. (S. 138)
Stirn und Scheitelmitte weiß, kleiner:
Zwerggans ad. (S. 138)
Sehr dunkel; weiße Wangen: **Nonnengans** (S. 215)
(Nicht sehr häufig!)
Ganz schwarzer Hals bis auf weißen Seitenfleck; auffällig weiße O-schwanzdecken: **Ringelgans** (S. 215)
Nicht viel größer als Stockente. Entenähnlich im Schwimmen. Schillernd schwarzer Kopf mit rotem „Sattel"-Schnabel. ♂ mit großem Stirnhöcker. Kropf, Bauch und U-Rücken, ebenso Vorderflügel weiß. Flügel schwarz, zimtbraunes Band über Brust und Vorderrücken: **Brandgans** ad., Tadorna tadorna (L.). — Bes. an der Nordsee häufiger Erdhöhlenbrüter.
Ähnlich; kleiner. Noch kein braunes Brustband. Wangen und Kehle weiß. Anstatt schwarz mehr schwarzgrau: **Brandgans** juv.

C. Vögel auf Steinmolen und Mauerwerk am Strand.

1. *Singvögel.*

Langschwänzig, zierlich; wippend: **Bachstelze** (S. 124)
Kurzschwänzig, ruckende Bewegungen, weiße Schwanzwurzel; weißer Bürzel: **Steinschmätzer** (S. 99)
Man achte auch auf die größeren grönländischen und isländischen Formen!
Zierlich; unauffällig grau- bis olivbraun; Pieper. Oben verwaschen, unten ziemlich grob gefleckt. Schwanzaußenfedern fahlbraungrau: **Felsenpieper** (S. 127)
Ähnlich, Schwanzaußenfedern weiß. Helle Füße; deutlicher gefleckt: **Wiesenpieper** (S. 126)
Auf dem Durchzug zeigen sich gelegentlich auch **Rotschwänzchen**, **Rotkehlchen**, **Zaunkönig** u. a. hier.

2. *Möwenähnliche* zum Ausruhen; s. Tabelle S. 187.
Gelegentlich auch **Kormoran** zum Trocknen des Ge-

fieders. — *Krähenvögel* s. S. 4, evtl. auch **Alpendohle** S. 227.

3. *Stelzvögel.*

Ca. lerchengroß; zierlich. Nicht besonders hochbeinig. Wippen mit dem Hinterkörper. U-Seite fast ganz weiß, oben bräunlich. Zuckender Flug, wobei schmale helle Flügelbinde und weißer, in der Mitte bräunlicher Bürzel auffällt. Helles hidididi u. ä.: **Flußuferläufer** (S. 173)

Reichlich drosselgroß; hochbeinig. Beine rot. Graziöse Bewegungen, oft Nicken nach hinten. Im Auffliegen flötend djüdü(dü). Breiter weißer Schild am Flügelhinterrand. Weißer Bürzel, heller Schwanz: **Rotschenkel** (S. 175)

Ca. drosselgroß; gedrungenere Gestalt; gelb(rote) Beine, dunkler Brustschild, weiß und schwarz gezeichnete Kehle. Oben rostbraun mit schwarz (ad. Frühjahr) oder dunkelbräunlichschwarz (Herbst oder juv.) mit weißem Schulter- und sehr breitem weißen Flügelstreif. Bürzelgegend und Schwanzwurzel weiß. Auf dem Bürzel ein schwarzer Hufeisenfleck: **Steinwälzer** (S. 200)

Ca. drosselgroß; gedrungen. Niedrige gelbe Beine, gelbe Schnabelwurzel. Recht dunkel, nur am Bauch weiß. Bürzel schwarz, seitlich weiß, schmale Flügelbinde. Weiße Halbmondflecken auf dem O-Flügel; meist nur von September bis April: **Meerstrandläufer** (S. 180)

Etwas größer als Alpenstrandläufer; oft schwimmend. juv. und ad. im Herbst unten weiß; dunkler Bogenstreif an den Kopfseiten. Oben ± hellgrau, Füße gelb: **Plattschnäbliger Wassertreter** (S. 183)

Andere Stelzvögel untypisch, vgl. aber Tabelle S. 171.

D. Vögel auf sumpfigen Strandwiesen.

Kein prinzipieller Unterschied zu den in Gruppe 12 und 14 aufgezählten Vögeln, nur die Häufigkeitsgrade sind anders. Man bestimme nach den Gruppen, S. 137 und 167 und bemerke folgendes: Es brüten hier u. a.: **Kiebitz, Rotschenkel, Austernfischer**[1]. Häufiger Durchzügler ist die **Rostrote Uferschnepfe;** seltener die **Schwarzschwänzige Uferschnepfe, Großer** und **Regenbrachvogel,** die drei **Sumpfschnepfen** usw. Es können gelegentlich an schlikkigen Gräben alle Wasserläufer, besonders **Bruchwasserläufer, Grünschenkel, Kampfläufer** und **Flußuferläufer** auftreten. In kleinen Wassertümpeln auch — seltener — der **Schmalschnäblige Wassertreter** und sehr selten der **Sumpfläufer. Strandläufer** mehr gelegentlich; am liebsten halten sich **Knut** und **Bogenschnäbliger Strandläufer** hier auf, während die anderen mehr Schlick oder Sand lieben. Ebenso sind Regenpfeifer und Steinwälzer hier nicht charakteristisch. Ferner kann man evtl. sehen **Gänse** und **Enten. Möwen** halten sich gern hier auf (s. Tabelle S. 187). **Rallenartige** gelegentlich auf dem Durchzug.

E. Vögel Helgolands und Felsenvögel der Hochsee.

Die kleine Buntsandsteininsel Helgoland steht ornithologisch in zweierlei Punkten einzig in Deutschland da; erstens durch den *Lummenfelsen* und zweitens durch den *Massenvogelzug nachts* bei dunklem Himmel, sowie die ungleich wertvolle Rastmöglichkeit für übers Meer wandernde Landvögel an sich. Der Zug tags ist verhältnismäßig gering. Die Beobachtungsmöglichkeit auf so übersichtlichem Gelände garantiert auch für Beobachtungen sehr selten durchziehender und versteckter Arten, die anderswo kaum auffallen.

Als *Brutvögel* gibt es nur: **Sperlinge, Star, Weiße Bachstelze**[2], **Feldlerche;** gelegentlich auch **Heckenbraun-**

[1] Wenigstens an der Nord- und westlichen Ostsee. Vgl. S. 200.

[2] Oder Trauerstelze bzw. Mischlinge.

elle, **Buch-** und **Grünfink, Hausrotschwanz, Rauchschwalbe.** Erwähnung verdient vor allem die **Grünköpfige Schafstelze,** Motacilla flava rayi (Bp.), die auf der Helgoländer Düne meist in einer Anzahl von 1 bis 3♂♀ brütet. Kennzeichen für das ♂ ad. im Frühjahr: U-Seite gelb, Rücken olivgrünlich und auch sonst wie Schafstelze, aber Kopf nicht grau mit weißem, sondern gelblichgrün mit gelbem Überaugenstrich. ♀ und juv. zeigen diese Unterschiede nicht so auffällig oder gar nicht; auch im Herbstkleid der alten ♂♂ sehr schwer zu sehen.

Vögel am Lummenfelsen.

Im Frühjahr (April bis Juli) ist der Felsen über und über besetzt mit den etwa entengroßen **Trottellummen,** Uria aalge albionis With. In pinguinartiger[1] Haltung sitzen die Vögel dicht gedrängt. U-Seite von der Brust ab weiß. Im Sommer erscheinen Hals und Kopf und die ganze O-Seite dunkel schokoladebraun bis schwärzlich; im Winter ist ein gebogener Schläfenstreif und der Vorderhals weiß. Schmales weißes Band auf dem schmalen, schnell schwingenden Flügel. Im Flug seetaucherähnlich (vgl. Abb. 4,4; aber kurzhalsiger); Beine als Steuer. Schnabel schlank und spitzig. Stimme: lärmendes rröö rrau rau eääh au, au arrrr, arrrr oder anders, ein ganz ohrenbetäubender Lärm! Die juv., die dann im Juli vom Felsen herabspringen, rufen haubentaucherähnlich bílli bílli, bílli... Einige Lummen haben immer einen weißen Schläfenstreif und weißen Augenring; diese Mutante nennt man *Ringellumme.*

Unter den vielen umherschwärmenden Lummen fallen auch sonst ähnliche, oben nicht braunschwarze, sondern ganz schwarze Vögel auf, die, wenn sie sich gesetzt haben,

[1] Sind mit Pinguinen aber keineswegs verwandt und sind auch nicht „eine Wildentenart", wie sie dem staunenden Publikum oft vorgestellt werden, sondern Taucher.

	Kormoran	Krähenscharbe
Größe:	Fast gänsegroß.	nur stark entengroß.
Flugbild:	Rel. langer Schwanz, ruhigere Flügelschläge. — Kreuzförmig. (Vgl. Abb. 4,3)	Schwanz für Schwimmvogel zwar lang, aber im Verhältnis zum Kormoran kürzer. — Fast kreuzförmig erscheinend; schnellere Flügelschläge.
Schnabel:	Kräftig, nicht besonders lang.	dünner, rel. lang.
Färbung:	Prachtkl.: grünblau bis glänzend schwarz. Mit weißen Wangenfedern u. weißem Bauchseitenfleck. Kein Stirnschopf. Andere Kleider ohne diese Pracht, juv. unten z. T. schmutzig weiß.	Prachtkl.: schwarz mit öliggrünem Glanze. Ohne weiß. Stirnschopf. Andere Kleider ohne Schopf, aber immer recht dunkel. juv. unten z. T. bräunlichschwarz.
Vorkommen:	Als nördlicher Durchzügler (wohl seltener von deutschen Brutplätzen) nicht selten erscheinend. Vgl. auch Abb. 9,1.	Gast aus Großbritannien, Island usw.

auch den hohen, rel. kurzen Schnabel mit weißer Mittelbinde zeigen. Das sind **Tordalken,** Alca torda L., die im Gegensatz zu den in über 5000 Stück vorhandenen Lummen recht spärlich brüten. Im Sommerkleid sind Kopf und Hals schwarz bis auf einen weißen Zügelstreif. Winters mit weißem Vorderhals und weißer Schläfe. — Stimme: tiefer als die der Lumme, quarrend. Die Jungen piepen bilfebilfe . . .

Als Gast läßt sich an den Felsen vielleicht einmal ein **Kormoran** oder gar die kleinere **Krähenscharbe,** Phalacrocorax a. aristotelis (L.) sehen. Unterschiede (vgl. Tabelle S. 207).

Der fast gänsegroße **Baßtölpel,** Sula b. bassana (L.)

zeigt sich auch vereinzelt auf der Streife hier und ruht vielleicht am Felsen.

Kennzeichen: Weiß mit schwarzen Flügelspitzen; rel. langer hellbläulicher spitzer Schnabel. Schwanz rel. lang. Flug gewandt; Stoßtaucher! (Flugbild ähnlich Abb. 4,$_3$, aber langflügeliger, kurzhalsiger und spitzschwänziger.) Übergangskleider mit schwarzen Fleckchen auf dem Weiß oder weiß mit dunklem Mantel. juv. dunkel mit weißen Perlfleckchen übersäet. — Kommt wohl meist aus Britannien.

Möwen ruhen natürlich gern auf dem Felsen oder räubern nach den jungen Lummen am Felsen entlang. Im Winter sind auch gern **Dreizehenmöwen** an der Klippe, die hier früher brüteten.

Über den Vogeldurchzug auf Helgoland.

Nur Ende Juni und Anfang Juli herrscht kein merklicher Zug; sonst kann man sich auf alle möglichen Arten gefaßt machen. Es ist ganz unmöglich, die 400 Arten alle aufzuzählen, die hier durchziehen. Viele — besonders Waldvögel — halten sich in der „Sapskuhle“ dem Fang- und Beobachtungsgarten der *Vogelwarte* (der Biologischen Anstalt) auf, wo sie beringt und wissenschaftlich untersucht werden.

Auf dem Festland sehr seltene, in Helgoland aber regelmäßiger zu beobachtende Vögel sind z. B. **Rotsterniges Blaukehlchen, Spornpieper** (groß; ruft wie Spatz!), **Gelbbrauiger Laubsänger** (Kopfstreifen, zwei weiße Flügelbinden). Dazu kommen als *Seltenheiten, die man auf dem Festland fast nie sieht*: **Goldhähnchenlaubsänger** (ähnlich vorigem, aber gelber Bürzel!), **Sängerlaubvogel, Kappen-, Weiden-, Zwerg-, Wald-, Braunkehl-** und andere **Ammern, Zitronenstelze, Streifenschwirl** u. a. „Delikatessen“.

Da für viele Vögel der natürliche Lebensraum fehlt, trifft man manche Arten an ganz unerwarteten Plätzen. So sieht man z. B. Waldschnepfen auf dem freien Oberland, Goldhähnchen auf den Straßen, Ringdrosseln und Laubsänger an der Klippe usw.!

Hingewiesen sei nur noch auf den überwältigenden Nachtdurchzug, der sich hauptsächlich bei nicht sehr windigen, dunklen Nächten im April/Mai oder mehr noch September/Oktober abspielt. Der Leuchtturm lenkt die Vögel dann von ihrer breitspurigen Bahn ab und sammelt mitunter unfaßbare Massen in seinem Schein. Es sind oft Stimmen zu hören, bei denen der beste Ornithologe keinen Rat weiß, wem er sie zuschreiben soll. Auf die auffälligsten ist im Anhang S. 248 hingewiesen.

16. Gruppe: Vögel auf dem Meere.

Betrifft hauptsächlich möwenartige und typische Schwimmvögel.

A. Vögel auf und über dem Meere nahe der Küste.

Im Sommerhalbjahr beleben die *Möwen* und *Seeschwalben* unsere Küsten. *Möwen* s. Tabelle S. 187 und Gruppe 15. *Die Seeschwalben* haben ± tief gegabelten Schwanz und schlagen ruckweise mit den Flügeln. Typische Färbung: weiß, hellblaugrauer Mantel, schwarze Kopfkappe. Sie sind Stoßtaucher und erbeuten Fische. Schnabel beim Beutesuchen abwärts gehalten. Zugvögel.

An Nord- und Ostsee häufig: Fluß- und Küstenschwalbe (siehe Tabelle S. 210).

Beide Arten sind nur nach großer Übung auseinanderzuhalten[1]! Schnäbel der juv. rötlich mit dunkler Spitze, Füße nicht hochrot wie bei ad., sondern fleischrötlich. Vgl. folgende Arten:

Brandseeschwalbe, Sterna s. sandvicensis Lath.

[1] In der Hand leicht zu unterscheiden: Flußseeschwalbe: Äußerste Handschwinge mit dunklem Streif längs des Schaftes, der auch auf die Innenfahne weit übergreift und (in der Mitte der Feder) mindestens ¼ ihrer Breite einnimmt. Küstenseeschwalbe: Der Schaftstreif nimmt stets weniger als ¼ der Innenfahne ein.

	Flußseeschwalbe Sterna h. hirundo L.	**Küstenseeschwalbe** Sterna paradisaea Brünn.
ad.:	Roter Schnabel stets mit dunkler Spitze. Füße beim Sitzen gut zu sehen, rel. hoch. Schwanz nicht auffällig lang, aber tief gespalten.	Meist der ganze Schnabel karminrot. Füße beim Sitzen kaum zu sehen, sehr niedrig. Schwanz recht lang, tief gespalten.
juv.:	Stirn weißlich, Kopfkappe schwärzlich. O-Seite auf hellblaugrauem Grund mattbräunlich gefleckt. (Fußkennzeichen!)	Stirn weiß, Kopfkappe schwarz. O-Seite auf hellblaugrauem Grund schwärzlichbraun gefleckt. (Fußkennzeichen!)
Stimme:	kitt, kitt kitt... kīrrr oder meist kīärrr	kitt, kitt kitt... kīrrä oder krrī(äh), $k\frac{i}{rrr}a$ nie aus zwei so langen Silben bestehend.
Vorkommen:	Sehr häufig an der ganzen Küste	z. T. fehlend, aber auch oft mit hirundo zusammen

Kennzeichen: ad. mit schwarzer schopfiger Kopfkappe, schwarzer Bein- und Schnabel-(spitzenwärts etwas gelb!) farbe. juv. mit rötlichschwarzen Beinen, schwarzem Schnabel und deutlich schwarz geflecktem und gelblich gerandetem Mantel. Stirn weiß. — Ähnliche: dem ad.: Lachseeschwalbe, s. d., dem juv. Fluß- und Küstenseeschwalbe; deren Schnabel wurzelwärts rot, O-Seite weniger scharf gekantet. S. auch Lachseeschwalbe juv.! — Stimme: scharf kjirrek oder halb pfeifend krijühb u. ä. — Diese große Seeschwalbe brütet in Kolonien an der Nordsee. Dort recht häufig auftretend.

Lachseeschwalbe, Gelochelidon n. nilotica (Gm.).

Kennzeichen: Kürzerer, möwenartiger schwarzer Schnabel, schwarze, ziemlich hohe Beine. Schwarze Kopfkappe ohne Schopf. juv. mit rötlichem Schnabel und rötlichgrauen Beinen. O-Seite sehr hell bräunlich gekantet. Weiße Stirn. Junge Fluß- und Küstenseeschwalben mit längerem, spitzenwärts schwarzen Schnabel, kurzfüßiger, oben schärfer gezeichnet. Vgl. auch Brandseeschwalbe! — Stimme: häheg, häheheg. — Selten. Auf Norderoog Brutvogel.

Paradiesseeschwalbe, Sterna d. dougalli Mont.

Kennzeichen: Ähnlich Küstenseeschwalbe, aber viel längere Schwanzspieße (oft zu einem zusammengelegt!) und rel. kürzere Flügel. U-Seite nicht grau, sondern weiß mit rosigem Schimmer. Auch oben heller. Schnabel schwarz mit roter Wurzel, Füße rot. juv. mit heller Stirn vor der schwarzbräunlichen Kappe und mit bräunlich gefleckter O-Seite. Schnabel schwarzbraun. — Stimme: geschleppter als bei Flußseeschwalbe. — Sehr vereinzelt noch Brutvogel an der Nordsee (Nordfriesland)? Als Durchzügler selten.

Zwergseeschwalbe, Sterna a. albifrons Pall.

Kennzeichen: Viel kleiner als vorige. Schnabel (rot) gelb, an der Spitze schwarz. Stirn auch im Alter weiß. Schwarze Kopfkappe. juv. oben gelblichbraun gerandet. — Stimme: pit gräet u. ä.; von einer Schar fast wie Rohrsängergesang anmutend. — Bes. an der Nordsee häufig.

Raubseeschwalbe, Hydroprogne t. tschegrava (Lep.).

Kennzeichen: Viel größer als Lachmöwe und alle Seeschwalben. Starker, roter Schnabel. Schwarze Füße. Schwarze schopfige Kopfkappe. juv. oben gefleckt. — Stimme: häßlich kreischend gschäig, reiherartig. Auch hohes Pfeifen. — Seltener Gast; regelmäßiger auf Hiddensee.

Die *Schwarzen Seeschwalben* (Chlidonias) sind am Meer nur Gäste; sie brüten an Binnengewässern und unterscheiden sich von den anderen Seeschwalben durch seichtere Schwanzgabel (keine „Spieße“!) und dunklere Fär-

	Trauersee-schwalbe Chlidonias n. nigra (L.)	**Weißflügelsee-schwalbe** Chl. leucoptera (Temm.)	**Bartsee-schwalbe** Chl. l. leucopareia (Temm.)
Gemeinsame Kennzeichen	Sämtlich kleiner als Flußseeschwalbe. Dunkler! Die ad. im Sommer mit ± Schwarz an der U-Seite und grauer O-Seite. U-Schwanzdecken weiß. Winterkleider und juv. unten ganz weiß. Weiße Stirn und dunkle Kopfkappe (bei nigra am schwärzesten). U-Flügel hell. Übergänge gescheckt! — Stimme nicht „kriäh" wie bei Sterna, sondern „tscherk, kri" u. ä.		
ad. im Sommerkleid	O-Schwanzdeck. und Schwanz grau. U-Flügel hellgrau. Kopf, Brust, Bauch (grau)schwarz; ♀ an Kehle und Wange weiß gemischt. Schnabel und Beine dunkelfarbig.	Vorderflügel, O-Schwanzdecken und Schwanz (letzterer wenigstens beim ♂) rein weiß. U-Flügeldecken schwarz. Kopf, Rücken, Brust u. Bauch schw. Schnabel dunkel, Beine zinnoberrot.	O-Schwanzdeck. und Schwanz grau. U-Flügel weiß. Kopfkappe schwarz, Kopfseiten weiß Brust grau, allmählich in den schwarz. Bauch übergehend. Schnabel und Beine blutrot.
ad. im Winterkleid.	Ganze O-Seite schiefergrau, bes. dunkel am Rücken. U-Flügeldecken hellgrau. Kropfseitenfleck dunkel in die weiße U-Seite eingreifend. Schnabel und Füße wie oben.	O-Seite heller schiefergrau, nur Bürzel und Schwanz weißlicher grau. U-Flügeldecken weiß. Kein Kropffleck Schnabel und Füße wie oben.	Ganze O-Seite aschgrau. U-Flügeldecken weiß. Kein Kropffleck. Schnabel und Füße wie oben.

Fortsetzung der Tab. von S. 212.

	Trauer-seeschwalbe Chl. nigra (L.)	**Weißflügel-seeschwalbe** Chl. leucoptera (Temm.)	**Bartsee-schwalbe** Chl. l. leucopareia (Temm.)
juv.	Ganze O-Seite stark braun gemischtes Dunkelgrau. O-Schwanzdecken etwas grauer. U-Flügel weiß. Kropfseitenfl.! Schnabel und Füße schwärzlich bzw. bräunlich.	Wie nigra, aber Bürzel weißlichgrau, O-Schwanzdecken aschgrau; kein Kropfseitenfl. Schnabel schwärzlich, Füße blaß orange.	O-Seite graubraun, bes. an Schultern stark rostgelblich gemischt. O-Schwanzdecken u. Schwanz grau. Kein Kropfseitenfleck. Schnabel und Füße matt rotbräunlich.
Bemerkungen	Brutvogel an verwachsenen Gewässern. Überall durchziehend	Gelegentlicher (im S regelmäßiger) Gast aus Südosten.	Seltener Gast aus Südosten, im S regelmäßiger.

bung. Sie stoßtauchen niemals so kräftig. S. Gegenüberstellung S. 212.

Möwen mit etwas hakigem Schnabel, von nie „möwenblauer" Färbung und mit ± verlängerten Mittelschwanzfedern sind *Raubmöwen*. Sie jagen gern anderen Möwenartigen die Beute ab. Bei den juv. ragen die Schwanzmittelfedern noch nicht so weit über den Schwanz hinaus, sie sind im Freien nicht sicher anzusprechen (siehe Tabelle S. 214).

Viel seltener als diese drei kleineren Arten ist die etwa silbermöwengroße **Große Raubmöwe (Skua),** Stercorarius s. skua (Brünn.).

Kennzeichen: Schwanzende keilförmig. Es kommt nur eine dunkel rostbräunliche oder braunschwarze Phase vor. Stets auffällig, außer durch Größe, durch weißen Fleck in der Nähe des Flügelbugs! Immer dunkler (auch unten!) und plumper als junge Großmöwen.

	Mittlere Raubmöwe Stercorarius pomarinus (Temm.)	**Schmarotzer-raubmöwe** Sterc. p. parasiticus (L.)	**Kleine Raubmöwe** Sterc. longicaudus Vieill.
ad.:	AllgemeineKennzeichen: Mittelschwanzfedern breit, gedreht. . Etwa sturmmöwengroß.	AllgemeineKennzeichen: Mittelschwanzfedern schmal, langspitzig. — Etwa lachmöwengroß.	WieSchmarotzerraubmöwe; Mittelschwanzfedern fast doppelt so lang wie die übrigen Schwanzfedern. — Etwa lachmöwengroß.
helle Phase:	U-Seite bis auf Kropfband ganz weiß; oben fast schwarz; Halsseiten strohgelb.	U-Seite nie rein weiß; oben mehr bräunlich-schwarzgrau; Halsseiten gelblich.	U-Seite nie reinweiß. Oben fast dunkel aschgrau. (Schw. Kopfplatte wie die anderen.)
dunkle Phase:	Oft fast einfarbig schwarzbraun. Es kommen auch Stücke vor, die oben breit rostgelb gerandet und unten bräunlichgrau gezeichnet sind.	oben düsterbräunlich mit schmalen weißlichen Federrändern; unten hell bräunlichgrau. Es gibt auch fast schwarzbraune Stücke.	wie Schmarotzerraubmöwe[1]. Wohl nie so einheitlich tiefdunkel wie parasiticus.
Flug:	Ruhig, oft segelnd.	hastig; Kapriolen, Sturzflüge.	wie Schmarotzerraubmöwe.

Enten: besonders im Winter in großen Scharen auf der See liegend. Man bestimme nach der Tabelle S. 153. Es kommen vor allem in Frage: **Trauerente, Schellente, Eis-**

[1] Die Maße sind entscheidend. Meist ist bei longicaudus der 3. (und die folgenden!) Schwingenschaft fahlbräunlich und nicht weiß wie die ersten beiden, bei parasiticus ist auch der 3. weiß.

ente (besonders Ostsee!), **Berg- und Reiherente, Samtente** und einige Gründelenten. — **Säger** (tiefer liegend, viel weiß!) alle drei Arten, s. S. 156. Bei Hiddensee sieht man besonders im Sommer viele Mittelsäger, die dort brüten.

Gänse: besonders **Ringelgans,** Branta b. bernicla (L.), recht dunkel, weiße Ober- und Unterschwanzdecken. ad. mit weißem Fleck auf der Seite des schwarzen Halses. — Mit weißem Gesicht, schwarzem Hals, grauer O-Seite, weißer U-Seite: die seltenere **Nonnengans,** Branta leucopsis (Bechst.). — Weiß und schwarz, zimtbraunes Brustband, entenartig: **Brandgans** (S. 203)

Seetaucher s. u.

Bestimmungsübersicht der weiteren in Betracht kommenden Vögel.

1. Kein platter, sondern spitziger oder seitlich komprimierter Schnabel. Flug schwirrend: *Taucher*

   a) *Etwa knapp krickenten- bis stockentengroß; weißer Spiegel: Lappentaucher* (Abb. 9,$_{3-5}$) S. S. 150. Besonders Hauben- und Horntaucher. — Ähnlich, aber zu den Enten gehörig sind die *Säger* (gut stockentengroß, Kopf einfarbig schwarz oder braun. Vgl. Abb. 9,$_2$).

   b) *Etwa reichlich stockenten- bis gänsegroß, ohne Flügelspiegel; oben dunkel, unten weiß: Seetaucher* (Abb. 4,$_4$ u. 9,$_8$)
   Häufig vom Herbst bis Frühling sind **Nord- und Polar-Seetaucher.** (S. 152) Dazu noch:
   Schnabel stark; Vogel ca. gänsegroß. O-Seite mit hellgrauen Säumen. Prachtkleid: Oberkopf schwarz, Hals schwarz-weiß; Rücken weiß gefenstert: **Eisseetaucher** Colymbus immer Brünn.
   Seltener Gast.

   c) *Etwas kleiner als Stockente; oben schwarz oder schwarzbraun; unten meist weiß. Spitzer oder hoher*

Schnabel. Kurzhalsiger als Seetaucher, sonst ähnlich Abb. 4,$_4$ *und* 9,$_8$. *Schwirrender Flug:*

Lummen und *Alke*

Schwarzer Schnabel gestreckt, Vogel liegt nicht besonders tief im Wasser. Schmale helle Flügelbinde. Winters weißer Vorderhals und Schläfenstreif: **Trottellumme** (S. 206)

Meist wohl Uria a. aalge (Pont.), die nordische Form. In der Nähe Helgolands auch die braunere Form albionis With. (im Sommer).

Schnabel hoch, seitlich komprimiert. Liegt höher auf dem Wasser; kurze Gestalt. Oben tief schwarz. Schmale helle Flügelbinde: **Tordalk** (S. 207)

Seltener **Gryllteist, Papageitaucher** und **Krabbentaucher** s. S. 218.

2. Blick beim Schwimmen etwas nach oben gerichtet. Flugbild kreuzförmig; rel. langer Schwanz. Nicht sehr schnelle Flügelschläge. Der mäßig lange Schnabel vorn mit Haken: *Scharben*

Ca. knapp gänsegroß, helles Gesicht; nie mit Stirnschopf: **Kormoran** (S. 207)

Reichlich stockentengroß; ad. mit Stirnschopf: **Krähenscharbe** (S. 207)

3. Schwäne (Flugbild s. Abb. **4**,$_5$).

Mit Gelb am Schnabel.

Gelb reicht bis zur Mitte: **Singschwan** (S. 165)

Gelb nur an der Wurzel: **Zwergschwan** (S. 165)

Ohne Gelb; mit Höcker an der Vorderstirn: **Höckerschwan** (S. 164)

Vgl. auch Gruppe 16B.

B. Charaktervögel der Hochsee[1].

Möwen s. S. 187.

1. *Möwen- bis taucherähnlicher Habitus. Beim Schwimmen oft mit Flügeln schlagend. Etwa tauben- bis sturm-*

[1] Innerhalb deutscher Gewässer. Hier kommt hauptsächlich die offene Nordsee in Frage, auch die Gegend um Helgoland.

möwengroß. Oben grau oder dunkel, unten oft ± hell (weiß). Schnabel-Nasenröhren:

Sturmvögel

Grau[1], ähnlich Möwe, aber kürzere Flügel. Flügelspitzen nicht schwarz oder weiß, sondern dunkler grau als der Oberflügel. Dreiecksmuster auf dem Flügel! Schnabel gelb, Füße gelblich fleischfarben. Hinterhals, Bauch und Schwanz hell aschgrau überflogen (nicht weiß): **Eissturmvogel**

Fulmarus g. glacialis (L.)

Nicht seltener Wintergast.

Oben düsterbraunschwarz, unten weiß oder trübweiß. (Bei Möwen kommt diese Farbverteilung nie vor, zumal bei ganz dunklem Oberkopf!) Flügelschlagend im Wasser oder über den Wellen gaukelnd; etwa lachmöwengroß: **Nordischer Sturmtaucher**

Puffinus p. puffinus (Brünn.)

Seltener.

Oben düsterrußbräunlich, unten hellrußbräunlich verwaschen, Schnabel fast kopflang wie beim vorigen, im Verhältnis zu Möwen also lang:

Dunkler Sturmtaucher

Puffinus griseus (Gm.)

Selten.

2. *Schwalbenähnlich, aber Schnabel wie bei 1. Etwa seglergroß (robuster!). Weiße Oberschwanzdecken:*

Schwalbensturmvögel

Flattern gewandt über die Wogen und laufen, streckenweise flügelschlagend, übers Wasser. Düsterrauchbräunlich mit heller Flügelbinde. Gabelschwanz:

Gabelschwänzige Sturmschwalbe

Oceanodroma l. leucorrhoa (Vieill.)

Nicht häufig, gelegentlich auch auf der Ostsee erscheinend.

---

[1] Es gibt auch dunkelbräunliche Phasen.

Sehr ähnlich, etwas dunkler. Schwanz gerade abgeschnitten: **Kleine Sturmschwalbe**
Hydrobates pelagicus (L.)
Mitunter an der Küste.

Von voriger kaum zu unterscheiden, mit zum Teil gelben Schwimmhäuten: **Buntfüßige Sturmschwalbe**
Oceanites o. oceanicus (Kuhl.)
Irrgast.

3. *Meist schwimmend; Flug schwirrend. Oben dunkel, unten meist weiß. Flügelbinde oder Spiegel:*
Alkenartige[1]

Knapp stockentengroß, schwarzer Schnabel gestreckt. Winters mit weißem Bogenstreif an der Schläfe.
Trottellumme (S. 206)

Ähnlich, der wurzelwärts gelbe Schnabel dicker, aber nicht wie beim Alk seitlich komprimiert. Kein deutlicher schmaler Schläfenstreif:
Dickschnabellumme, Uria l. lomvia (L.).
Sehr selten.

Etwas kleiner, Schnabel hoch, seitlich gedrückt, mit weißer Mittelbinde: **Tordalk** (S. 207)
Liegt höher im Schwimmen.

ca. taubengroß. Prachtkleid tiefschwarz mit weißem Flügelspiegel und roten Beinen. Winterkleid unten weiß. Jüngere grau scheckig. juv.: mit weißer U-Seite, O-Seite dunkel mit hellen Querfleckreihen. Spiegel durch dunkle Flecken unterbrochen: **Gryllteist**
Uria g. grylle (L.)
Nicht häufig.

Knapp taubengroß, gedrungen. Hellgraues Gesicht schwarz gerahmt. Weiße Flügelbinde. Bei ad. sehr hoher bunter Schnabel. Wenn vor dem Schiff aufgescheucht, gleich wieder einfallend, im Gegensatz zu Lummen! **Papageitaucher** (Lund)
Fratercula a. arctica (L.)
Unregelmäßig.

[1] Meist im Winter.

Nur etwa drosselgroß; rundlich. Kleiner, kurzer Schnabel. Oberflügeldecken mit weißen Flecken. Winterkleid unten ganz weiß. Ein weißer Bogen greift in die Ohrgegend über: **Krabbentaucher**

Alle alle (L.)

Recht selten.

4. *Fast gänsegroß*. Weiß mit schwarzen Flügelspitzen, rel. langer Schnabel und Schwanz: **Baßtölpel** ad. (S. 207)
Düster mit weißen Perlenfleckchen oder weiß mit schwarzem Mantel (älter!), von derselben Figur: **Baßtölpel** juv. (S. 207)
Alles andere s. Gruppe 16 A.

17. Gruppe: Vögel an fließenden Gewässern.

A. Vögel am Sand-, Schlamm-, Kies-, Schilf- oder Steinufer der Ströme und Flüsse.

An Altwässern und trägen Flüssen sind dieselben Arten zu erwarten wie in Gruppe 13 (s. S. 144). Wasserläufe mit Weidicht, Gestrüpp und Schilf (Sumpfrohrsängergelände!) s. Gruppe 12 B.

1. Kleinvögel:
Zierlich, mit Wippschwanz; ohne Gelb: **Weiße Bachstelze** (S. 124)
Sehr langer Wippschwanz; unten ± gelb; oben grau. Kehle bei ♂ schwarz: **Bergstelze** (S. 125)
Lerchen- bis Stelzenfigur. Braungrau mit verwaschener U-Seitenfleckung. Schwarze Füße, weiße Schwanzaußenfedern. Langsames Schwanzwippen. „hiss, hiss" **Wasserpieper** (S. 126)

Auf Flußgeröll u. dgl., bes. im Alpenvorland außerhalb der Brutzeit.

Schwalbe. Oben braungrau. Nistet in Löchern am Steilufer: **Uferschwalbe** (S. 36)
(Schwalben [auch Mehl- und Rauchschwalbe] nebst dem Mauersegler eilen über das Wasser. Vgl. S. 35 u. 36.)

Auf überhängendem Astwerk u. dgl. sitzend. Kurzschwänzig, langschnäblig; etwa sperlingsgroß. Oben prächtig grünblau, unten rostrot, schwirrender Flug, „tit, tit": **Eisvogel** (S. 223)

Im Schilf: Rohrsänger und Rohrammer.

Auf schlickigem Boden, zwischen altem Schilf oder Weiden:

Flügel meist hängend; Schwanz gerne gestelzt und gefächert. Oben erdgrau, Schwanz rostrot mit breiter schwarzer Endbinde. Kehle bei ♂ im Frühjahr blau, rostbraunes Brustband: **Blaukehlchen** (S. 132)

2. Stelzvögel:

ca. lerchengroß; unten weiß, oben erdbräunlich. Wippt mit dem Hinterkörper. Beine und Schnabel nicht besonders lang. Beim Auffliegen helles hídididídi oder hídjéh. Schmale, weiße Flügelbinde; seitlich weißer Bürzel. Zuckender Flug: **Flußuferläufer** (S. 173)

Unter Wurzelwerk u. dgl. auch brütend, sonst regelmäßiger Durchzügler.

ca. lerchengroß, rundlich; waagerechte Haltung. „Rollender" Gang. Schwarzes Brust- und weißes Halsband (im Herbst und bei juv. ersteres nicht geschlossen). Gelbliche Beine. Beim Abfliegen: píu. Keine Flügelbinde: **Flußregenpfeifer** (S. 185)

Besonders auf Kies- und Sandbänken, auch als Brutvogel.

Sehr ähnlich, aber gelber Schnabel, weiße Flügelbinde; Ruf: büíp: **Sandregenpfeifer** (S. 185)

Hier nur durchziehend.

reichlich drosselgroß, weißer Flügelschild; rote lange Beine: **Rotschenkel** (S. 175)

Nur gelegentlich.

Andere *Wasserläufer* (± hochbeinig und langschnäblig, weißer Bürzel) s. S. 172.

Grenzen Sumpfwiesen an, s. Gruppe 12. Schlickboden s. Gruppe 14. **Triel** auf Schotterflächen s. S. 102.

3. Möwenartige (vgl. Tab. S. 187):

Möwe mit rötlichen Beinen und mit großem weißen Keilfleck vor der schmalen schwarzen Flügelspitze. ad. im Sommer mit schwarzbrauner Maske; sonst weißer Kopf mit dunklem Ohrfleck. juv. dunkelbraunstreifig; schwarze Schwanzendbinde:

Lachmöwe (S. 195)

An größeren Flüssen häufig zu sehen. In der Nähe der Küste zeigen sich hier natürlich auch typische Seemöwen, s. Tab. S. 187.

Seeschwalben: auf Sand und Kiesbänken brütet gern die **Flußseeschwalbe.** (Weiß mit blaugrauem Anflug. Rote Schnabel- und Beinfarbe. Schwarze Kopfkappe.) Nur stark seglergroß mit weißer Stirn und gelbrotem Schnabel: **Zwergseeschwalbe** (S. 211)

Verstreut an deutschen Strömen mit Sand- und Kiesbänken.

Rel. klein, düsterschwärzlich (im Frühjahr) mit grauen Flügeln und grauem Schwanz:

Trauerseeschwalbe (S. 212)

Fast nur als Gast (mit weißem Schwanz): **Weißflügelseeschwalbe** S. 212.

U-Seite weiß, dunkelbraungraue O-Seite. Dunkler Fleck an den Kropfseiten: **Trauerseeschwalbe** (S. 213) juv. oder Herbstkleid

Die Trauerseeschwalben stoßen nicht so steil ins Wasser wie die Flußseeschwalben!

4. Raubvögel, s. Tabelle S. 236. An Schilfbeständen darf man die **Rohrweihe** erwarten. Besonders im Nordosten auch den **Schwarzmilan,** der besonders gern an Reiherkolonien schmarotzt. — Evtl. auch **Rotmilan, Fisch-** oder gar **Seeadler.**
5. **Fischreiher.** Hals im Flug eingezogen; grau mit schwarzen Flügelspitzen (vgl. Abb. 4,$_{7}$).

B. Vögel, die auf dem Flusse oder Strom schwimmen.

Wenn die Teiche und Seen zufrieren, versammeln sich naturgemäß diejenigen Schwimmvögel, die nicht ausgesprochene Zugvögel sind, auf den nicht zufrierenden, fließenden — breiteren — Binnengewässern. **Stockenten** mit weiß gefaßtem blauvioletten Spiegel und beim ♂ dunkelblaugrünem Kopf, der durch einen weißen Ring von der dunkelbraunen Brust abgesetzt ist, sind häufige Gäste; sie brüten auch an ruhigeren Stellen des Flusses. — Weniger sieht man **Krick-**, **Reiher-**, **Schell-** und andere Enten hier. Man bestimme nach der Tabelle auf S. 153. Mit ziemlicher Regelmäßigkeit überwintern Säger auf den breiteren Flüssen; vor allem der **Gänsesäger** (vgl. Abb. 8 u. $9,_2$).

Während die meisten Lappentaucher im Winter südlich ziehen, überwintert auf kleineren oder größeren Flüssen regelmäßig der recht kleine **Zwergtaucher.** Oben dunkel, Hals rostgelblich. Unten ± hell. Im Prachtkleid oben schwarz, ebenso Oberkopf. Halsseiten kastanienbraun. Er taucht sehr gewandt und kommt mitunter nur mit dem Kopf unter der Ufervegetation oder neben einer Eisscholle zum Vorschein. — **Horn-** und **Schwarzhalstaucher** sind selten hier anzutreffen (vgl. S. 151). Von den Seetauchern verirrt sich am ehesten noch einmal der **Polartaucher** hierher (vgl. Abb. $4,_4$ u. $9,_8$). **Teich-** und **Bleßhuhn** s. S. 149.

Eigentlich nur dort, wo er brütet, trifft man auch den fast gänsegroßen **Kormoran** auf Flüssen, z. B. auf der Donau bei Wien (Abb. $4,_3$ u. $9,_1$ u. S. 46).

C. Vögel an klaren und steinigen Gebirgsbächen.

Gern auf Steinen sitzend: **Bergstelze,** sehr langschwänzig, U-Seite grau, Bürzel und U-Schwanzdecke zitronengelb. — **Bachstelze** (ohne Gelb, etwas kürzerer Schwanz). Alle Stelzen wippen mit dem Schwanz.

Wasseramsel, Cinclus cinclus aquaticus Bechst.

Kennzeichen: ca. starengroß. Kurzer Schwanz, weißer Brustlatz, dunkelbrauner Bauch. Oben schieferschwärzlich. Figur: vergrößerter Zaunkönig! Läuft unter

Wasser, schwimmt auf und unter Wasser, taucht und benimmt sich teils wie ein Sing-, teils wie ein Schwimmvogel. Flug schwirrend. — Stimme: Lockton dscherrb. Der Gesang erinnert manchmal an den des Rotkehlchens, ist aber gurgelnder und anspruchsloser.

Besonders an klaren Gebirgsbächen der Mittelgebirge (Harz, Elbsandsteingebirge usw.) noch ± häufig. Im Winter erscheint zuweilen die auch in Ostpreußen brütende **Schwarzbäuchige Wasseramsel,** C. c. cinclus (L.). An Alpenbächen die fast rostbraunbäuchige C. c. meridionalis Brehm.

Wasserpieper halten sich außerhalb der Brutzeit gern im Voralpenland auf Schotter auf. Stelzen- bis Lerchenfigur, graubraun. U-Seite hell mit dunkel verwaschenen Flecken. Schwanzaußenfedern weiß. „Hiss, hiss".

Mehr am Ufer — im Astwerk u. dgl. — halten sich auf: **Zaunkönig.**

Schlüpft überall am Bach herum. Sehr klein, braun. Stupsschwanz.

Eisvogel, Alcedo atthis ispida L.

Kennzeichen: ca. sperlingsgroß, oben prächtig smaragdgrün bis türkisblau glänzend. Weißer Halsseitenfleck. U-Seite rostrot. Sehr langer Schnabel und sehr kurzer Schwanz. Kurzfüßig. Lauert meist auf Fischchen, Insektenlarven usw. Flug geradlinig, schnurrend. — Stimme: Hell und scharf tit, tit tit.

Nirgends gerade sehr häufig, aber an geeigneteren Stellen, die Erdwände für die Brutröhren aufweisen, nicht selten; überall mehr einzeln. Stand- und Strichvogel.

Zum Trinken stellt sich natürlich eine ganze Masse anderer Arten hier ein, man beachte dann die Umgebung, aus der sie kommen.

V. Abteilung.

Fels- und Alpenvögel.

18. Gruppe: Vögel der deutschen Alpen.

N. B. Auch im Kammgebiet hoher Mittelgebirge.

1. Verteilung der Vogelarten auf den Lebensraum[1].

(S. Tab. S. 225.)

2. Bestimmungsübersicht der Vögel des Hochgebirges.

A. Charaktervögel des Hochwaldes.

N. B. Da sich die Vogelwelt des Hochwaldes der Mittelgebirge und Ebenen im allgemeinen nicht prinzipiell von der des Alpenhochwaldes trennen läßt, muß erst nach Gruppe 5 und 6 bestimmt werden. *Laubsänger* gehen recht hoch hinauf, und andere Arten lassen sich auch schwer durch eine Höhengrenze ausschließen. Hier seien nur einige Charaktervögel genannt, die in der Ebene und in den meisten Mittelgebirgen nicht vorkommen.

Berglaubsänger, Phylloscopus b. bonelli (Vieill.)

Kennzeichen: Ähnlich Fitis. Oben grünlichgraubraun, unten ganz weißlich (auch Kehle!). Schwingensäume gelblichgrün. — Ähnliche: Fitis und Zilpzalp sind unten selten weiß (höchstens die nordische Fitisform eversmanni!), Schwingensäume aber nie gelbgrünlich, grünlicher noch als der Rücken. Waldlaubsänger ist grüner, Kehle hellgelb. Gesang! — Stimme: Gesang könnte man als Gemisch von Waldlaubsängerschwirren und Zaungrasmückengeklapper auffassen.

Besonders an trocknen warmen Hängen mit lichtem Waldbestand von 800—1400 m.

---

[1] Diese schematische Übersicht besitzt nur für die wärmere Jahreszeit Geltung. Sind die Gipfel verschneit, so kommen viele Arten tiefer.

Zitronenzeisig (Zitronfink), Carduelis c. citrinella (L.). Kennzeichen: Etwa zeisiggroß. Hinterkopf ± aschgrau, zwei gelbliche Flügelbinden; sonst grünlich. Grünlingsähnlicher Balzflug. Metallische Lockrufe (ziü, tüi, dit

Durchschn. Höhe (m)	Formation	Charaktervögel
ca. 3000	Ewiger Schnee, Gletscher.	
ca. 3000 bis 1800	Hochgebiet: Karren, Schroffen, Felstrümmer, Grate, Hochmatten.	Steinschmätzer, Alpenbraunelle, Hausrotschwanz, Schneefink, Alpendohle (Alpenkrähe) Kolkrabe, Wasserpieper, Steinhuhn, Schneehuhn, Turmfalk, Steinadler, (Mornell), Steinrötel.
bis ca. 600 abw.	Felswände, Steilabstürze (! = auch Gebäude).	Mauerläufer (!), Mauersegler (!), (Alpensegler [!]), Felsenschwalbe (!), Alpendohle (Alpenkrähe (!)), Kolkrabe, Turmfalk (!), Wanderfalk, Steinadler.
bis ca. 1200 abw.	Saftige Bergwiesen, oft mit Blöcken und Schutthalden.	Wasserpieper, Steinschmätzer, Alpenbraunelle, Ringamsel, Alpendohle, Kolkrabe, Leinzeisig, Raubvögel, auch Steinadler.
ca. 2300 bis 1600	Krummholz: Latschen, Grünerlen.	Heckenbraunelle, Zaunkönig, Zilpzalp, Fitis, Ringamsel, Alpenmeise, Rotkehlchen, Kreuzschnabel, Zitronfink, Kolkrabe, Leinzeisig, Birkhuhn, Raubvögel s. o.
ca. 2100 bis 1400	Baumgrenze: Lockere Bestände von Wetterfichte, Lärche und Zirbelkiefer.	Ringamsel, Alpenmeise, Tannenmeise, Dreizehenspecht, Zitronfink, Waldbaumläufer, Tannenhäher, Lein- u. Erlenzeisig, Rauhfuß- u. Sperlingskauz usw. (s. o.).

Durchschn. Höhe (m)	Formation	Charaktervögel
ca. 1500 bis 1000	Alpiner Fichten- und Misch-Hochwald	Alpenmeise, Tannenhäher, Ringamsel, Waldbaumläufer, Dreizehenspecht, Elsterspecht, Rauhfuß- u. Sperlingskauz, Haselhuhn, Auerhuhn, Zwergfliegenschnäpper (Buche), Berglaubsänger (lichtere Bestände!) usw.
ca. 1000 bis zum Tal		Von den typisch alpinen Vögeln nur noch Berglaubsänger. — Im übrigen s. die Vögel dieser Rubrik auch unter Gr. 5 u. 6!

u. ä.). — Ähnliche: Erlenzeisig, viel streifiger und mit Weiß am Bauch, ♂ mit schwarzem Oberkopf. — Auch im Schwarzwald.

Alpenmeise, Parus atricapillus montanus Baldenst.

Kennzeichen: Sumpfmeisenähnlich gefärbt. Oben (bräunlich)grau. Helle Partie im Mittelflügel. Sonst wie Weidenmeise, auch in der Stimme gleich (gepreßtes si dēēh). Wegen des Aufenthaltsortes mit anderen ähnlichen Meisen[1] kaum zu verwechseln.

Alpenringamsel, Turdus torquatus alpestris (Brehm.).

Kennzeichen: Amselähnlich, aber weißer (oder heller) Brustschild; sonst schwärzlich mit hellen Federrändern. — Stimme: Gesang besteht aus wenigen, unreinen melancholischen Flötentönen. Warnton scharf zeternd tjeckzeck . . . ähnlich Amsel.

In den höheren Regionen recht zahlreich.

Alpentannenhäher, Nucifraga c. caryocatactes (L.).

Kennzeichen: ca. taubengroß, Häherflug. Weißes Schwanzendband. Sonst dunkelbräunlich mit weißen

[1] In den höheren Lagen gibt es auch noch Tannen- und Haubenmeisen.

Tropfenflecken, die in der Ferne zu einheitlichem Graubraun verschwimmen. — Stimme: Ein schnarrendes fast zweisilbiges Rätschen.

Dreizehenspecht, Picoides tridactylus alpinus Brehm. Kennzeichen: Spechtfigur; schwarz-weiß mit gelber (♂) oder silberweißer (♀) Kopfplatte. Flügel schwarz und nicht mit großem weißen Fleck wie bei den Buntspechten, sondern nur mit schmaler weißer Bänderung.

In den Fichtenwäldern der bayrischen, österreichischen und Schweizer Alpen nirgends gerade häufig.

Elsterspecht, Dryobates l. leucotos (Bechst.). Kennzeichen: Schwarz-weiß, großer weißer Flügelfleck. Oberkopf beim ♂ rot. U-Rücken weiß; sonst ähnlich Mittelspecht.

Mischwaldbewohner der (östl.) Alpen, des Böhmerwalds, Bayrischen Waldes usw.

B. Vögel der höheren Regionen (Almen-, Kniekiefer- und Felsregion).

1. *Über Krähengröße:*

Glänzend schwarz, stark gerundetes Schwanzende, raubvogelartiger Flug. Ca. ab 1600 m:

Kolkrabe (S. 4)

Raubvogel. Sehr groß, bräunlich. Weißer Schwanz mit schwarzer Endbinde bes. bei juv. deutlich; hier auch helle U-Flügel. ad. nur undeutliches Weiß an der Schwanzwurzel und im Flügel:

Steinadler (S. 238)

Seltenheit.

Kleiner; Schwanz mit vielen Binden: **Bussard** (S. 238)

2. *Ungefähr krähengroß:*

Dohlenflug, gelber rel. kurzer Schnabel; rote Beine, Glänzend schwarz. Segeln mit pfeifendem tsüŏ. tjīĕ oder dschirrb um die Felszinnen. Teilweise koloniebartig brütend:

Alpendohle

Pyrrhocorax g. graculus (L.)

Ähnlich, glänzend schwarz, roter rel. langer Schnabel: **Alpenkrähe**
Pyrrhocorax pyrrhocorax (L.)
Fast nur im Grenzgebiet (Schweiz!)

Langschwänziger Raubvogel, oben rotbraun: **Turmfalke** (S. 244)

Langflügliger Raubvogel, oben dunkel, heller Kropf. Wie voriger am Fels brütend: **Wanderfalke** (S. 245)

3. *Hühnergestalt:*

Stark rebhuhngroß; ganz weiß bis auf Augenstrich und Schwanzaußenfedern (Übergangskleid gescheckt): **Schneehuhn** (Winterkleid)
Lagopus mutus helveticus (Thienem.)

Ebenso groß, dunkelrostgraugelblich (bis schwärzlich), weiße Schwungfedern. Tonloses Knarren. — Etwa ab 1800 m: **Schneehuhn** (Sommerkleid)

Ebenso groß. Reckt gern den Hals lang aus. Im Flügel kein Weiß. Ad. mit weißer, schwarz gefaßter Kehle, gestromerten Flanken, graubrauner Rücken und roter Schnabel- und Beinfarbe. Kleiberähnliche dewit-Rufe: **Steinhuhn**
Alectoris graeca saxatilis (Mayer)
Selten; in den hohen Felsregionen.

4. *Vogel etwa drosselgroß:*

Amselähnlich, aber mit weißem (♂) oder hellbräunlichem (♀) Kropfschild: **Ringamsel** (S. 226)

Schmätzergestalt (Abb. $2,_5$). Weißer U-Rücken. U-Seite rostrot (♂), beim ♀ und juv. rostbraun, dunkel quer gefleckt. Kehle hellbläulich (♂) oder weißlich (♀ und juv.). Schwanz rostrot: **Steinrötel**
Monticola saxatilis (L.)

Regenpfeifergestalt (rollender Gang, Körper in der Horizontalen, gelbliche Beine mäßig hoch, hohe Stirn, große Augen, kurzer Schnabel). Weißer Schwanzendrand. Dunkle Kappe nach unten weiß oder rahmfarben abgegrenzt (Überaugenstreif). Oben bräunlich-fleckig, unten heller und grauer. Im Prachtkleid rostroter Bauch und weißes, dunkel abgesetztes Brustband. Zart „drrrü, düt":

Mornell (noch im Riesengebirge ?)
Charadrius morinellus L.

5. *Vogel etwa reichlich lerchengroß oder kleiner:*
Lerchenähnlich; weiße, schwarz punktierte Kehle, sonst grau und bräunlich, Seiten rostrot geflammt. Gern an Sennhütten. Gesang sehr lerchenartig:

Alpenbraunelle
Prunella c. collaris (Scop.)
Blockreiche Matten am Fuß der Felswände, Felsen usw. Etwa ab 1300 m.

Piepergestalt; oben graubraun, unten auf blaßrötlichem (Frühj.) oder weißlichem Grund ± längs gefleckt (ziemlich verwaschen!). Lockton hĭs, hĭs; weiße Schwanzaußenfedern. Singflug:

Wasserpieper (vgl. S. 126)
Anthus s. spinoletta (L.)
Häufig auf quelligen Almen; auch im Riesengebirge.

Aufrecht sitzend. Weißer Bürzel und weiß-schwarzer Schwanz heben sich gut von der grauen (oder bräunlichen) O-Seite ab. Unten weiß bis hell rostgelblich:

Steinschmätzer (S. 99)
Gern auf Felsblöcken. Über der Baumgrenze nicht selten.

Finkengestalt. Sehr viel Weiß in Flügel und Schwanz; grauer Kopf, dunkle Kehle; düsterbräunliche O-Seite und weiße U-Seite. Lockton gyp gypgyp, außerhalb der Brutzeit oft in Scharen, auch an die Berghäuser kommend: **Schneefink**

Montifringilla n. nivalis (L.)
In Deutschland fast nur an der Zugspitze vorkommend; sonst häufiger.

Flatternd an Felsen kletternd. Zartgrau; im schwarz-

weißen Flügel auffälliges rotes Feld. Kehle im Sommer schwarz. Langer dünner Schnabel; fast häherartiger Flug, da breite Flügel: **Mauerläufer**
Tichodroma muraria L.
An geeigneten Plätzen nicht selten.

Klein; bräunlich, ins Rostbraune spielend, längsgefleckt. Zeisigartig. ♂ mit roter Stirn und rosaroter Brust: **Alpenleinzeisig**
Carduelis flammea cabaret (P. L. S. Müller)

Ferner gehen hoch hinauf: *Baumpieper*, *Heidelerche* und *Braunkehlchen* (s. d.).

6. *Schwalbenähnliche Gestalt, an Felsen dahinjagend:*
U-Seite fast ganz schwärzlich: **Mauersegler** (S. 35)
Sehr sichelförmige Flügel; größer als Mauersegler, fast weiße U-Seite. Gellendes skrri . . ., fast rollend: **Alpensegler**
Micropus m. melba (L.)
In Deutschland sehr selten. Im Grenzgebiet auch an Gebäuden.

Uferschwalbenähnlich, aber breitflügliger (starenartiger!). O-Seite bräunlich, U-Seite hell, seitlich und afterwärts dunkler. U-Flügel mit dunkel-hellem Kontrast. Am kaum ausgeschnittenen Schwanzende weiße Tropfenflecke. Brütet an Felsen, bes. in Grotten; Stimme dre, tjrü: **Felsenschwalbe**
Riparia r. rupestris (Scop.)
In den deutschen Alpen nur wenige kleine Kolonien, z. B. Falkenstein, Lugsteinwand.

19. Gruppe: Charaktervögel an Felsen (nicht im Hochgebirge!), auf Steinhalden und an Ruinen, Steinbrüchen u. dgl.

Steinschmätzer. Etwa sperlingsgroß, weißer Bürzel. Der weiße, rel. kurze Schwanz mit schwarzer End- und Mittelpartie. Ruckende Bewegungen, rel. hohe Beine.
Auf Steinhalden gemein.

Steinrötel. Schmätzergestalt bei Drosselgröße. Weißlicher U-Rücken, rostbrauner, rel. kurzer Schwanz. (♂ mit bläulichem Kopf und rostbrauner U-Seite).

Als seltener Gast.

Steinsperling, Petronia p. petronia (L.). Wie Hausspatz ♀ gefärbt, aber mit weißen Tropfenflecken am Schwanzende und dunkel gestreiftem Scheitel. ♂ mit gelbem Kehlfleck. Gesamtton grünlichgraubraun. Hüpft nicht wie Spatz, sondern läuft wie Pieper. Lockton däi u. ä. — Große Seltenheit. Brutplätze waren im Rheinland, in Thüringen und Südhannover bekannt.

Mauerläufer. Etwa Kleibergestalt, aber gerundete Flügel, daher Häherflug (natürlich viel kleiner!). Langer Schnabel; aschgrau, roter Mittelflügel. Kurzer Schwanz.

Als seltener Wintergast (bes. im SW) an Felswänden.

Zippammer, Seltenheit; eher in der Rheingegend (S 233).

Hausrotschwanz. Zuweilen frei brütend an Felsen. Rostroter „Zitterschwanz", sonst dunkel gefärbt. Ca. sperlingsgroß.

Steinkauz. Kleine Eule, bräunlich, weiß getropft. Spechtartiger Flug.

Zuweilen in Ruinen und Steinbrüchen.

Schleiereule. In Ruinen brütend. Schnarchendes chrrüh. Lange Flügel, gelbliche und aschgraue Färbung. Herzförmiger Schleier.

Vorübergehend, besonders zur Zugzeit, halten sich auch andere Vögel hier auf.

VI. Abteilung.

Besondere Landschaftstypen mit bemerkenswerter Vogelwelt.

Nicht alle Landschaften lassen sich restlos in die 19 Landschaftsgruppen gliedern; bestimmte geologische und klimatische Bedingungen lassen oft eine Gegend ganz eigenartig erscheinen und bedingen auch eine besondere Vogelwelt.

1. Die Kurische Nehrung[1].

a) charakteristische, andernorts seltene oder fehlende Brutvögel.

Der **Karmingimpel** brütet besonders häufig in den kleinen Kieferndickungen zwischen Sarkau und Rossitten, dicht an der Nehrungsstraße, auch in Rossitten selbst. Zwischen Sarkau und Rossitten findet man auch die **Sperbergrasmücke** geradezu häufig. — Neuerdings hat der **Grüne Laubsänger** in Rossitten gebrütet. Auch der **Birkenzeisig** dürfte gelegentlich hier brüten. — Der **Schlagschwirl**, für Ostpreußen ein Charaktervogel, brütet auf der Nehrung seltener; stets habe ich ihn in einem Wäldchen bei Kunzen gehört, wo auch der **Sprosser** singt, den man recht häufig auch bei Cranzbeek verhören kann. — Die **Zwergmöwe**, die am Ostufer des Kur. Haffs ständig beheimatet ist, belebt nach der Brutzeit das Haff in großen Schwärmen.

b) Die Kurische Nehrung als Leitlinie für die Zugvögel.

Nirgends tritt der am Tage sich abspielende Teil des Zuges so elementar in Erscheinung, wie auf der Kurischen Nehrung, wohin die Vögel, von Nordosten kommend, gleichsam wie in einen Flaschenhals gestrudelt werden und sich hier stark zusammendrängen. Im Herbst reißen in den Morgenstunden geeigneter Tage die Ketten der *Finkenschwärme*, *Pieper*, *Raubvögel*, *Tauben* und später

[1] Wer eine Wanderung über die Kurische Nehrung machen will, versäume nicht, sich nach dem Büchlein „Die Kurische Nehrung, Europas Sandwüste (Gräfe und Unzer-Königsberg)" zu richten. Dort findet er auch alles Wissenswerte über die Vogelwelt in sehr übersichtlicher Bearbeitung von E. Schüz.

der *Lerchen, Stare* und *Krähen* nicht ab. Auf dem Leuchtturm in Memel konnte ich an günstigen Zugtagen in der Zeit von 6—9 Uhr manchmal *zwei- bis dreihunderttausend Vögel* feststellen. — Man suche sich zum Beobachten des Zuges freie und enge Nehrungsstellen, z. B. bei Ulmenhorst, auf. Von Sarkau nach Cranz läßt der Zug nach, weil viele Arten schon vorzeitig von der Nehrung wieder abschwenken. Neben den häufigen Vögeln zeigen sich auch oft große Seltenheiten, im Winter z. B. **Hakengimpel** und **Schneeeule.** Regelmäßig stellen sich an den Sandflächen *Ohrenlerchen* und *Schneeammern* ein. Invasionsartig erscheinen *Rauhfußkauz* und *Seidenschwanz* in manchen Wintern. — Im Herbst ziehen regelmäßig durch: *Steppenweihe, Rotfußfalk, Rotkehlpieper;* also anderenorts sehr unregelmäßige Gäste. Auch treten *Falkenbussard* und *Kleine Raubmöwe* zuweilen invasionsartig auf.

Im übrigen bietet die *Vogelwarte* in *Rossitten* Gelegenheit, sich über die Vögel der Nehrung zu orientieren, dort kann man auch die Charaktervögel Ostpreußens lebend und ausgestopft betrachten.

2. Weinberglandschaften Südwestdeutschlands.

Hier sollen als ganz besonders typisch nur zwei Ammern herausgegriffen sein:

Zaunammer, Emberiza cirlus L. — In Bayern, Baden, am Bodensee vereinzelt; häufiger im Moseltal. — Kennzeichen: Kopf und U-Seite ± gelb, dunkle Wangenumgrenzung. ♂ mit schwarzer Kehle. Bürzel nicht rotbraun wie bei der ähnlichen Goldammer, sondern grünlichbraun. — Gesang: trillerndes djidjidji . . ., das sich bis zirrrr steigern kann.

Zippammer, Emberiza c. cia L. — Typischer Weinbergvogel am Mittelrhein, in Südostbaden und Bayern; anderswo sehr selten. — Kennzeichen: ortolanähnlich, ohne Gelb oder grünlich am hellgrauen Kopf. Schwarzer

Augenstreif und schwarze Wangeneinrahmung. Bauch zimtbraun. Gesang im Bau goldammerähnlich, aber nicht so blechern und auf gleicher Höhe; manchmal an Heckenbraunelle erinnernd.

3. Sonstige bemerkenswerte Vögel Süd- und Südwestdeutschlands.

Halsbandfliegenschnäpper, nicht seltener Laubwaldbewohner; auch in den städtischen Anlagen, z. B. von Stuttgart und München, zu finden. (S. 22)

Rotkopfwürger, gern in Obstplantagen Südwestdeutschlands (Württemberg, Baden). (S. 21)

Bienenfresser, Merops apiaster L., seltener Gast an Flüssen und Steilhängen. — Kennzeichen: etwa drosselgroß, schwalbenähnlicher Flug. Schlank, langschnäblig; blau und grün schillernd; gelbe Kehle, mahagonibrauner Rücken. — Stimme: ein lautes prürrr.

Kappenammer, Emberiza melanscephala Scop. ist Irrgast in Süddeut chland. Goldammerähnlich, aber ohne weiße Schwanzaußenfedern; ♂ mit schwarzem Kopf.

Rallenreiher verfliegt sich selten nach Deutschland (Rheintal!). — s. S. 166.

Nicht sehr selten erscheinen auch **Purpurreiher,** die noch in Holland brüten, in der Rhein- oder Bodenseegegend, sowie in Südbayern. (S. 166)

Schließlich sei noch aufmerksam gemacht auf den *Ismaninger Speichersee* und die *Fischteiche* bei München, die als organische Kläranlagen fungieren und mit dem seichten Wasser und freien Ufern fürs Binnenland geradezu unheimliche Wasservogelmassen während der Zugzeit konzentrieren. — Auch die Zahl der Brutvögel ist sehr groß (**Lachseeschwalbe!**). — An Seltenheiten sind dort gesehen worden: **Stelzenläufer, Raubseeschwalbe, Brachschwalbe, Zwergscharbe, Nachtreiher** usw.! (Das Betreten des Gebietes ist allerdings verboten; es gehört der Mittleren Isar-A. G.). — Hier sei noch erwähnt, daß die in neuerer Zeit für viele Großstädte angelegten Stauseen und Kläranlagen (Leipzig, Hannover, Dresden usw.) dem Beobachter überraschende Gelegenheit zum Kennenlernen der Wasservögel bieten.

VII. Abteilung.

Sondergruppe.

Sammelbestimmungstabelle der Raubvögel.

Allgemeine Unterschiede des fliegenden *Raubvogels* von fliegenden *Krähen*, *Tauben* und vom *Kuckuck:* (vgl. Abb. 17)

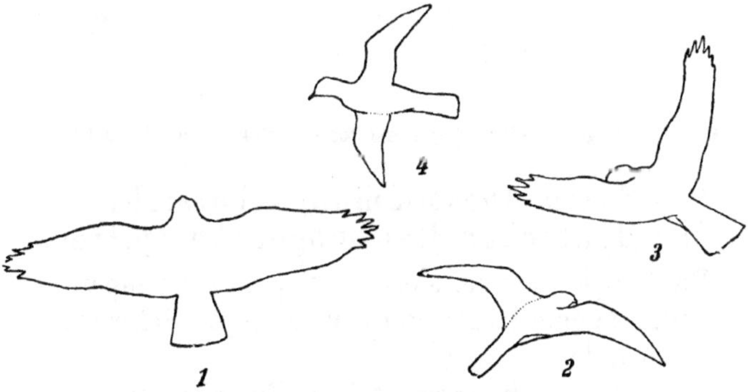

Abb. 17. Flugbildtypen.
1. Bussard. 2. Falk. 3. Weihe. 4. Taube.

	Krähe	Taube
Kopf:	Schnabel und Hals gut zu sehen.	wie Krähe; Kopf rel. klein.
Flugart:	gleichmäßig rudernd, wenn kreisend, dann meist nur in Scharen und bei Wind.	hastig schlagend, auch klatschend. Selten längeres Gleiten. Flügel etwas nach hinten gelegt und gewinkelt.

	Kuckuck	Raubvögel im allgemeinen
Kopf:	Kopf taubenartig hochgehoben.	Kopf nach unten gehalten, eingezogen; mit Ausnahme der Adler und Geier von unten als Rundung erscheinend.
Flugart:	gleichmäßig schnelle, nicht sehr kräftige Schläge. Kein Kreisen und Rütteln.	ruhig oder jäh und reißend; Kreisen oder Rütteln. Fast stets gute Gleitflieger.

Abb. 18. a) gestreckter, b) gewinkelter (geknickter) Raubvogelflügel.

Sammelbestimmungsübersicht der deutschen Raubvögel (Accipitres).

— Raubvogel mit mindestens $2\frac{1}{2}$ m Flügelspannung, langem Hals und kleinem Kopf. Schwanz abgerundet: I

— Raubvogel mit etwa $2\frac{1}{2}$ m Flügelspannung, Rumpf also größer als der einer Gans. Kopf und Hals proportioniert: II

— Raubvogel über krähengroß, ± plump und rel. kurzschwänzig: III

— Raubvogel etwa krähengroß oder größer, rel. schlank, gaukelnder Flug; Flügel beim Schweben über der Horizontalen. Schwanz nicht besonders kurz: IV

— Raubvogel etwa bussardgroß oder größer, lange geknickte Flügel; Schwanz ± gabelig, ausgeschnitten oder gerade abgeschnitten erscheinend: V

— Raubvogel krähen- bis bussardgroß. Langschwänzig und ziemlich breitflüglig; rüttelt nicht: VI

— Raubvogel ca. taubengroß oder kleiner, rel. breitflüglig, langer Schwanz. Farbe nie rotbraun, rüttelt nie und fliegt abwechselnd flatternd und gleitend, auch kreisend, oft plötzlich im Dickicht verschwindend[1]: VII

— Raubvogel schlank, ca. taubengroß oder kleiner, schmal- und spitzflüglig. Schneller Flug: VIII

— Raubvogel ca. krähengroß oder größer, langflüglig, ± langer Schwanz, gewandter Flug: IX

I.

— Einfarbig schwarzbraun (juv. heller gesäumt). Flugbild: dunkler Kopf eingezogen. Breite, spitzenwärts spitzere Flügel. Rel. langer keilförmiger Schwanz:

Kuttengeier

Aegypius monachus (L.)

Irrgast.

— Besonders an Kopf und Schultern weißlich. Flugbild: kleiner weißer Kopf eingezogen. Breite (auch spitzenwärts!) Flügel, kurzer Schwanz. — Sehr hell erscheinend!:

Gänsegeier

Gyps f. fulvus (Habl.)

Irrgast.

II.

— Langer, keilförmiger Schwanz, rostgelbliche U-Seite:

Lämmergeier[2]

Gypaëtus barbatus grandis Storr.

Irrgast; besonders im Alpengebiet.

— Nicht sonderlich langer Schwanz; wurzelwärts hell mit breitem schwarzen Abschluß. Nacken goldbräun-

[1] Im Gegensatz zum Turmfalken von Kleinvögeln aufgeregt verfolgt!

[2] Systematisch zu den Adlern gehörig.

lich. juv. mit deutlicherem Weiß an Schwanzwurzel und U-Flügel. **Steinadler**

Aquila ch. chrysaëtus (L.)

Selten noch im Alpengrenzgebiet brütend, andernorts vereinzelter Wintergast.

— Rel. kurzer, nie deutlich zweifarbiger Schwanz (bei ad. weiß, bei juv. dunkelgrau meliert). Kopf weit vorgestreckt, besonders bei ad. hell: **Seeadler**[1]

Haliaëtus albicilla (L.)

Vereinzelter Brutvogel der Ostseeküsten. Auf dem Durchzug gelegentlich überall, wo Wasser, rastend.

III.

— Breite Flügel, $\pm$ kurzer breiter Schwanz. Dunkelbräunlich, fleckig, gescheckt bis fast ganz weiß. Schwanz mit sehr vielen dunklen, gleichstarken Binden, selten wurzelwärts weiß und dann am Ende nicht scharf schwarz abgesetzt. Kreisen, auch Rütteln. „hiäh": **Mäusebussard**

Buteo b. buteo (L.)[2]

Gemein.

— Flugbild fast ebenso; Flügel länger mit angedeuteter Bugknickung. Durchschnittlich größer als voriger. Schwanz kaum länger als beim Mäusebussard, aber stets weiß mit — besonders bei juv. — scharf abgesetzter schwarzer Endbinde. Oft dunkler Bauchschild. In der Mitte der U-Flügel stets ein auffälliger weiß begrenzter schwarzer Fleck, der beim vorigen fast nie so deutlich ist. Gesamteindruck meist recht hell. Rüttelt häufig: **Rauhfußbussard**

Buteo l. lagopus (Brünn.)

Von Oktober bis April nicht seltener Wintergast.

---

[1] Kein echter Rauhfußadler, da nackte Fänge.

[2] Der **Falkenbussard,** Buteo buteo zimmermannae Ehmcke ist schlanker und gewöhnlich roströtlicher als der Bussard. Nicht häufiger Durchzügler in Deutschland; häufiger Kurische Nehrung.

— Flugbild ähnlich Mäusebussard, aber Flügel länger und schmäler; Schwanz etwas länger. Es scheint, als ob im Schwanz, der wenige starke (dazwischen schwache) deutliche Binden zeigt, die vorletzte fehlt. Der kleine Kopf im Flug mehr taubenartig vorgestreckt. Farbe sehr wechselnd; unten oft grob quer gefleckt, aber auch einfarbig und fast weiß. Ein eigenartiger Balz-Schüttelflug ist nur dieser Art eigen. „püiihe, plilīë; kick“: **Wespenbussard**

Pernis a. apivorus (L.)

Nicht überall häufiger Sommervogel lichter Wälder.

— Etwas größer als Bussard. Die langen Flügel im Bug etwas gewinkelt, ziemlich gleich breit. Das gefingerte Ende nicht abgerundet. Kopf und Hals ragen rel. weit über die Flügellinie. Schwanz etwas länger als beim Mäusebussard. Oberschwanzdecken nicht weißlich. — Färbung: dunkel oder hellerdbraun, ziemlich einfarbig; O-Kopf und Schultern rostiger oder goldbraun; im Flügel zuweilen (besonders juv.) hellere Binden. juv. oft hell gesäumt. Flug wendiger als beim Bussard: **Schreiadler**

Aquila p. pomarina Brehm.

Nur in Nordostdeutschland häufigerer Sommervogel, sonst selten.

— Sehr ähnlich vorigem, etwas größer. Durch die stärker gewinkelten, im ganzen ziemlich gleichbreiten Flügel und den vorgebauten Vorderkörper sehr an Steinadler erinnernd. Oberschwanzdecken $\pm$ deutlich weiß. Färbung: einfarbig schwarzbraun ohne helle Rostfarbe an Nacken und Schultern; Oberflügel oft mit deutlichen hellen Binden. juv. oft über und über hell gesäumt: **Schelladler, Großer Schreiadler**[1]

Aquila clanga (Pall.)

Seltener Gast. Gelegentlich Brutvogel in Deutschland.

---

[1] Vom Schelladler gibt es eine hell goldbräunliche Varietät, den **Prachtadler.**

— Sehr ähnlich Bussard, aber größer. Die vom bräunlichen Kropf abgesetzte U-Seite weiß mit (an der Brust) sehr groben bräunlichen Flecken. Flügel länger als beim Bussard und schwach eingewinkelt, unterseits fast weiß, nur die Unterdecken (am Arm) dunkler. Nur drei bis vier Schwanzbinden in gleichem Abstand. (Eulengesicht mit gelben Augen; blaue Füße!), Kopf nicht taubenartig vorgestreckt: **Schlangenadler**

Circaëtus gallicus (Gm.)

Sehr seltener Sommervogel.

— Größer als Bussard; stark gewinkelte Flügel unterseits dicht gefleckt, Unterdecken am Arm weiß. Schmaler, aber nicht sehr langer Schwanz. Bauch nach grauem Kropfband rein weiß. Oben dunkel, Schultern und Gesicht zum Teil weißlich. Stößt zum Fischfang ins Wasser. Rüttelt gern: **Fischadler**

Pandion h. haliaëtus (L.)

An der Ostseeküste und sporadisch im Binnenland brütend. Regelmäßiger Durchzügler im Küsten- und Binnenland (besonders April — September/Oktober).

— Etwa wie Bussard. Kopf im Flug deutlich zu erkennen. Schwanz ziemlich lang, gerade abgeschnitten; Flügel adlerartig. Weißer Schulterfleck. Meist hell gefärbt, mit schmalen Strichen auf der U-Seite. Dunkler Schwanz als Unterschied zum Rauhfußbussard; es gibt auch einfarbig braune oder unten rostbraune Stücke; Stimme pfeifend: **Zwergadler**

Hieraëtus pennatus (Gm.)

Sehr seltener südöstlicher Gast.

IV.

— Hauptsächlich hell aschgrau (möwenblau): A (alte ♂♂)

— Bräunlich mit weißem oder hellem Bürzel: B (♀♀ und juv.)[1]

— Braun (und aschgrau). Kein weißer Bürzel: C.

[1] In diesem Kleid kann man tote Weihen folgendermaßen

A.

— Kropf ebenso blaugrau wie Rücken, schwarze Flügelspitzen, aber keine Flügelbinde; U-Seite ab Brust, und O-Schwanzdecken weiß; knapp bussardgroß: **Kornweihe**
Circus c. cyaneus (L.). — ♂ ad

— Kropf fast so weiß wie U-Seite, O-Schwanzdecken grau und weiß gebändert; sonst wie vorige, etwas schlanker: **Steppenweihe**
Circus macrourus (Gm.). — ♂ ad.
Im Nordosten regelmäßiger, sonst seltener Durchzügler.

— Zierlich, unter Bussardgröße. Sonst ähnlich Kornweihe, aber mit schwarzer Binde durch den grauen Flügel, noch vor der schwarzen Spitze. Bauch ± dunkel rostbraun gestrichelt: **Wiesenweihe**
Circus pygargus (L.). — ♂ ad.

B.

— Fast bussardgroß, unten gelblichweiß mit dunklen Längsflecken. O-Seite braun, O-Schwanzdecken rein weiß. Flügel rel. breit und wenig spitz: **Kornweihe**, ♀ ad.

— Ebensogroß; U-Seite rostgelblich mit dunklen Strichflecken. O-Seite rostbräunlich, O-Schwanzdecken meist weiß: **Kornweihe**, juv.

— Sehr knapp bussardgroß, etwas schlanker als vorige. O-Schwanzdecken gefleckt. U-Seite lose hellbräunlich gefleckt; sonst wie Kornweihe: **Steppenweihe**, ♀ ad.
Nicht häufig.

— Wie vorige, oben etwas mehr rostig, O-Schwanzdecken fast ungefleckt weiß; unten zwiebelbraun; Wange schwarz und weiß: **Steppenweihe**, juv.

---

sicher unterscheiden: Kornweihe: 2.—5. Schwinge verengt, 1. kürzer als 6. — Steppenweihe: 2.—4. verengt (2. am Grund unter den Handdecken!). — Wiesenweihe: 2.—4. verengt (2. nicht mehr durch Handdecken verdeckt!), 1. nicht kürzer als 6.

— Noch graziöser und kleiner, schmal- und spitzflügeliger unten hell zwiebelbraun mit oder ohne Längsstriche; Wange schwarz-weiß: **Wiesenweihe**, juv.

— Ebenso; Gesamtton hell bräunlichgrau. U-Seite lose gelbbräunlich gefleckt. Im Flügel meist etwas aschgrau: **Wiesenweihe**, ♀ ad.

C.

— Schwanz und Mittelflügel aschgrau, sonst rostbräunlich; an Kopf und Brust sehr hell. (Selten der ganze Vogel stark aufgehellt, aber nie weißer Bürzel wie Kornweihe): **Rohrweihe**

Circus ae. aeruginosus (L.). — ♂ ad.

— Kein deutliches aschgraues Feld im Flügel. Schwanz mehr braun als grau. Die helle Kopffarbe (am O-Kopf oft weiß) geht langsam in das Braun des Rumpfes über. Zuweilen auch der ganze Vorderkörper sehr hell: **Rohrweihe**, ♀ ad.

— Düster kaffeebraun; der hell dottergelbliche Kopf mit dunklem Seitenstreif (selten auch der ganze Kopf kaffeebraun): **Rohrweihe**, juv.

V (vgl. aber auch III!).

— Gut bussardgroß; heller Kopf. Sonst düster rostbräunlich bis schwarzbräunlich. Die schwache Schwanzgabelung bei stark gespreiztem Schwanz fast zu einer geraden Linie verschwindend. — Trillernd „hiähijijiji. . .“ **Schwarzmilan**

Milvus m. migrans (Bodd.)

Besonders in Nordostdeutschland häufig, anderenorts z. T. selten. Gern am Wasser.

— Größer als Bussard; rostbraun mit hellem Kopf. Weißer Fleck zwischen Bug und Flügelspitze von unten recht auffällig. Stark geknickte Schwingen. Schwanz stark ausgeschnitten; Gabelung auch bei

weit gespreiztem Schwanz gut sichtbar. Trillernde und kläglich pfeifende Rufe: **Rotmilan (Gabelweihe)**
Milvus m. milvus (L.)
Nirgends grade häufig.

— Die stark geknickten Flügel des über bussardgroßen Vogels sind deutlich gefingert. Ganze U-Seite bis auf Kropfband weiß. Oben dunkel; besonders bei juv. die Schultern weißlich. Stößt zum Fischfang ins Wasser; rüttelt gern: **Fischadler** (s. o.)

VI.

— O-Seite staubgrau. U-Seite quer gebändert: **Habicht**
Accipiter gentilis subsp., ♀ ad.
Nicht überall häufig.

— Ebenso; oben fast aschgrau. Kopf mit dunklem Augen- und weißem Überaugenstreif. Kleiner als Bussard: **Habicht** ♂ ad.

— O-Seite dunkel bräunlich; die helle U-Seite (oft schwach rostfarbig getönt) dunkel längs gefleckt: **Habicht** juv.

VII.

— Rel. klein. Oben schieferbläulich, unten ± grob rostbräunlich quer gebändert: **Sperber**
Accipiter n. nisus (L.). ♂ ad.

— Rel. groß. Oben aschgrau bis graubraun, unten dunkel quer gebändert: **Sperber** ♀ ad.

— Oben (rostig) dunkelbräunlich (im Nacken oft weißlich); unten grob quer gebändert: **Sperber** juv.
(Nicht verwechseln mit dem spitzflügeligerem Kuckuck! s. S. 37.)

VIII.

A. Unter Krähengröße, taubengroß oder kleiner (vgl. auch Kuckuck S. 37).

— Schwanz lang (beim ♂ wie Kopf aschgrau, mit schwarzem Endband, beim ♀ und juv. mehr bräunlich und stark gebändert). Oben rotbraun. Rüttelt sehr häufig. „kliklikli ...“: **Turmfalk**

Falco t. tinnunculus L.

Sehr häufig; im Winter seltener.

— Schwanz nur mittellang, zusammengelegt fast einfarbig dunkel. Ausgebreitet erkennt man rostgelbe und schwarze Bänder. Sehr schmale, spitzige (seglerartige) Flügel. Schwarz-weiße Wangen, deutlicher Bartstreif; U-Seite grob längs gefleckt; „Hosen“ bei ad. rotbraun. Oben dunkel schiefergrau (ad.). juv.: oben schwärzlichbraun mit hellen Rändern. Hosen nicht rot. Die schwarze Wangen- und Augenzeichnung geht allmählich in den bräunlichen O-Kopf über. Rüttelt sehr selten. „gjegjegjeg ...“: **Baumfalk**

Falco s. subbuteo L.

Häufig; Zugzeiten: September/Oktober und April.

— Sehr ähnlich vorigem im juv. Stirn fast weiß. Schwarzer Bartstreif, schwarzes Augenfeld deutlich vom hellen O-Kopf abgesetzt. O-Seite graubraun, hell gerandet. Schwanz etwas länger als beim Baumfalken, grau mit durchgehenden zahlreichen schwarzen Binden. Flügel sehr spitz und lang; rüttelt häufig: **Rotfußfalk,** juv.

Falco v. vespertinus L.

(Nur im NO regelmäßiger) Gast aus Südosteuropa. Durchzug im September und Oktober.

— Wie voriger im Flugbild. Oben schiefergrau mit dunklen Querbändern und rostrotem O-Kopf (dunkle Augengegend und dunkler Bartstreif). Unten roströtlich. Füße rot. Sonst wie voriger: **Rotfußfalk,** ♀ ad.

— Ganz dunkel schiefergrau mit rostroten Hosen und roten Beinen. Sonst wie voriger: **Rotfußfalk,** ♂ ad.

— Sehr knapp taubengroß; Flugbild schwalbenartig. Flügel lang und spitz, aber nicht so lang wie beim Baumfalken und mit etwas betontem Bug. Schwanz mittellang, nicht so kurz wie beim Baumfalken. Jäher reißender Flug. Rüttelt nicht:

Merlin oder **Zwergfalk**
Falco columbarius aesalon Tunst.
Nicht häufiger, aber regelmäßiger Gast von September bis April.

Oben schiefergrau; Kehle weiß; U-Seite rostfarbig mit dunklen Strichen; schwarzes Schwanzendband:

Merlin, ♂ ad.

Baumfalkenähnlich gefärbt, aber ohne auffällige schwarz-weiße Wangenzeichnung und Bartstreifung; unten mit gröberer Streifenfleckung. Oben braungrau. Eine deutliche schwarze Schwanzendbinde: **Merlin,** juv. Es gibt auch turmfalkenähnlich gezeichnete Stücke. ♀ ad. und ♂ juv. sind sich oft recht ähnlich; typisch für ♀ sind die Tropfenreihen, nicht Streifenflecken auf der Brust. Ganz alte ♀♀ sind oft wie ♂♂ gefärbt.

B. Etwa krähengroß; viel gedrungener als Baumfalke und die ihm ähnlichen.

— Flügel spitz und lang, aber nicht übermäßig schmal und sichelförmig. Schwanz rel. kurz. Unten im Alter quer, in der Jugend längs gefleckt. O-Seite dunkel aschgrau oder schwarzbräunlich (juv.). Schwarzweiße Wangenzeichnung; besonders bei ad. auffällig weißer Kropf: **Wanderfalk**

Falco p. peregrinus Tunst (bzw. der nordische calidus).
Vereinzelter Felsen- und Baumbrüter. Häufiger Wintergast.

IX.

Die nordischen **Jagdfalken:** der größere, seltene Falco rusticolus islandus Brünn. und der kleinere **(Gerfalk)**: Falco r. rusticolus L. — Ferner der südöstliche **Würgfalk,** Falco ch. cherrug Gray. Alle mit langem Schwanz und schlankem Körper. Flug elegant, „freier" als beim Wanderfalken. Sehr schmale, spitze, etwas gewinkelte Flügel.

— Kurzschwänzig: **Wanderfalk**

Anhang.

1. Vogelstimmen bei Nacht.

Mancher, der bei Nacht wandert oder der im Herbst oder Frühjahr in der Nähe einer hell erleuchteten Ortschaft noch auf den Beinen ist, kann Vogelstimmen hören, die ihm ganz unbekannt vorkommen; schon weil er den Rufer nicht sieht und keine bestimmten Arten vermuten kann. Nicht nur Eulen und Nachtvögel rufen in der Dunkelheit, sondern auch nächtlich ziehende[1] Vögel, besonders Stelzvögel, Enten, Sänger usw. lassen über plötzlich aus der Finsternis auftauchenden Lichtern (Städte, Leuchtfeuer!) ihre Stimmen ertönen, während sie sonst gewöhnlich ruhig dahinziehen. Naturgemäß wird man in dunklen, diesigen Nächten mehr Vogelstimmen hören als in stern- oder mondhellen, wo die Zugvögel durch Lichter nicht beeinflußt werden. Ganz einzigartig läßt sich der Nachtzug auf *Helgoland* feststellen, da das 42millionenkerzige Leuchtfeuer in dunklen Nächten einen geradezu magnetischen Einfluß auf die Vögel ausübt, die dadurch in Massen an den Turm anfliegen und zuweilen — bei einsetzendem Nebel, Regenböen usw. — ihren Zug ganz plötzlich unterbrechen und sich nun in großer Anzahl auf der Insel niederlassen, was sie sonst mehr in den Morgenstunden, beim Nachlassen des Zuges, tun. Im April/Mai und September/Oktober ist es oft ein Ding der Unmöglichkeit, aus den unzähligen durcheinanderrufenden Vögeln klug zu werden. — Einige Stimmen fallen immer wieder auf und sollen hier auch versuchsweise wiedergegeben und — was sehr schwierig ist — in Bestimmungstabellen geordnet werden. Doch vorerst möchte ich kurz die Rufe der Nachtvögel, besonders der Eulen, schildern, damit ihre Rufe nicht das Stimmenbild der Nachtzugvögel unklar machen.

---

[1] Weitaus die meisten Vögel ziehen nachts; manche Arten am Tag und in der Nacht, andere meist entweder nur tags oder nur nachts.

I. Stimmen typischer Nachtvögel.

1. „Spinnendes", schnurrendes errrrörrrr ... (dazu gruid); Heidelandschaft: **Nachtschwalbe**
2. Schnarchendes, heiseres („rätschendes") chrrrüh; besonders an Gebäuden: **Schleiereule**
3. In offenen Landschaften: käw käw käw (käuw ...), fast wie gedämpftes Bellen: **Sumpfeule**
4. In offenen (Feld)landschaften, hū$^{\acute{u}}$, hū$^{\acute{u}g}$, huúg, hūg u. ä.; oder kiwiff, kwíu, kjwéu; kew kew kĕbel quíau; quiewit quiwíu u. ä.; oder bellendes kiff, kiff, kiff ... und quíwgwug: **Steinkauz**
5. Meist in der Nähe von Wald, Park oder Ortschaften, hohles, heulendes: hu—$\frac{\text{u}}{\text{ü}}$—h ungleichmäßig schwankend in Tonhöhe und Betonung; etwas tremulierend. In der Nähe hört man ein eigenartiges Keuchen,
oder: laut kjuhwíek, kju$^{w\acute{\imath}t}$ u. ä.,
oder: heiser kreischendes, leises rräih und dumpfe Stoßlaute,
oder: hohler Roller, etwas an Bekassine erinnernd: **Waldkauz**
6. Im Wald: dumpfes, rohrdommelähnliches, leises whumb in Atemtempo oder hölzernes, halb pfeifendes, halb blasendes bwūuh (/\\) stimmhaft: **Waldohreule**

6a. Im Wald: kreischendes, klagendes Pfeifen: gfe: **Waldohreule jung.**

7. Im Bergwald: bellendes wawawa: **Rauhfußkauz**
8. Im Wald oder Sumpf: etwas nasal púhu, buhúuwu, hūh u. ä.: **Uhu** (selten!)
9. Nur in Ostpreußen (Frisching; Insterburg): dumpf uhúh uhúhu; uhúh; oder houw **hauw** hauw (beim Abfliegen);
heiser reiherartig chrrä́i: **Uraleule**

10. In Ödland oder Kiefernheide, heiser flötend: chrräh-lýht, trlī, quietschend (wie Schiebkarren) (dü) trīël u. ä.: **Triel**
11. Im Moor und Sumpf, noch bei Dunkelheit: hohl dumpf vibrierend wuwu...: **Bekassine**
12. Schnarrendes rrerrp rrerrp (wie mit Hölzchen über Kammzinken!); auf Wiesen: **Wachtelkönig**
13. Scharf knarrend kirrrek: **Rebhuhn**
14. Wässeriges pickwerwick, pickwick: **Wachtel**

II. Stimmen nachts ziehender Vögel (besonders Stelzvögel, Enten, Rallen; Singvögel nur unvollständig)[1].

Eine Bestimmungstabelle im eigentlichen Sinn ist für solche Zwecke zu schwer durchzuführen. Die Rufe sind nur etwas nach ihrer Ähnlichkeit geordnet, damit man sich schneller zurechtfinden kann. Es bleibt dem Bestimmer leider mitunter wohl nichts anderes übrig, als alle Rufe aufmerksam zu lesen, bis er auf eine Wiedergabe stößt, die dem von ihm notierten Stimmlaut ähnelt oder gleicht.

Auf Vollständigkeit kann diese Übersicht leider keinen Anspruch erheben, da einerseits manche Stimmen zu schwer zu beschreiben sind oder dem Verfasser selbst unbekannt blieben. Diese Liste soll eben nur wenigstens ein Helfer sein, der die erste Ordnung in die große Mannigfaltigkeit nächtlicher Vogelstimmen (z.B. auf Helgoland) bringt.

1. Voll flötend búijwúi, djōidōi; tlöih... tlaüieht; in der Nähe chrraühi: **Großer Brachvogel**
2. Rein und voll flötend tüh, tjüyht oder tjiüh, dljüh u. ä.: **Goldregenpfeifer**
3. Geschlungener, reiner, etwas schneidender Flötenpfiff, meist 3-silbig wie dljiëüh: **Kiebitzregenpfeifer**
4. Durchdringend, voll pfeifend: quīëhp, plīëh, pülīëht: **Austernfischer**

[1] Es empfiehlt sich, diese Stimmwiedergaben in möglichst lautem Flüsterton zu lesen, da durch die menschliche Stimme der Charakter völlig verändert wird!

5. Sanft flötendes, nicht lautes, weiches bjū́íp; bjüýp u. ä.: **Sandregenpfeifer**
6. Pfeifend; deutlich und rein bíu, bjíu: **Flußregenpfeifer** (s. auch 12)
7. Ähnlich 6, aber unreiner, gepreßt khý̆ă, kéa u. ä.: **Steinwälzer**
8. Voll und schallend flötend (fast grünspechtartig) kjükjükjü (von fern djüdüdü): **Grünschenkel**
9. Ähnlich 8, aber sanfter und weicher djū́dü, djū́lü; djū́ǚ; djühühühü: **Rotschenkel**
10. Rhythmisch flötend dahẙdl dahydl dahẙdl: **Grünschenkel** (Balztriller[1])
11. Rein metallisch flötend dlüíhtwĭt ĭt ĭt oder wuíthithititit oder djüiht: **Waldwasserläufer**
12. Pfeifend, weich wíwü, wíu, wíbüwübü (meist viele Vögel): **Pfeifente**
13. Klar und tief flötend; gedämpft ghūb ghūb ghūb oder djühb: **Trauerente**
14. Helles, hastiges giffgiffgiffgiff.. oder gib gibib.. (beinahe an Kreuzschnabel erinnernd): **Bruchwasserläufer**
15. Helles, „dünnes", silbenklares (fast fistelndes) hídīdī hīdjīh, hjīdjīdjīd u. ä.: **Flußuferläufer**
16. Hartes, hohes khīkhīkhīkhī...; khiki^{khiki}khi; kh$\frac{kkkkk}{i}$w: **Steinwälzer**
17. Rauh flötendes du^{feht} oder twīht mit oft angehängtem wätuắt (heiser!) also: twēhwed, wếhdwắ oder (wenn Scharen!) dwíeht$_{uätät}$, wädwädwäd, duwíehtĕwäd, uítuät u. ä.: **Knut**
18. Gedämpftes djūg, djūg oder djöhg, dög $\frac{\text{ŏ̌}}{\text{dschg}}$: **Knut**
19. Hastig wechselndes wieht wet wet wet wet wieht,

[1] Auch die ziehenden Vögel lassen nachts zuweilen den Balzruf ertönen.

wiehtwēt u. ä., wenn mehrere zusammen, wie Rauchschwalbengezwitscher: **Meerstrandläufer**

20. Knúi, knjúi, $k\bar{\imath}_e w\bar{\imath}t$ u. ä.: **Kiebitz**

21. Schwirrendes (etwas an Lerche erinnerndes) tirrr, trrri oder besser $t\frac{i}{rrrr}$, auch weicheres $dj\frac{ü}{rrrr}$, djirrri: **Alpenstrandläufer**

22. Weicher schwirrend djirrritiri, djürrrit u. ä. **Bogenschnäbl. Strandläufer**

23. Grillenartig (heimchenähnlich), dünn, langsam schwirrend dirrrr oder $ds\frac{iü}{r}$: **Grauer Zwergstrandläufer**

24. Schwirrendes, feines, aber volles dirridirrri, dürrit pit it u. ä. auch kurze pit-Rufe: **Zwergstrandläufer**

25. Hartes pĭt, pjĭt, pitpjitpit; bei vielen Vögeln fast wie Spatzengezänk: **Sanderling**

26. Nicht besonders schneller Roller, meist fünf- oder siebenstößig, etwa: púјüјüјüјüјüјüt oder (in der Nähe, härter) tükitükütütütütt. Das fünfsilbige dütidütidüt dauert genau 1 Sec., woraus man das Vortragstempo erkennen kann. Ganz von fern klingt der Ruf wie dürrr. Oft Balzruf mit dem Roller verbindend ..tütü .. türwoydwuih ...: **Regenbrachvogel**

27. Wässerig-weiches, anschwellendes wui wui wuiwürrrwürrr wo͠yd wo͠yd: Balztriller des **Gr. Brachvogels**

28. Hartes khikhi khi khi khi oder fast zwergtaucherartiges kkk $^{\text{kwi kwi kwi kwi}}$ kw: **Steinwälzer**

29. Rauh, fast lachend hа̊heg, hýhēg; gjéhöhög gwéga. Ferner unregelmäßige Stoßlaute, rauh gäg, ägägäg; hagagígi, hiheg. Gawíĕ u. ä.: **Rostrote Uferschnepfe**

30. Heiser gegegéhäg, giríoch, quiríri, auch kiebitzähnlich gwīĕwit, gwyä. Balzruf djédlo, dijedlo; oder djötjot: **Schwarzschwänzige Uferschnepfe**

31. Heiser, hähgsch, häähtsch, khätsch u. ä.: **Bekassine**

32. Ähnlich 31, aber leiser und am Schluß absinkend äätsch; auch dünn zist: **Zwergschnepfe**
33. Tiefes $qu\frac{o}{a}rrr$, quarrjĕ, auch fssīhk: **Waldschnepfe**
34. Rauhes ferkelartiges grwu^{iek}: **Wasserralle**
35. Scharf und rauh krächzend krööck, krecks; auch schnarrend terrkerrkerrk oder hohl kurrr: **Teichhuhn**
36. Rauhes, fast bellendes göw, göwe, kröck: **Bleßhuhn**
37. „Glucksend" kjükjock kjack; tuck: **Wachtelkönig**
38. Hölzernes, schnarrendes $kl\frac{e}{rrrr}b$ (ganz hinten mit Zäpfchen ohne Stimme gesprochenes grrb): **Knäkente**
39. Nasales, „ängstliches" näg: **Krick-** und **Knäkente**
40. Leises gedämpftes whāg, whag: **Schellente**
41. Krähenähnliches krrr, karrr: **verschiedene Tauchenten**
42. Quakendes paak und unterdrücktes gschrrb, gschrräb: **verschiedene Gründelenten**
43. Schnarrend kjirrék oder fast pfeifendes krrji^{ührk}: **Brandseeschwalbe**
44. Klirrendes, schnarrendes kīrräh; kittkitt kīrrr, krrrīäh: **Küsten- und Flußseeschwalbe**
45. Heiser Krrréuh, bjrrréu, kjrrrīeh u. ä.: **Lachmöwe**[1]
46. Heiser chraih, chrä(i)h o. ä.: **Reiher**
47. Trompetend krrau: **Kranich**
48. Hohes dünnes, etwas unreines (lispelndes) dsrieh, szjieh, oft zweisilbig: **Amsel**
49. Ähnlich 48, aber reiner, einsilbig dsieh: **Rotdrossel**
50. Scharf und dünn, dsĭb, dsĭb: **Singdrossel**
51. Schackernd tschäckscheckscheckscheck ..., auch ziek **Wacholderdrossel**

[1] Andere Möwen hört man nicht so regelmäßig bei Nacht; außerdem sind ihre Stimmen so schwer wiederzugeben, daß wir lieber darauf verzichten.

52. Scharf zeternd tjacktjäcktjäck oder tzecktjzeckeck . . : **Ringdrossel**
53. Etwas heiser, blechern, dünn psiehb; oft zweimal; das zweitemal dann kürzer: **Baumpieper**
54. „Schüchtern" dsilb, dsië, sjúissi, dsjirlid: **Bachstelze**
54a. Ähnlich, süip, vidse, dsüssi: **Schafstelze**
55. Silbrig zarter Anschlag: didididididi, auch tieht: **Heckenbraunelle**
56. Etwas schrillend tjırieh, tirrirrieh; gurgelndes djrrlüi: **Feldlerche**
57. Gepreßt chrrēh, chprēh: **Star**
58. Leises, gedämpftes quăg: **Bergfink** (meist allerdings Tagszügler)

2. Das System der Vögel[1]

(nach E. Hartert u. E. Stresemann; verändert).

I. Ordnung: Passeres.

1. Familie: Corvidae.

o Corvus corax corax L. Kolkrabe.
Corvus corone cornix L. Nebelkrähe.
Corvus corone corone L. Rabenkrähe.
Corvus frugilegus frugilegus L. Saatkrähe.
Coloeus monedula spermologus (Vieill.) Westeuropäische Dohle.

---

[1] Die Buchstaben und Zeichen hinter und vor dem Artennamen bedeuten:

Nichts = regelmäßiger Brutvogel in Deutschland. Stand- oder Strichvogel; auch Zugvogel, trotzdem im Winter anzutreffen.
Z = ausgesprochener Zugvogel, (Z) bedingter Zugvogel in Deutschland.
o = nur sporadisch oder lokal häufig brütend.
(*) = zwar (vereinzelter oder auch sehr unregelmäßiger) Brutvogel, aber besonders auf dem Durchzug in Deutschland erscheinend.
* = nur ± regelmäßiger Durchzügler bzw. Gast, nicht Brutvogel in Deutschland.
** = seltener Gast, höchstens lokal häufiger.
*** = nur wenige Male in Deutschland beobachtet.

(*) Coloeus monedula monedula (L.) Nordeuropäische Dohle.
* Coloeus monedula soemmeringii (Fisch.) Osteuropäische (Halsband) Dohle.
Pica pica pica (L.) Elster.
o Nucifraga caryocatactes caryocatactes (L.) Dickschnäbliger Tannenhäher.
* Nucifraga caryocatactes macrorhynchos Brehm. Dünnschnäbliger Tannenhäher.
Garrulus glandarius glandarius (L.) Eichelhäher.
*** Cractes infaustus infaustus (L.) Unglückshäher.
** Pyrrhocorax pyrrhocorax (L.) Steinkrähe, Alpenkrähe.
o Pyrrhocorax graculus graculus (L.) Alpendohle.

2. Familie: Sturnidae.

Sturnus vulgaris vulgaris L. Star. (Z.)
*** Pastor roseus (L.) Rosenstar.

3. Familie: Oriolidae.

Oriolus oriolus oriolus (L.) Pirol. Z.

4. Familie: Fringillidae.

Coccothraustes coccothraustes coccothraustes (L.) Kirchkernbeißer.
Chloris chloris chloris (L.) Grünfink, Grünling.
Carduelis carduelis carduelis (L.) Stieglitz, Distelfink.
Carduelis spinus (L.) Erlenzeisig.
Carduelis cannabina cannabina (L.) Bluthänfling.
* Carduelis flavirostris flavirostris (L.) Berghänfling.
* Carduelis flammea flammea (L.) Birkenzeisig, Leinzeisig.
** Carduelis flammea holboellii (Brehm.) Großer Birkenzeisig.
o Carduelis flammea cabaret (P. L. S. Müll.) Kleiner Birkenzeisig.
** Carduelis flammea exilipes (Coues). Heller Birkenzeisig.
o Carduelis citrinella citrinella (L.) Zitronenzeisig.
Serinus canaria serinus (L.) Girlitz. (Z)
(*) Pyrrhula pyrrhula pyrrhula (L.) Großer oder Nordischer Gimpel.
Pyrrhula pyrrhula coccinea (Gm.) Gemeiner Gimpel, Dompfaff.
o Erythrina erythrina erythrina (Pall.) Karmingimpel. Z.
** Pinicola enucleator enucleator (L.) Hakengimpel.

Loxia curvirostra curvirostra L. Fichtenkreuzschnabel.
Loxia pytyopsittacus Borkh. Kiefernkreuzschnabel.
** Loxia leucoptera bifasciata (Brehm.) Weißbindiger Kreuzschnabel.
Fringilla coelebs coelebs L. Buchfink, Edelfink.
* Fringilla montifringilla L. Bergfink.
o Montifringilla nivalis nivalis (L.) Schneefink.
o Petronia petronia petronia (L.) Steinsperling.
Passer[1] domesticus domesticus (L.) Haussperling.
Passer montanus montanus (L.) Feldsperling.
Emberiza calandra calandra L. Grauammer.
Emberiza citrinella citrinella L. Goldammer.
o Emberiza citrinella erythrogenis (Brehm.) Östl. Goldammer.
*** Emberiza leucocephalos S. G. Gm. Fichtenammer.
*** Emberiza melanocephala Scop. Kappenammer.
*** Emberiza aureola aureola Pall. Weidenammer.
*** Emberiza icterica Eversm. Braunkehliger Ammer.
o Emberiza cirlus cirlus L. Zaunammer. (Z.)
*** Emberiza spodocephala spodocephala Pall. Aschkopfammer.
*** Emberiza caesia Cretzschm. Grauer O tolan, Rostbartammer.
Emberiza hortulana L. Gartenammer, Ortolan. Z.
o Emberiza cia cia L. Zippammer. Z.
*** Emberiza rustica Pall. Waldammer.
*** Emberiza pusilla Pall. Zwergammer.
Emberiza schoeniclus schoeniclus (L.) Rohrammer. (Z)
*—** Emberiza schoeniclus septentrionalis (Brehm.) Nord. Rohrammer.
** Calcarius lapponicus lapponicus (L.) Spornammer.
*—** Plectrophenax nivalis nivalis (L.) Schneeammer.

5. Familie: Alaudidae.

*** Melanocorypha sibirica (Gm.) Steppenlerche.
*** Melanocorypha calandra calandra L. Kalanderlerche.
*** Calandrella cinerea brachydactyla (Leisler) Kurzzehlerche.
Galerida cristata cristata (L.) Haubenlerche.
Lullula arborea (L.) Heidelerche. (Z.)

---

[1]) Stresemann sondert Passer von den Fringilliden und stellt die Gattung zu den Ploceiden.

Alauda arvensis arvensis L. Feldlerche. (Z.)
* Eremophila alpestris flava (Gm.) Alpenohrenlerche.

6. Familie: Motacillidae.

** Anthus richardi richardi Vieill. Spornpieper.
Anthus campestris campestris (L.) Brachpieper. Z.
Anthus trivialis trivialis (L.) Baumpieper. Z.
Anthus pratensis pratensis (L.) Wiesenpieper. (Z.)
** Anthus rufogularis (Brehm.) Rotkehlpieper.
o Anthus spinoletta spinoletta (L.) Wasserpieper.
* Anthus spinoletta petrosus (Mont.) Strandpieper.
* Anthus spinoletta littoralis Brehm. Felsenpieper.
Motacilla flava flava L. Schafstelze. Z.
* Motacilla flava thunbergi Billberg. Nordische Schafstelze.
*** Motacilla flava feldegg Mich. Schwarzkopfschafstelze.
** (o) Motacilla flava rayi (Bp.). Grünköpfige Schafstelze.
*** Motacilla citreola citreola Pall. Zitronenstelze.
Motacilla cinerea cinerea Tunst. Bergstelze.
(*) Motacilla alba yarrellii Gould. Trauerbachstelze.
Motacilla alba alba L. Weiße Bachstelze. (Z.)

7. Familie: Certhiidae.

Certhia familiaris familiaris L. Nordischer Baumläufer.
Certhia familiaris macrodactyla Brehm. Waldbaumläufer.
Certhia brachydactyla brachydactyla Brehm. Hausbaumläufer, Gartenbaumläufer.
o Tichodroma muraria (L.) Alpenmauerläufer.

8. Familie: Sittidae.

Sitta europaea homeyeri Hart. Östlicher Kleiber.
Sitta europaea caesia Wolf. Kleiber, Spechtmeise.

9. Familie: Paridae.

Parus maior maior L. Kohlmeise.
Parus caeruleus caeruleus L. Blaumeise.
*** Parus cyanus cyanus Pall. Lasurmeise.
Parus ater ater L. Tannenmeise.
Parus cristatus cristatus L. Nordische Haubenmeise.
Parus cristatus mitratus. Brehm Mitteleuropäische Haubenmeise.
Parus palustris palustris L. Nordische Nonnenmeise.
Parus palustris communis Baldenst. Mitteleuropäische Nonnenmeise oder Sumpfmeise.

Parus palustris longirostris Kleinschm. Nonnenmeise (Frankreich, Rheingegend).
Parus atricapillus salicarius Brehm. Mitteleuropäische Weidenmeise.
Parus atricapillus rhenanus Kleinschm. Weidenmeise (Rheingegend).
Parus atricapillus borealis Selys. Nordöstl. Weidenmeise (in Ostpreußen als tischleri Kleinschm.)
Parus atricapillus montanus Baldenst. Alpenmeise. (Übergang von salicarius zu montanus = submontanus Kleinschm. & Tschusi.)
Aegithalos caudatus caudatus (L.) Weißköpfige Schwanzmeise.
Aegithalos caudatus europaeus (Herm.). Augenbrauige Schwanzmeise.
o Remiz pendulinus pendulinus (L.) Beutelmeise.

10. Familie: Paradoxornithidae.

o Panurus biarmicus biarmicus (L.) Bartmeise.

11. Familie: Laniidae.

Lanius minor Gm. Schwarzstirnwürger. Z.
Lanius excubitor excubitor L. Raubwürger.
Lanius excubitor homeyeri Cab. Östlicher Raubwürger.
Lanius senator senator L. Rotkopfwürger. Z.
Lanius collurio colluiio L. Neuntöter, Rotrückiger Würger. Z.

12. Familie: Bombycillidae.

* Bombycilla garrulus garrulus (L.). Seidenschwanz.

13. Familie: Muscicapidae.

Muscicapa striata striata (Pall.) Grauer Fliegenschnäpper. Z.
Muscicapa hypoleuca hypoleuca Pall. Trauerfliegenschnäpper. Z.
o Muscicapa albicollis Temm. Halsbandfliegenschnäpper. Z.
Muscicapa parva parva Bechst. Zwergfliegenschnäpper. Z.

14. Familie: Sylviidae.

Regulus regulus regulus (L.) Wintergoldhähnchen.
Regulus ignicapillus ignicapillus (Temm.) Sommergoldhähnchen, Augenstreifgoldhähnchen. (Z.)

Phylloscopus collybita collybita (Vieill.) Weidenlaubsänger, Zilpzalp. Z.
* Phylloscopus collybita abietinus (Nilss.). Grauer Zilpzalp.
** Phylloscopus collybita tristis Blyth. Sibir. Zilpzalp.
Phylloscopus trochilus fitis (Bechst.) Fitislaubsänger. Z.
* Phylloscopus trochilus eversmanni (Bp.) Östlicher Fitis.
* Phylloscopus trochilus acredula (L.) Grauer Fitis.
o Phylloscopus nitidus viridanus Blyth. Grüner Laubsänger. Z.
o Phylloscopus bonelli bonelli (Vieill.) Berglaubsänger. Z.
Phylloscopus sibilatrix sibilatrix (Bechst.) Waldlaubsänger. Z.
** Phylloscopus inornatus inornatus Blyth. Gelbbrauiger Laubsänger.
*** Phylloscopus proregulus proregulus (Pall.) Goldhähnchenlaubsänger.
Locustella fluviatilis fluviatilis (Wolf). Flußrohrsänger, Schlagschwirl. Z.
*** Locustella lanceolata Temm. Striemenschwirl.
*** Locustella certhiola certhiola Pall. Streifenschwirl.
o Locustella luscinioides luscinioides (Savi) Nachtigallschwirl, Rohrschwirl. Z.
Locustella naevia naevia (Bodd.) Heuschreckensänger, Schwirl. Z.
Acrocephalus arundinaceus arundinaceus (L.) Drosselrohrsänger. Z.
Acrocephalus scirpaceus scirpaceus (Herm.) Teichrohrsänger. Z.
Acrocephalus palustris (Bechst.) Sumpfrohrsänger, Getreidesänger. Z.
Acrocephalus schoenobaenus schoenobaenus (L.) Schilfrohrsänger, Uferrohrsänger. Z.
Acrocephalus paludicola (Vieill.) Binsenrohrsänger, Seggensänger. Z.
Hippolais icterina (Vieill.) Gelbspötter, Gartensänger Z.
*** Hippolais polyglotta (Vieill.) Sängerlaubvogel.
Sylvia nisoria nisoria (Bechst.) Sperbergrasmücke. Z.
*** Sylvia hortensis hortensis Gm. Orpheusgrasmücke.
Sylvia borin borin (Bodd.) Gartengrasmücke. Z.
Sylvia atricapilla atricapilla (L.) Mönchsgrasmücke, Plattmönch. Z.
Sylvia communis communis Lath. Dorngrasmücke. Z.
Sylvia curruca curruca (L.) Zaungrasmücke, Klappergrasmücke, Müllerchen. Z.

15. Familie: Turdidae.

** Turdus ruficollis atrogularis Temm. Schwarzkehldrossel.
*** Turdus ruficollis ruficollis Pall. Rothalsdrossel.
** Turdus obscurus Gm. Blasse Drossel.
** Turdus naumanni naumanni Temm. Rotschwanzdrossel.
** Turdus naumanni eunomus Temm. Rostflügeldrossel.
*** Turdus sibiricus sibiricus Pall. Sibirische Drossel.
*** Turdus mollissimus mollissimus Blyth. Himalayadrossel, Weichfederdrossel.
*** Turdus dauma aureus Hol. Bunte Drossel.
Turdus pilaris L. Wacholderdrossel, Krammetsvogel. (Z.)
Turdus viscivorus viscivorus L. Misteldrossel. (Z.)
Turdus ericetorum philomelos Brehm. Singdrossel, Zippe. (Z.)
* Turdus musicus L. Wein- oder Rotdrossel.
* Turdus torquatus torquatus L. Nordische Ringamsel.
Turdus torquatus alpestris (Brehm.) Alpenringamsel.
Turdus merula merula L. Amsel, Schwarzdrossel.
(o) ** Monticola saxatilis (L.) Steinrötel.
*** Monticola solitarius solitarius (L.) Blaudrossel, Blaumerle.
Oenanthe oenanthe oenanthe (L.) Grauer Steinschmätzer. Z.
* Oenanthe oenanthe leucorhoa (Gm.) Grönländ. Steinschmätzer.
* Oenanthe oenanthe schiöleri Salom. Isländ. Steinschmätzer.
*** Oenanthe pleschanka pleschanka (Lepech.) Schwarzkehliger Steinschmätzer.
Saxicola rubetra rubetra (L.) Braunkehliger Wiesenschmätzer, Braunkehlchen. Z.
Saxicola torquata rubicola (L.) Schwarzkehliger Wiesenschmätzer, Schwarzkehlchen. (Z.)
Phoenicurus phoenicurus phoenicurus (L.) Gartenrotschwanz. Z.
Phoenicurus ochrurus gibraltariensis (Gm.) (ater[Brehm]). Hausrotschwanz. Z.
Luscinia megarhynchos megarhynchos Brehm. Nachtigall. Z.
Luscinia luscinia (L.) Sprosser. Z.
* Luscinia svecica svecica (L.) Rotsterniges Blaukehlchen.
Luscinia svecica cyanecula (Wolf). Weißstern. Blaukehlchen. Z.
Erithacus rubecula rubecula (L.) Rotkehlchen. (Z.)

16. Familie: Prunellidae.

o Prunella collaris collaris (Scop.) Alpenbraunelle.
Prunella modularis modularis (L.) Heckenbraunelle. (Z.)

17. Familie: Troglodytidae.

Troglodytes troglodytes troglodytes (L.) Zaunkönig.

18. Familie: Cinclidae.

o Cinclus cinclus cinclus (L.) Schwarzbäuchiger Wasserschmätzer.
Cinclus cinclus aquaticus Bechst. Wasseramsel, Wasserschmätzer.
Cinclus cinclus meridionalis Brehm. Alpenwasseramsel.

19. Familie: Hirundinidae.

Hirundo rustica rustica L. Rauchschwalbe. Z.
Delichon urbica urbica (L.) Mehlschwalbe, Hausschwalbe. Z.
Riparia riparia riparia (L.) Uferschwalbe. Z.
o Riparia rupestris rupestris (Scop.) Felsenschwalbe. Z.

II. Ordnung: Pici

1. Familie: Picidae.

Picus viridis viridis L. Nordischer Grünspecht.
Picus viridis virescens Brehm Mitteleuropäischer Grünspecht.
Picus canus canus Gm. Grauspecht.
Dryobates maior maior L. Nordischer Großer Buntspecht.
Dryobates maior pinetorum (Brehm) Mitteleuropäischer Großer Buntspecht, Rotspecht.
o Dryobates leucotos leucotos (Bechst.). Elsterspecht, Weißrückenspecht.
Dryobates minor minor (L.) Nordischer kleiner Buntspecht.
Dryobates minor hortorum (Brehm) Mitteleuropäischer kleiner Buntspecht, Zwergspecht.
Dryobates medius medius (L.) Mittlerer Buntspecht.
** Picoides tridactylus tridactylus (L.) Nordischer Dreizehenspecht.
o Picoides tridactylus alpinus Brehm. Dreizehenspecht.
Dryocopus martius martius (L.) Schwarzspecht.
Jynx torquilla torquilla L. Wendehals. Z.

III. Ordnung: Macrochires.

1. Familie: Micropodidae.

** Micropus (Apus) melba melba (L.) Alpensegler.
Micropus (Apus) apus apus (L.) Mauersegler. Z.

IV. Ordnung: Upupae.

1. Familie: Upupidae.

Upupa epops epops L. Wiedehopf. Z.

V. Ordnung: Meropes.

–* Merops apiaster L. Bienenfresser.

VI. Ordnung: Halcyones.

Alcedo atthis ispida L. Eisvogel.

VII. Ordnung: Coraciae.

1. Familie: Coraciidae.

Coracias garrulus garrulus L. Blaurake, Mandelkrähe. Z.

VIII. Ordnung: Caprimulgi.

1. Familie: Caprimulgidae.

Caprimulgus europaeus europaeus L. Nachtschwalbe, Ziegenmelker. Z.

IX. Ordnung: Striges.

** Nyctea scandiaca (L.). Schneeule.
o Bubo bubo bubo (L.) Uhu.
(o) ** Otus scops scops (L.) Zwergohreule.
o Asio otus otus (L.) Waldohreule.
Asio flammeus flammeus Pontopp. Sumpfeule, Sumpfohreule.
o Aegolius funereus funereus (L.) Rauhfußkauz.
Athene noctua noctua (Scop.) Steinkauz.
o Glaucidium passerinum passerinum (L.) Sperlingskauz.
** Surnia ulula ulula (L.) Sperbereule.
o Strix uralensis uralensis Pall. Uralkauz, Habichtseule.

Strix aluco aluco L. Waldkauz.
*** Strix nebulosa lapponica Thunb. Bartkauz.
Tyto alba guttata (Brehm) Schleiereule.

X. Ordnung: Cuculi.

1. Familie: Cuculidae.

Cuculus canorus canorus L. Kuckuck. Z.
*** Clamator glandarius (L.) Häherkuckuck.

XI. Ordnung: Accipitres.

1. Familie: Falconidae.

Falco peregrinus peregrinus Tunst. Wanderfalk.
* Falco peregrinus calidus Lath. Sibir. Wanderfalk.
** Falco cherrug cherrug Gray. Würgfalk.
*** Falco rusticolus candicans Gm. Grönländ. Jagdfalk.
*** Falco rusticolus islandus Brünn. Isländ. Jagdfalk.
** Falco rusticolus rusticolus L. Gerfalk.
Falco subbuteo subbuteo L. Baumfalk, Lerchenfalk. Z.
* Falco columbarius aesalon Tunst. Merlin.
*-** Falco vespertinus vespertinus L. Rotfußfalk.
*** Falco naumanni naumanni Fleisch. Rötelfalk.
Falco tinnunculus tinnunculus L. Turmfalk.
o Aquila chrysaëtos chrysaëtos (L.) Steinadler.
*** Aquila heliaca heliaca Savi Kaiseradler.
*** Aquila nipalensis orientalis Cab. Steppenadler.
(*)—** Aquila clanga Pall. Großer Schreiadler, Schelladler.
Aquila pomarina pomarina Brehm. Kl. Schreiadler. Z.
*** Hieraaëtus fasciatus fasciatus (Vieill.) Habichtsadler.
** Hieraaëtus pennatus (Gm.) Zwergadler.
*** Buteo ferox ferox (Gm.) Adlerbussard.
Buteo buteo buteo (L.) Mäusebussard.
** Buteo buteo zimmermannae Ehmcke. Falkenbussard.
*** Buteo buteo vulpinus Gloger. Steppenbussard.
* Buteo lagopus lagopus (Brünn.) Rauhfußbussard.
Circus aeruginosus aeruginosus (L.) Rohrweihe. Z.
Circus cyaneus cyaneus (L.) Kornweihe. (Z.)
(*)-** Circus macrourus (Gm.) Steppenweihe.
Circus pygargus (L.) Wiesenweihe. (Z.)
* Accipiter gentilis gentilis (L.) Nordischer Hühnerhabicht.
** Accipiter gentilis buteoides Menzb. Heller Hühnerhabicht.
Accipiter gentilis marginatus Piller & Mitterspacher. Hühnerhabicht.

Accipiter nisus nisus (L.) Sperber.
Milvus milvus milvus (L.) Roter Milan, Gabelweihe. (Z.)
Milvus migrans migrans (Bodd.) Schwarzer Milan. Z.
o Haliaëtus albicilla albicilla (L.) Seeadler.
Pernis apivorus apivorus (L.) Wespenbussard. Z.
*** Elanus caeruleus caeruleus (Desf.) Gleitaar.
o Circaëtus gallicus (Gm.) Schlangenadler. Z.
(*) Pandion haliaëtus haliaëtus (L.) Fischadler.
*** Gypaëtus barbatus grandis Storr. Lämmergeier, Bartgeier.
*** Neophron percnopterus percnopterus (L.) Aasgeier.
** Gyps fulvus fulvus (Habl.) Gänsegeier.
** Aegypius monachus (L.) Kuttengeier, Mönchsgeier.

XII. Ordnung: Gressores.

1. Familie: Ciconiidae.

Ciconia ciconia ciconia (L.) Weißer Storch. Z.
o Ciconia nigra (L.) Schwarzer Storch. Z.

2. Familie: Plegadidae.

** Platalea leucorodia leucorodia L. Löffelreiher, Löffler.
** Plegadis falcinellus falcinellus (L.) Brauner Sichler.

3. Familie: Ardeidae.

Ardea cinerea cinerea L. Fischreiher.
** Ardea purpurea purpurea L. Purpurreiher.
** Egretta alba alba (L.) Silberreiher.
** Egretta garzetta garzetta (L.) Seidenreiher.
** Ardeola ralloides (Scop.) Rallenreiher.
*** Bubulcus ibis ibis (L.) Kuhreiher.
(o) ** Nycticorax nycticorax nycticorax (L.) Nachtreiher.
Ixobrychus minutus minutus (L.) Zwergrohrdommel. Z.
Botaurus stellaris stellaris (L.) Große Rohrdommel. Z.

XIII. Ordnung: Phoenicopteri.

*** Phoenicopterus ruber antiquorum Temm. Flamingo.

XIV. Ordnung: Steganopodes.

1. Familie: Phalacrocoracidae.

* Phalacrocorax carbo carbo (L.) Nordatlantischer Kormoran.
o Phalacrocorax carbo sinensis (Shaw & Nodd.) Kormoran, Scharbe. Z.

** Phalacrocorax aristotelis aristotelis (L.) Krähenscharbe.
** Phalacrocorax pygmaeus (Pall.) Zwergscharbe.

2. Familie: Pelecanidae.

** Pelecanus onocrotalus onocrotalus L. Pelikan.

3. Familie: Sulidae.

*_** Sula bassana bassana (L.) Baßtölpel.

XV. Ordnung: Anseres.

* Cygnus cygnus (L.) Singschwan.
*_** Cygnus bewickii bewickii Yarr. Zwergschwan.
Cygnus olor (Gm.) Höckerschwan. (Z.)
Anser anser (L.) Graugans, Wildgans. (Z.)
* Anser albifrons albifrons (Scop.) Bleßgans.
*_** Anser erythropus (L.) Zwerggans.
* Anser fabalis fabalis (Lath.) Saatgans.
** Anser neglectus Suschk. Suchkingans.
** Anser brachyrhynchus Baill. Kurzschnabelgans.
*** Anser caerulescens caerulescens (L.) Schneegans.
* Branta bernicla bernicla (L.) Ringelgans.
* Branta leucopsis (Bechst.) Nonnengans, Weißwangengans.
*** Branta ruficollis (Pall.) Rothalsgans.
Tadorna tadorna (L.) Brandgans. Z.
*** Alopochen aegyptiaca (L.) Nilgans.
*** Casarca ferruginea (Pall.) Rostgans.
Anas platyrhyncha platyrhyncha L. Stockente, Märzente.
Anas crecca crecca L. Krickente.
Anas querquedula L. Knäkente. Z.
Anas strepera L. Schnatterente, Mittelente. (Z)
(*) Anas penelope L. Pfeifente.
Anas acuta acuta L. Spießente. (Z)
*** Anas angustirostris Ménétr. Marmelente.
Spatula clypeata (L.) Löffelente. Z.
o Netta rufina (Pall.) Kolbenente. (Z)
Nyroca ferina ferina (L.) Tafelente.
Nyroca nyroca nyroca (Güldenst.) Moorente. (Z)
Nyroca fuligula (L.) Reiherente.
* Nyroca marila marila (L.) Bergente.
Bucephala clangula clangula (L.) Schellente.
*** Bucephala islandica (Gm.) Spatelente.
* Clangula hyemalis (L.) Eisente.

* Oidemia fusca fusca (L.) Sammetente.
*** Oidemia perspicillata (L.) Brillenente.
* Oidemia nigra nigra (L.) Trauerente.
** Histrionicus histrionicus histrionicus (L.) Kragenente.
(*) Somateria mollissima mollissima (L.) Eiderente.
*** Somateria spectabilis (L.) Prachteiderente.
*** Polysticta stelleri (Pall.) Scheckente.
*** Oxyura leucocephala (Scop.) Ruderente.
Mergus merganser merganser L. Gänsesäger.
(*) Mergus serrator L. Mittlerer Säger, Zopfsäger.
* Mergus albellus L. Zwergsäger.

XVI. Ordnung: Tubinares.

** Hydrobates pelagicus (L.) Kleine Sturmschwalbe.
** Oceanodroma leucorrhoa leucorrhoa (Vieill.) Gabelschwänzige Sturmschwalbe.
*** Oceanites oceanicus oceanicus (Kuhl.) Buntfüßige Sturmschwalbe.
** Puffinus puffinus puffinus (Brünn.) Nordischer Sturmtaucher, Wasserscherer.
** Puffinus gravis (O'Reilly.) Großer Sturmtaucher.
** Puffinus griseus (Gm.) Dunkler Sturmtaucher.
*** Puffinus kuhlii kuhlii (Boie) Kuhls Sturmtaucher.
** Fulmarus glacialis glacialis (L.) Eissturmvogel.

XVII. Ordnung: Podicipedes.

Podiceps cristatus cristatus (L.) Haubensteißfuß, Haubentaucher. Z.
Podiceps griseigena griseigena (Bodd.) Rothalstaucher.
* Podiceps auritus (L.) Horntaucher, Ohrensteißfuß.
Podiceps nigricollis nigricollis Brehm. Schwarzhalstaucher. (Z)
Podiceps ruficollis ruficollis (Pall.) Zwergtaucher.

XVIII. Ordnung: Colymbi.

** Colymbus immer Brünn. Schwarzschnäbliger Eisseetaucher.
*** Colymbus adamsii Gray. Weißschnäbliger Eisseetaucher.
(*) Colymbus arcticus arcticus L. Polarseetaucher, Polartaucher.
** Colymbus arcticus viridigularis (Dwight). Sibirischer Polartaucher.
* Colymbus stellatus Pontopp. Nordseetaucher, Rotkehltaucher.

XIX. Ordnung: Alcae.

o Alca torda L. Tordalk, Eisalk.
** Alle alle (L.) Krabbentaucher.
* Uria aalge aalge (Pont.) Trottellumme.
o Uria aalge albionis With. Helgoländer und Englische Lumme.
*** Uria lomvia lomvia (L.) Dickschnabellumme.
*—** Uria grylle grylle (L.) Gryllteist.
*—** Fratercula arctica arctica (L.) Papageitaucher, Lund.
** Fratercula arctica grabae (Brehm). Papageitaucher.

XX. Ordnung: Laro-Limicolae.

1. Familie: Burhinidae.

Burhinus oedicnemus oedicnemus (L.) Triel. Z.

2. Familie: Glareolidae.

*** Glareola pratincola pratincola (L.) Brachschwalbe.
*** Cursorius cursor (Lath.) Rennvogel, Wüstenläufer.

3. Familie: Charadriidae.

Charadrius hiaticula hiaticula L. Sandregenpfeifer, Halsbandregenpfeifer. Z.
* Charadrius hiaticula tundrae (Lowe.) Sibirischer Sandregenpfeifer.
Charadrius dubius curonicus Gm. Flußregenpfeifer. Z.
Charadrius alexandrinus alexandrinus L. Seeregenpfeifer. Z.
*** Charadrius leschenaultii Less.
o Charadrius morinellus L. Mornellregenpfeifer. Z.
* Charadrius apricarius apricarius L. Nordischer Goldregenpfeifer.
o Charadrius apricarius oreophilus Meinertz. Goldregenpfeifer. Z.
* Squatarola squatarola squatarola (L.) Kiebitzregenpfeifer.
Vanellus vanellus (L.) Kiebitz. (Z)
(*) Arenaria interpres interpres (L.) Steinwälzer.
* Calidris ferruginea (Brünn.) Bogenschnäbliger Strandläufer.
* Calidris alpina alpina (L.) Alpenstrandläufer.
Calidris alpina schinzii (Brehm.) Kurzschnäbliger Alpenstrandläufer. Z.
* Calidris minuta (Leisl.) Zwergstrandläufer.

* Calidris temminckii (Leisl.) Grauer Zwergstrandläufer, Temmincksstrandläufer.
* Calidris canutus canutus (L.) Isländischer Strandläufer, Knut.
* Calidris maritima maritima (Brünn.) Seestrandläufer, Meerstrandläufer.
Philomachus pugnax (L.) Kampfläufer. Z.
* Crocethia alba (Pall.) Sanderling.
*-** Limicola falcinellus falcinellus (Pont.) Sumpfläufer.
* Tringa erythropus (Pall.) Dunkler Wasserläufer, Großer Rotschenkel.
Tringa totanus totanus (L.) Kleiner Rotschenkel. Z.
** Tringa totanus robusta (Schiöler) Isländischer Rotschenkel.
** Tringa stagnatilis (Bechst.) Teichwasserläufer.
* Tringa nebularia (Gunn.) Heller Wasserläufer, Grünschenkel.
(*) Tringa ochropus L. Waldwasserläufer, Punktierter Wasserläufer. (Z)
(*) Tringa glareola L. Bruchwasserläufer. Z.
Tringa hypoleucos L. Flußuferläufer. Z.
*** Terekia cinerea (Güld.) Limosenläufer, Terekwasserläufer.
*-** Phalaropus fulicarius (L.) Plattschnäbliger Wassertreter.
* Phalaropus lobatus (L.) Schmalschnäbliger Wassertreter, Odinshenne.
** Himantopus himantopus himantopus (L.) Stelzenläufer.
o Recurvirostra avosetta avosetta L. Säbelschnäbler. Z.
Limosa limosa limosa (L.) Schwarzschwänzige Uferschnepfe. Z.
* Limosa lapponica lapponica (L.) Rostrote Uferschnepfe.
Numenius arquata arquata (L.) Großer Brachvogel. Z.
* Numenius phaeopus phaeopus (L.) Regenbrachvogel.
*** Numenius tenuirostris Vieill. Dünnschnäbliger Brachvogel.
Scolopax rusticola rusticola L. Waldschnepfe. Z.
Capella gallinago gallinago (L.) Bekassine. (Z)
Capella media (Lath.) Große Sumpfschnepfe. (Z)
(*) Lymnocryptes minimus (Brünn.) Kleine Sumpfschnepfe, Zwergschnepfe.
Haematopus ostralegus ostralegus L. Austernfischer. Z.

4. Familie: Laridae.

Chlidonias nigra nigra (L.) Trauerseeschwalbe. Z.
*—** Chlidonias leucoptera (Temm.) Weißflügelseeschwalbe.
** Chlidonias leucopareia leucopareia (Temm.) Bartseeschwalbe.
o Gelochelidon nilotica nilotica (Gm.) Lachseeschwalbe Z.
*—** Hydroprogne tschegrava tschegrava (Lep.) Raubseeschwalbe.
Sterna sandvicensis sandvicensis Lath. Brandseeschwalbe. Z.
Sterna hirundo hirundo L. Flußseeschwalbe. Z.
Sterna paradisaea Brünn. Küstenseeschwalbe. Z.
*** Sterna fuscata fuscata L. Rußbraune Seeschwalbe.
** Sterna dougallii dougallii Mont. Paradiesseeschwalbe.
Sterna albifrons albifrons Pall. Zwergseeschwalbe. Z.
** Xema sabini (Sabine) Schwalbenmöwe.
*** Rhodostethia rosea (Macg.) Rosenmöwe.
* Larus marinus L. Mantelmöwe.
Larus argentatus argentatus Pontopp. Silbermöwe.
** Larus argentatus cachinnans Pall. Gelbfüßige (östl.) Silbermöwe.
* Larus fuscus fuscus L. Heringsmöwe.
o Larus fuscus graellsii Brehm. Heringsmöwe. Z.
Larus canus canus L. Sturmmöwe.
*—** Larus hyperboreus Gunn. Eismöwe.
** Larus glaucoides Meyer. Polarmöwe.
** Larus melanocephalus Temm. Schwarzkopfmöwe.
(*) Larus minutus Pall. Zwergmöwe.
Larus ridibundus ridibundus L. Lachmöwe.
*** Pagophila eburnea (Phipps.) Elfenbeinmöwe.
* Rissa tridactyla tridactyla (L.) Dreizehenmöwe.
** Stercorarius skua skua (Brünn.) Große Raubmöwe, Skua.
* Stercorarius pomarinus (Temm.) Mittlere Raubmöwe, Spatelraubmöwe.
* Stercorarius parasiticus parasiticus (L.) Schmarotzerraubmöwe.
* Stercorarius longicaudus Vieill. Langschwänzige oder kleine Raubmöwe.

XXI. Ordnung: Otides.

Otis tarda tarda L. Großtrappe.
o Otis tetrax orientalis Hart. Östliche Zwergtrappe. (Z.)

** Otis tetrax tetrax L. Westliche Zwergtrappe.
*** Chlamydotis undulata macqueenii (Gray) Kragentrappe.

XXII. Ordnung: Grues.

1. Familie: Gruidae.

Grus grus grus (L.) Kranich. Z.

XXIII. Ordnung: Ralli.

Rallus aquaticus aquaticus L. Wasserralle. (Z.)
Porzana porzana (L.) Tüpfelsumpfhuhn. Z.
o Porzana pusilla intermedia (Herm.) Zwergsumpfhuhn. Z.
Porzana parva (Scop.) Kleines Sumpfhuhn. Z.
Crex crex (L.) Wachtelkönig, Wiesenralle. Z.
Gallinula chloropus chloropus (L.) Grünfüßiges Teichhuhn.
Fulica atra atra L. Bleßhuhn, Schwarzes Wasserhuhn.

XXIV. Ordnung: Pterocletes.

*** Pterocles alchata caudacutus (Gm.) Spießflughuhn.
*** Pterocles orientalis (L.) Standflughuhn.
** Syrrhaptes paradoxus (Pall.) Steppenhuhn.

XXV. Ordnung: Columbae.

1. Familie: Columbidae.

*** Columba livia livia Gm. Felsentaube.
Columba oenas oenas L. Hohltaube. (Z)
Columba palumbus palumbus L. Ringeltaube, Wildtaube. (Z)
Streptopelia turtur turtur (L.) Turteltaube. Z.

XXVI. Ordnung: Galli.

1. Familie: Phasianidae.

** Lagopus lagopus lagopus (L.) Moorschneehuhn.
Lagopus scoticus (Lath.) Schottisches Moorschneehuhn, Grouse (z. T. eingebürgert!).
o Lagopus mutus helveticus (Thienem.) Alpenschneehuhn.
Lyrurus tetrix tetrix (L.) Birkhuhn.
Tetrao urogallus urogallus L. Auerhuhn.
o Tetrastes bonasia grassmanni (Zedl.) Baltisches Haselhuhn.

o Tetrastes bonasia rupestris (Brehm.) Mitteleuropäisches Haselhuhn.
o Alectoris graeca saxatilis (Meyer). Steinhuhn.
*** Alectoris rufa rufa (L.) Rothuhn.
Perdix perdix perdix (L.) Rebhuhn.
o Perdix perdix sphagnetorum (Altum). Westliches Rebhuhn.
Perdix perdix lucida (Altum). Östliches Rebhuhn.
*** Perdix barbata barbata Verr. & Des Murs. Bartrebhuhn.
Coturnix coturnix coturnix (L.) Wachtel. Z.
Phasianus colchicus colchicus L. Fasan, Kupferfasan.
Phasianus colchicus torquatus Gm. Ringfasan.

Literaturverzeichnis.

Für Exkursionen und Bestimmung:

Besserer, L. v.: Unsere Raubvögel. München 1926.
Fehringer, O.: Die Vögel Mitteleuropas. Heidelberg 1931. (3 Bändchen.)
Franke, H.: Vogelruf und Vogelsang. Leipzig und Wien 1933.
— Alpenvögel. Leipzig und Wien 1935.
Floericke, C.: Taschenbuch zum Vogelbestimmen. Stuttgart 1925.
Frieling, H.: Vogelbestimmbuch. Lehrmeisterbücherei. Leipzig 1936.
Götz, W. u. A. Kosch: Was fliegt denn da? Stuttgart 1936.
Hagen, W.: Die deutsche Vogelwelt nach ihrem Standort. Magdeburg 1922.
Hoffmann, B.: Führer durch unsere Vogelwelt. Leipzig 1921.
Köbel, E.: Raubvogelbuch. Stuttgart 1928.
Schüz, E.: Vogelbüchlein. Stuttgart 1922.
Sick, H.: Kennzeichen ostdeutscher Vögel I—IV. Ostdeutsch. Naturwart. Liegnitz 1932—33.
Voigt, A. (Neubearb. v. Hesse): Exkursionsbuch zum Studium der Vogelstimmen. Leipzig 1933.
— Deutsches Vogelleben. Leipzig und Berlin 1918.
— Wasservogelleben. Leipzig 1921.

Als Bilderwerke eignen sich außer dem schon erwähnten „Fehringer" und dem teuren 12bändigen „Naumann" u. a.:

Heinroth, O. u. M.: Die Vögel Mitteleuropas. Berlin 1934 (4 dicke Bände).
Kirchner, H.: Der Vogel im Fluge. I. Wasserläufer u. Strandläufer. Beitr. z. Naturdenkmalpflege 1936.
Kleinschmidt, O.: Die Singvögel der Heimat. Leipzig 1931.
— Die Raubvögel der Heimat. Leipzig 1934.

Die wichtigsten Nachschlagebücher sind (außer Naumanns Naturgeschichte):

Friderich (-Bau), Naturgeschichte der Vögel Europas. Stuttgart 1923.
Hartert, E.: Die Vögel der paläarktischen Fauna (Systematische Übersicht). Ab 1910 (4 Bände). Fortbearbeitung durch F. Steinbacher.
Niethammer, G. u. a.: Handbuch der Vogelkunde. (Erscheint demnächst.)

Alphabetisches Verzeichnis der Vogelnamen.

In diesem Verzeichnis sind zuerst jeweils die Stellen angegeben, wo man Ausführlicheres über den betreffenden Vogel nachlesen kann. Alle Einzelaufführungen in den verschiedenen Gruppen sind nicht berücksichtigt. — Bei zusammengesetzten Namen schlage man das Hauptwort auf!

[1] Tringa hießen früher die Strandläufer (Calidris).
[2] musicus hieß früher die Singdrossel, T. philomelos.

GPSR Compliance

The European Union's (EU) General Product Safety Regulation (GPSR) is a set of rules that requires consumer products to be safe and our obligations to ensure this.

If you have any concerns about our products, you can contact us on ProductSafety@springernature.com

In case Publisher is established outside the EU, the EU authorized representative is:

Springer Nature Customer Service Center GmbH
Europaplatz 3
69115 Heidelberg, Germany

Batch number: 10682534

Printed by Printforce, the Netherlands